CHUQING JISHU YU CAILIAO

储氢技术与材料

蔡 颖　许剑轶　胡 锋　赵 鑫　编著

化学工业出版社

·北京·

氢能被誉为21世纪能源,其开发和储运成为世界能源领域的研究热点。《储氢技术与材料》详细介绍了多种储氢材料的制造、性能以及吸氢和脱氢过程与控制。

本书适宜从事新能源领域工作的技术人员参考。

图书在版编目(CIP)数据

储氢技术与材料/蔡颖等编著.—北京:化学工业出版社,2018.10
ISBN 978-7-122-32793-2

Ⅰ.①储… Ⅱ.①蔡… Ⅲ.①储氢合金
Ⅳ.①TG139

中国版本图书馆 CIP 数据核字(2018)第 179557 号

责任编辑:邢 涛　　　　　　　　　　　文字编辑:陈 雨
责任校对:王鹏飞　　　　　　　　　　　装帧设计:韩 飞

出版发行:化学工业出版社(北京市东城区青年湖南街 13 号　邮政编码 100011)
印　　装:北京七彩京通数码快印有限公司
710mm×1000mm　1/16　印张 17¾　字数 338 千字　2018 年 11 月北京第 1 版第 1 次印刷

购书咨询:010-64518888　　售后服务:010-64518899
网　　址:http://www.cip.com.cn
凡购买本书,如有缺损质量问题,本社销售中心负责调换。

定　　价:88.00 元

前言

现代文明生活的各个方面，无不与能源联系在一起，机器的运转、车辆的行驶、卫星的发射、电信的畅通，乃至日常生活中的衣食住行，都离不开能源。当前的严重问题是作为主要能源的天然气、石油和煤炭由于长期大量开采而面临枯竭的危险。面对越来越严重的环境污染及能源危机，人类面临的紧迫任务是开发非污染而且能够再生的新能源。在诸多新能源中，氢能占有非常重要的位置。氢是一种高发热值、资源丰富的燃料，同时氢燃烧以后生成水，不污染环境，是一种非常干净的燃料；氢还具有易于长期储存、运输过程中无能量损耗及用途广泛等特点，所以说，氢是理想的二次能源，国际社会将其视为21世纪的绿色能源和战略能源。氢能经济已被美国、欧盟、日本、中国等国家及地区列入发展规划，并投入巨资进行氢能相关技术研发，以期在未来氢经济社会占据主动权。

面对这一备受关注、发展迅猛的新兴领域，学习以及总结其最新研究成果是十分必要的。鉴于此，笔者们编写了此书，以期对读者有所帮助。全书共分7章，由蔡颖等共同编写。其中，第1章由蔡颖执笔；第2章，第4章4.2节的4.2.2、4.3节~4.7节以及第5章由许剑轶执笔；第3章，第4章4.2节的4.2.4以及第7章由胡锋执笔；第4章4.1节，4.2节的4.2.1、4.2.3、4.2.5、4.2.6、4.8节和第6章由赵鑫执笔；全书由蔡颖和许剑轶定稿。

本书可作为材料专业尤其是储氢材料相关行业技术人员的参考书籍，亦可作为高等院校相关专业教学参考书。

本书在编写过程中参考了部分文献，谨此对这些文献作者表示深深的谢意。由于编者水平有限，再加上储氢材料是一门正在发展的新材料，所涉及范围极广，书中不足之处恳请读者批评指正。

蔡颖
2018 年 5 月

目录

≡ 第 **3** 章 ≡ **储氢材料的研究方法** 60

≡ 第 **4** 章 ≡ **储氢合金** 93

═ 第 ⑤ 章 ═ **碳质储氢材料** **166**

≡第❻章≡　无机化合物　　　　231

第 7 章　有机液体储氢材料　　　259

第 1 章

绪 论

　　能源是人类社会赖以生存和发展的重要物质基础。在人类的社会发展历程中，能源与人类的生产、生活息息相关，人类社会科技的每一次重大进步、经济的迅速发展，都伴随着能源的改进和更替，开发和利用能源资源始终贯穿于社会文明发展的全过程。特别是在当代社会，人类与能源的关系比以往任何时候都更加重要，无论是人们的基本活动（衣、食、住、行），还是人们的文化、娱乐、发展等方方面面面均与能源密不可分。人类社会没有了能源，经济、社会的发展就会停滞不前，甚至出现倒退，人类社会离不开能源，就像人类离不开空气、水、粮食一样重要。

1.1 概述

　　究竟什么是"能源"呢？能源又称为能量资源或能源资源（energy sources），其本意是指能量的来源。现在，我们用这个词不是指它的本意，而是指在自然界中能够直接取得或者通过加工、转换而取得有用能的各种资源，这些资源可以使我们在生产和生活过程中得以利用。简单地说，就是产生人类所需光、电、热等任意形式能量的物质的统称。所谓能量，就是物质能够做功的能力。例如，钢铁冶炼需要热能；移动物体、开动各种车辆需要机械能；各种电机和电器设备，它们在工作时需要消耗电能等。这些主要的能量形式在我们的生活和生产中普遍使用，不过呈现的形式不同。

　　目前，已经被人类认识、开发利用的能源种类繁多，从不同角度出发，有多种分类方法。如，从能源产生出发，可以分为一次能源和二次能源。前者是指在自然界现成存在的能源，如煤炭、石油、天然气、水能等，即天然能源。一次能源又分为可再生能源（水能、风能及生物质能）和非再生能源（煤炭、石油、天然气、核能等），其中，煤炭、石油和天然气三种能源是一次能源的核心，它们

1

是全球能源的基础；除此以外，太阳能、风能、地热能和氢能等可再生能源也被包括在一次能源的范围内。非再生能源又称为次级能源或人工能源，是指由一次能源直接或间接加工转换成其他种类和形式的能量资源，例如：电力、煤气、汽油、柴油、焦炭、洁净煤、激光和沼气等能源都属于二次能源。二次能源又可以分为过程性能源和含能体能源。从能源性质出发，可以分为燃料型能源和非燃料型能源。人类最早使用的燃料木材以及后来用的各种化石燃料，如煤炭、石油、天然气等属于燃料型能源。而太阳能、氢能、风能、潮汐能等属于非燃料型能源，由于这些非燃料型能源目前仍处在研究和开发利用初期，所以又称为新能源。根据能源消耗后是否造成环境污染可分为污染型能源和清洁型能源，污染型能源包括煤炭、石油等，清洁型能源包括水力、电力、太阳能、风能以及核能等。

　　能源存在于自然界，并随着人类智力的发展而不断被发现、被开发，又强有力地推动了人类文明的发展。人类从一诞生就与能源密不可分，可以说，整个人类社会发展史其实就是争夺和利用能源的发展史。

　　在能源的利用史上，就其划时代性革命转折而言，主要有三大转换：第一次是煤炭取代木材等成为主要能源；第二次是石油取代煤炭而居于主导地位；第三次是目前正在出现的向多能结构的过渡，这一转换现在还没有完成。人类利用能源的历史大致经历了柴草、煤炭、石油三个能源时期。火的使用，使人类第一次支配了一种自然力，从而使人类和动物界彻底分开。火的发现和利用是人类有意识利用能源的开始，也是人类文化的起源。随着火进入家庭，形成"刀耕火种"原始农业的主要技术。此后经过无数次实践活动，人类掌握了用火冶炼金属的方法。标志着人类从石器时代进入铜器时代，然后是铁器时代。正是在火的光辉照耀下，人类才迈开了大发展的步伐。由于人类用火这种新的能源改善了人类环境，也促进了人类的生存和发展，所以希腊神话中把人和上帝称为"一样的角色"。人是造物者，是革新者，是人类世界和人自己的改造者。但是，当时人类还没有掌握把热能变成机械能的技巧，因此，柴草并不能产生动力。从茹毛饮血的原始社会到漫长的奴隶社会、封建社会，人力和畜力是生产的主要动力。风力和水力的利用，使人类找到了可以代替人力和畜力的新能源。随着生产的发展，社会需要的热能和动力越来越多。而柴草、风力、水力所提供的能量受到许多条件的限制而不能大规模使用。

　　人类对火的利用，一直延续到前资本主义时期，木材是当时的主要燃料。随着文明发展，生活水平提高，人口增多，对木材的需求出现了供不应求的局面。16世纪发生于欧洲的"木材危机"，曾使欧洲文明一度出现停滞局面，迫使人们用煤代替木材作为主要能源。煤炭这种新兴矿物质燃料能源的开采使用，引起社会生产力、生产技术、生产结构一系列变革。煤的发现，提供了大量热能；风车和水车的制作，积累了机械制造的丰富经验；于是，两者结合起来，蒸汽机出现了。蒸汽机的使用，不但奠定了各国工业化的基础，也开辟了人类利用矿物燃料作动力的新时代。但是，蒸汽机十分笨重，效率又低，无法在轻便的运输工具如汽车、飞机上使用。人类在生产实践中又发明了新的热机——内燃机。内燃机的使用，引起了能源结构的一次又一次变化，石油登上了历史舞台。世界各国依赖石油创造了经济发展的奇迹。

20世纪50年代，世界能源开始了以石油、天然气为主的时代。石油成为世界的主要能源，以及廉价石油的大规模开采、利用，使得世界经济有了突飞猛进的发展，各主要资本主义国家依靠廉价石油，实现了经济发展的"黄金时代"。但是，人类在享受能源带来的经济发展、科技进步等利益的同时，也遇到了一系列无法避免的能源短缺、能源争夺等能源安全挑战。能源争夺严重影响了国际社会的安定，甚至引发战争。如20世纪90年代的海湾战争和伊拉克战争，其本质也就是为了争夺一种传统能源——石油而引起的国际争端。能源储备与需求之间已趋失衡，难以长期满足人类社会对能源的需求，而其他形式的能源，近期尚难替代现有常规能源，从而引发能源危机。目前，世界各国普遍存在着不同形式的能源危机。"能源危机"问题，说到底是一个能源资源和资源生产、供应与消费之间的矛盾问题。能源危机与能源问题对不同的国家有着不同的意义，其关注点和应对策略也不尽相同。

与能源危机相伴而行的是全球环境的日益恶化。自从工业革命以来，人类通过燃烧化石燃料，已经把数十亿吨有毒污染物排放在大气层中。矿物燃料燃烧时排放的二氧化硫、一氧化碳、二氧化碳、烟尘、氮氧化物、放射性飘尘等大量有害物质导致大气污染、酸雨和温室效应的加剧。发达国家在工业化初期因大量的煤炭燃烧而付出了沉痛代价，英国伦敦在20世纪50～60年代素有"雾都"之称。在1952年的一次烟雾事件中，死亡人数高达4000人。在新技术革命到来之时，一些发达国家抢先发展低能耗的高技术产品，将烟囱工业转嫁给发展中国家，从而使本国的环境质量得以改善。与此同时，欠发达国家的一些城市比20世纪50年代西方国家出现的最坏情况还要糟糕。由于化石燃料的燃烧产物是二氧化碳，巨大的能量消耗导致每年有$3\times10^{12}\,kg$的二氧化碳排放到大气中。CO_2浓度升高导致地球温度升高。地球上98％的CO_2溶解在海水里，海水温度每升高1℃，CO_2的溶解度便下降3％，所以地球温度升高又导致海水向大气释放更多的CO_2，从而造成温室效应的恶性循环。2006年10月30日，英国政府公布了一份有关全球气候变暖问题的报告，这份长达700页的《斯特恩报告》指出，如果各国政府在未来10年内不采取有效行动遏制"温室效应"，那么全球将为此付出高达6.98万亿美元的经济代价，这将超过两次世界大战和20世纪30年代美国经济大萧条时期所付出的代价。此外，冰川大量融化所引起的气候变化会导致全球 1/6 的人口严重缺水，40％以上的野生物种灭绝，并造成了多达两亿的"环境难民"。这些问题严重地威胁着人类的生存与发展。

世界上越来越多的国家认识到一个能够持续发展的社会应尽可能多地用洁净能源代替高含碳量的矿物能源，寻找替代能源，开发利用可再生能源成为社会经济发展的必然趋势。为了开发清洁的新能源，世界各国都在因地制宜地开发或大力研究太阳能、风能、生物能、氢能等化石能源以外的新型替代能源，其中，氢能被认为是未来最有希望的能源之一，有的科学家甚至将 21 世纪称为氢能源世纪。氢能之所以成为科学家眼中的宠儿是基于以下几个主要原因：超级洁净，生成物为水，基本实现温室气体和污染物的零排放；化学活性高，燃料电池避开热机转换循环可实现能量高效转换；通用性强，可用于大多数终端燃烧设备；可望实现低损耗运送。由此，氢能这一新能源体系受到美、中、日、欧等各个国家和地区高度重视，许多国家都在加紧部署、实施氢能战略。氢经济（hydrogen economy）的概念也应运而生，科学家们正在面对各种问题和挑战，希望氢经济在不久的将来成为现实。

1.2　氢能

1.2.1　氢的一般性质

氢气（H_2）的人工合成早在 16 世纪已有明确的记载，瑞士炼金术士帕拉切尔苏斯（Paracelsus）将某些金属置于强酸中发生反应制备出了氢气，但由于当时人们对氢气的认识较局限，直接把这种新气体划分为空气。1766 年，英国的物理学家和化学家亨利·卡文迪许（H. Cavendish）实验发现，氢气是一种与以往所发现气体不同的另一种气体，被命名为"可燃空气"。1785 年杰出的化学家拉瓦锡（A. L. Lavoisier）首次明确定义氢气，将这种可燃气体命名为"Hydrogen"。这里"Hydro-"是希腊文中"水"的含义，"gen"是"源泉"的含义，"Hydrogen"就是"水的源泉"的意思。

氢是原子序数为 1 的化学元素，化学符号为 H，在元素周期表中位于第一位，在所有元素中具有最简单的结构。其原子质量为 1.00794u，价电子层结构为 $1s^1$，电负性为 2.2，当氢原子同其他元素的原子化合时，可以形成离子键、共价键和特殊的键型。氢有三种同位素：氕（元素符号 H），氘（元素符号 D），氚（元素符号 T）。在它们的原子核中分别含有 0、1 和 2 个中子，它们的质量数分别为 1、2、3。由于氢的这三种同位素具有相同的电子层结构。核外均有一个电子，所以它们的化学性质基本相同。但由于它们的质量相差较大，导致了它们的单质和化合物在物理性质上的差异。氢是最轻的元素，也是宇宙中含量最多的元素，大约占据宇宙质量的 75%。主星序上恒星的主要成分都是等离子态的氢。而在地球上，自然条件形成的游离态的氢单质（以分子态氢存在）十分罕见。在临近海面的大气中只含有 0.00005%（体积分数）的氢气，但化合态氢的丰度却很大，例如氢存在于水、碳水化合物和有机化合物以及氨和酸中。含有氢的化合物比其他任何元素的化合物都多。氢在地壳外层的三界（大气、水和岩石）中占17%（原子分数），仅次于氧而居于第二位。

单质氢无色、无臭、无毒、无腐蚀性、无辐射性，是已知的最轻的气体（101.325kPa，0℃下密度为 0.0899kg/m³），难溶于水（273K 时 1 体积的水仅能溶解 0.02 体积的氢），具有很大的扩散速度和很高的导热性。单质氢可以以气、液、固三种状态存在，将氢冷却至 20K 时，气态氢转化成液态。冷却至14K 时，液态氢变为雪花状固体。液态氢可以把除氨以外的其他气体冷却转变为固体。单质氢是由两个氢原子以共价单键的形式结合而成的双原子分子，其键长 74pm，键能 436kJ/mol。由于 H—H 键键能大，在常温下，氢气比较稳定。在较高的温度下，特别是存在催化剂时，氢气很活泼，能燃烧，并能与许多金属、非金属发生反应，其化合价为 1。氢气的标准电极电势比铜、银等金属低，但当氢气直接通入这些金属的盐溶液后，一般不会置换出这些金属。单质的化学性质表现如下。

（1）氢气与非金属的反应

常温下分子氢不活泼。但氢在常温下能与单质氟在暗处迅速反应生成 HF，而与其他卤素和氧不发生反应。

$$H_2 + F_2 \longrightarrow 2HF \tag{1-1}$$

氢和氧需要在 733K 以上温度才能发生反应，但是当用铂作催化剂和周围有明火时，氢和氧在室温下也能发生反应。氢在 288K 和 0.1013MPa 下与氧的反应热方程式为：

$$H_2 + \frac{1}{2}O_2 \longrightarrow H_2O + 241.418kJ/kg \tag{1-2}$$

由于氢的热导率大，扩散速度快，氢与氧燃烧易发生爆炸。高温下，氢气还能从卤素、氮气、硫等非金属反应，生成共价型氢化物，例如工业上的合成氨反应等。

（2）氢气与金属的反应

氢原子核外只有一个电子，它与活泼金属如钠、锂、钙、镁、钡作用而生成氢化物，可获得一个电子，呈 -1 价。这些金属包括碱金属、碱土金属（除铍和镁）、某些稀土金属、第六主族金属（除硅）以及钯、铌、铀和钍。此外，铁、镍、铬和铂系金属都能依确定的化学配比吸收氢气。

$$H_2 + 2Li \longrightarrow 2LiH \tag{1-3}$$

（3）氢气与金属氧化物反应

高温下，氢气还能将许多金属氧化物置换出来，使金属还原，被还原的金属是那些在电化学顺序中位置低于铁的金属，这类反应多用于制备纯金属。如：

$$H_2 + CuO \xrightarrow{\triangle} Cu + H_2O \tag{1-4}$$

（4）氢气与其他化合物反应

在高温时，氢气还可与许多氯化物或其他盐类发生置换反应，反应式为：

$$SiCl_4 + 2H_2 \xrightarrow{\triangle} Si + 4HCl \tag{1-5}$$

$$2H_2 + FeS_2 \xrightarrow{\triangle} Fe + 2H_2S \tag{1-6}$$

在格林试剂的存在下，氢气同 Cr、Fe、Ni、Co、W 或 Mo 的卤化物反应，可制备不稳定的整比金属氢化物。

$$MCl_2 + 2H_2 + 2C_6H_5MgBr \longrightarrow MH_2 + 2C_6H_6 + 2MgBrCl \tag{1-7}$$

（5）氢气的加成反应

在高温和催化剂存在的条件下，氢气可对 C＝C 双键和 C＝O 双键起加成反应，可将不饱和有机物变为饱和化合物，将醛、酮（结构中含有—C＝O 基）还原为醇。如一氧化碳与氢气在高压、高温和催化剂存在的条件下可生成甲醇，其反应式为：

$$2H_2 + CO \xrightarrow{\text{高温、高压、催化剂}} CH_3OH \tag{1-8}$$

1.2.2 氢的化合物

氢气在自然界中的含量很大，但很少以纯净的状态存在于自然界，通常以化合物的形式存在于自然界中，这些化合物又称为氢化物。除稀有气体以外，大多数的元素都能与氢结合生成氢化物。依据元素电负性的不同，氢化物可以分为离子型或类盐型氢化物、共价型或分子型氢化物、金属型或过渡型氢化物以及配位型氢化物四大类。

（1）离子型或类盐型氢化物

离子型氢化物是由活泼性最强的碱金属或碱土金属与氢在较高的温度下直接

化合，氢获得一个电子成为离子而形成的。碱金属氢化物具有 NaCl 晶格，H^- 占据面心立方晶格的结点，其半径在 F^- 和 Cl^- 的半径大小之间（理论值 208pm，实测值 $126\sim154pm$），碱土金属氢化物具有斜方晶系的结构。离子型氢化物均为白色盐状晶体，常因含有少量金属而显灰色。除 LiH 和 BaH_2 具有较高的熔点（如 LiH，965K；BaH_2，1473K）外，其他氢化物均在熔化前就分解为单质。离子型氢化物均不溶于非水溶剂，但能溶解在熔融的碱金属卤化物中。离子型氢化物熔化时能导电，并在阳极上放出氢气，这一事实证明了离子型氢化物均含有负氢离子。

离子型氢化物具有很高的反应活性，与水发生剧烈的反应，放出氢气：

$$NaH + H_2O \longrightarrow NaOH + H_2 \uparrow \qquad\qquad (1\text{-}9)$$

利用这一特性，有时可用离子型氢化物（如 CaH_2）除去水蒸气或溶剂中的微量水分。但水量较多时不能使用此法，因为这是一个放热反应，能使产生的氢气燃烧。离子型氢化物都是强还原剂，尤其是在高温下可还原金属氯化物、氧化物和含氧酸盐。

（2）共价型或分子型氢化物

共价型氢化物也称为分子型氢化物是由周期表中第ⅢA～ⅦA族元素（除稀有气体、铟、铊外）与氢结合所形成的。根据它们结构中电子数和键数的差异，分为三种存在形式：第一类是缺电子氢化物，是与第ⅢA族元素形成的氢化物。如在乙硼烷 B_2H_6 结构中，B 原子未满足 8 电子构型，两个 B 原子通过氢桥键连接在一起形成的。第二类是满电子氢化物，是由第ⅣA族元素与氢结合形成的。如 C 有 4 个价电子，在形成 CH_4 时，中心原子的价电子全部参与成键，没有剩余的非键电子时，满足了 8 电子构型，形成满电子氢化物。第三类是富电子氢化物。第ⅤA、ⅥA、ⅦA族的氢化物均属于富电子氢化物。如 NH_3、H_2O、HF 等，中心原子成键后，还有剩余未成键的孤电子对，由于孤电子对对成键电子的排斥作用，使 NH_3 分子呈三角锥形、H_2O 分子呈 V 形，HF 是通过氢键而缔结的链状结构等。

共价型氢化物属于分子型晶体，它们是由单个的饱和共价分子通过很弱的范德瓦尔斯力或在某些情况下通过氢键把分子结合在一起而构成的。这种结构使得共价型氢化物的熔、沸点较低，通常条件下为气体。由于共价型氢化物共价键的极性差别较大，其化学性质比较复杂。如单就与水的反应来说：C、Ge、Sn、P、As、Sb 等的氢化物不与水作用；Si、B 的氢化物与水作用时放出氢气；N 的氢化物 NH_3 在水中溶解并发生加合作用而使溶液显弱碱性；S、Se、Te、F 等的氢化物 H_2S、H_2Se、H_2Te、HF 等在水中除发生溶解作用外，还会发生弱的酸式电离而使溶液显弱酸性；Cl、Br、I 的氢化物在水中则发生强的酸式电离而使溶液显强酸性，HCl、HBr 和 HI 均具有还原性，同族氢化物的还原能力随原子序数的增加而增强。

（3）金属型或过渡型氢化物

过渡型氢化物是由 d 区或过渡金属的钪、钛、钒以及铬、镍、钯、镧系和锕系的所有元素，还有 s 区的铍和镁，与氢生成确定的二元氢化物。过渡型氢化物基本上保留了金属的外观特征，有金属光泽，具有导电性，它们的导电性随氢含量的改变而改变。这些氢化物还表现出其他金属性，如磁性等。所以这些氢化物，又称为金属型氢化物。金属型氢化物的密度比母体金属的密度低，某些过渡金属能够可逆的吸收和释放氢气。在多数情况下，金属型氢化物的性质与母体金属的性质非常相似，例如它们都具有强还原性等。

（4）配位型氢化物

配位氢化物是一大类在工业上和许多不同的化学领域中具有重要用途的化合物，如氢化铝锂（$LiAlH_4$）、氢化铝钠（$NaAlH_4$）、硼氢化锂（$LiBH_4$）、硼氢化钠（$NaBH_4$）、硼氢化钾（KBH_4）等。这类氢化物还有 $LiGaH_4$、$Al(BH_4)_3$ 等，它们被广泛地应用于有机和无机合成中作为还原剂或在野外用作生氢剂，（因为它们与水猛烈反应生成氢气），虽然十分方便，但价格十分昂贵。

氢原子与其他物质结合在一起形成化合物的种类很多，能作为能源载体的含氢化合物的种类并不是太多。常见的含氢化合物的储能特性如表 1-1 所示，这些化合物都和氢气一样，可以作为能量载体在能量的释放、转换、储存和利用过程中发挥重要的作用。

表 1-1　含氢化合物的储能特性

储能特性	物质名称							
	单质氢 (g,20MPa)	单质氢 (l)	MgH	FeTiH	甲烷 (l)	甲醇	优质汽油	煤油
含能量/ (kW·h/L)	0.49	2.36	3.36	3.18	5.8	4.42	8.97	9.5
含能量/ (kW·h/kg)	33.3	33.3	2.33	0.58	13.8	5.6	12.0	11.9

1.3　氢能的特点

氢能是氢的化学能是通过氢气和氧气反应所产生的能量。关于以纯氢作为二次能源的最早记载出现在 1839 年，英国威廉·格罗夫（Wiliam Grove）首次提出用氢气为燃料的燃料电池。1870 年，法国著名的科幻小说和冒险小说作家儒勒·凡尔纳（Guies Verne），被誉"现代科学幻想小说之父"、"科学时代的伟大预言家"。在其所著的小说《神秘岛》中就已预测到了未来已枯竭的化石能源会被氢能源取代。20世纪20年代，英国和德国开始了对氢燃料的研究。1928年鲁道夫·杰仁（Ruldolph Jeren）获得了第一个氢气发动机的专利。第二次世界大战期间，氢即用作A-2火箭发动机的液体推进剂。1960年液氢首次用作航天动力燃料。1970年美国发射的"阿波罗"登月飞船使用的起飞火箭也是用液氢作燃料。现在氢已是火箭领域的常用燃料了。

与常见的化石燃料煤、石油和天然气相比，氢气不仅像上述化石燃料一样可以作为燃料，而且可以作为能源的载体，在能量的转换、储存、运输和利用过程中发挥独特的作用。氢能作为21世纪的理想能源有如下优点。

（1）氢气的资源丰富

氢是自然界存在最普遍的元素，据估计，它构成了宇宙质量的75%，在地球自然界中，除空气中含有氢气外，主要以水和其他的一些化合物如甲烷、氨、烃类等的形式存在，而水是地球上最广泛的物质。地球表面70%以上被水覆盖，即使在陆地，也有丰富的地表水和地下水。据推算，如把海水中的氢全部提取出来，它所产生的总热量比地球上所有化石燃料放出的热量还大9000倍。

（2）氢气的发热值高，导热性和燃烧性能好

除核燃料外，氢的发热值是所有化石燃料、化工燃料和生物燃料中最高的，为142351kJ/kg，是汽油发热值的3倍。在所有气体中，氢气的导热性最好，比大多数气体的热导率高出10倍，因此，在能源工业中氢是极好的传热载体，同时氢燃烧性能好、点燃快，与空气混合时有广泛的可燃范围，而且燃点高、燃烧速度快。

（3）氢气的来源和利用形式多样性

氢的来源多样，它可以由各种一次能源（如天然气、煤和煤层气等化石燃料）制备；也可以由可再生能源（如太阳能、风能、生物质能、海洋能、地热能）或二次能源（如电力）等获得。地球各处都有可再生能源，而不像化石燃料有很强的地域性。

氢能利用形式多，既可以通过燃烧产生热能，在热力发动机中产生机械功，又可以作为能源材料用于燃料电池，或转换成固态氢用作结构材料。用氢代替煤和石油，不需要对现有的技术装备做重大的改造，现在的内燃机稍加改装即可使用。

（4）氢气的环境友好性和可再生性

氢本身无毒，与其他燃料相比，氢燃烧时最清洁，除生成水和少量氮化氢外不会产生诸如一氧化碳、二氧化碳、烃类、铅化物和粉尘颗粒等对环境有害的污染物质，少量的氢气经过适当处理也不会污染环境。

氢气进行化学反应产生电能（或热能）并生成水，而水又可以进行电解转化

成氢气和氧气，如此周而复始，进行循环。

（5）氢气的可存储运送性

所有元素中，氢质量最小。在标准状态下，它的密度为 0.0899g/L，它可以以气态、液态或固态的金属氢化物出现，可以大规模存储，能适应储运及各种应用环境的不同要求。而可再生能源具有时空不稳定性，可以将再生能源制成氢气存储起来。

（6）氢气是安全的能源也是和平能源

氢气不会产生温室气体，也不具有放射性和放射毒性。氢气在空气中的扩散能力很强，在燃烧或泄漏时就可以很快地垂直上升到空气中并扩散，不会引起长期的未知范围的后继伤害。

氢气既可再生又来源广泛，每个国家都有丰富的资源，不像化石燃料那样分布不均，不会因资源分布的不合理而引起能源的争夺或引发战争。氢气的上述优点，使氢气可以满足人类社会资源、环境和可持续发展的要求，是一种理想的新的含能体能源。目前液氢已广泛用作航天动力的燃料，但氢能大规模的商业应用还有待解决以下关键问题。

① 廉价的制氢技术。因为氢是一种二次能源，它的制取不但需要消耗大量的能量，而且目前制氢效率很低，因此，寻求大规模的廉价的制氢技术是各国科学家共同关心的问题。

② 安全可靠的储氢和输氢方法。氢气并非自燃燃料，它的燃点温度为 574℃，但不能就此认为氢气不易着火和燃烧。实际上，氢气在空气中和在氧气中，都是很容易点燃的，这是因为氢气的最小着火能量很低。氢气在空气中的最小着火能量为 9×10^{-5} J，在氧气中为 7×10^{-6} J。如果用静电计测量化纤衣服摩擦产生的放电能量，则该能量比氢气在空气中的最小着火能量要大好几倍，这可从另一方面说明氢气的易燃性。氢气在空气中的着火能量随氢气的体积含量变化而变化，氢气在空气中的含量为 28% 时，其着火能量最小，随着氢气含量的下降，着火能量上升很快；当氢气含量减少到 10% 以下时，其着火能量增加一个数量级，当氢气的含量增加时，其着火能量也随之增加；当氢气的含量增加到 58% 时，其着火能量也增加一个数量级。氢气在空气中最容易着火的浓度为 25%~32%。在常压下，氢气与空气混合后的燃烧浓度范围很宽，体积浓度为 4%~75%，只有乙炔和氨的可燃浓度范围比氢气宽。氢气和氧气混合后，其燃烧体积浓度范围更宽，达到 4%~94%。氢气与空气混合物的爆炸体积浓度极限也很宽，氢气在空气中发生爆炸的体积浓度为 18%~59%。由于氢易气化、着火、爆炸，因此如何妥善解决氢能的储存和运输问题也就成为开发氢能的关键。

1.4　氢气的制备与纯化

1.4.1　氢气的制备

自然界中不存在纯氢，它只能从其他化学物质中分解、分离得到。由于存在资源分布不均的现象，制氢规模与特点呈现多元化格局。到目前为止．在氢能的开发和制氢技术领域有三个方向，分别为化石燃料转化制氢技术、用水制氢技术和生物质制氢技术，制氢所需的原材料一般为烃类和水。

工业用氢的制备方法主要是化石燃料的热分解，但是，这些技术严重依赖化石燃料的资源并且还排放二氧化碳。近年来也发展了从化石燃料产氢而不释放二氧化碳的方法，但相对来说制氢成本较高，还处于发展阶段。以水为原料的制氢技术，可以形成水分解制氢、氢燃烧生成水的循环过程。由于氢大量存在于水中，因此，从水中制氢的技术成熟并能达到实用后，以氢为主要能源结构支柱便成为可能。

生物技术制氢，与传统的热化学和电化学制氢技术相比，具有低能耗、少污染等优势，已经成为未来制氢技术发展的重要方向。目前，氢主要用作化工原料而并非能源，要发挥出氢对各种一次能源有效利用的重要作用，必须在大规模高效制氢方面获得突破。

（1）化石燃料转化制氢

制氢历史很长，方法也有多种，其中以天然气、石油、煤为原料制取氢气是较为普遍的方法。典型化石燃料制氢工艺如图 1-1 所示。

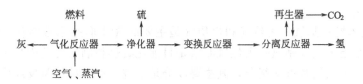

图 1-1　典型化石燃料制氢工艺

在一次矿物能源中，氢的含量如表 1-2 所示，目前全世界制氢的年产量约为 $5 \times 10^7 t$，并以每年 6%～7%的速度增加，其中煤、石油和天然气等一次矿物能源的制氢约占 96%。根据一次矿物能源存在形式的不同，化石燃料转化制氢又可分为：煤制氢、气体燃料制氢、液体化石燃料制氢。下面就上述三种制氢方法作一一介绍。

表 1-2　一次矿物能源中的含氢量

特性	物质名称				
	天然气	液化气	重油	烟煤	无烟煤
$x=[H]/[C]$	4.0	2.6	1.4	0.7	0.4
氢含量/%（质量分数）	25.0	18.0	10.5	7.0	5.5

① 煤制氢　煤制氢技术主要以煤气化制氢为主，此技术发展已经有 200 年的历史，在我国也有近百年的历史，可分为直接制氢和间接制氢。煤的直接制氢是指煤经过干馏、气化后直接制取氢气。煤的间接制氢过程，是指将煤首先转化为甲醇，再由甲醇重整制氢。煤制氢的核心是煤气化技术。所谓煤气化是指煤与气化剂在一定的温度、压力等条件下发生化学反应而转化为气体产物（煤气）的过程，包括气化、除尘、脱硫、水煤气变换反应、酸性气体脱除等，气化剂为水蒸气或氧气（空气），气体产物中含有氢气等组分，其含量随不同气化方法而异。

气化反应如下：

$$C(s)+H_2O(g) \longrightarrow CO(g)+H_2(g) \tag{1-10}$$

$$CO(g)+H_2O(g) \longrightarrow CO_2(g)+H_2(g) \tag{1-11}$$

煤气化是一个吸热反应，反应所需的热量由氧气与碳的氧化反应提供。煤气化工艺有很多种，如 Koppers-Totzek 法、Texco 法、Lurqi 法、气流床法、流化床法等。近年来还研发了煤超临界水气化法、煤热解制氢工艺等多种煤气化的新工艺。如，美国启动了前景 21（Vision21）制氢的计划，实质上，它是一个改进的超临界水催化气化方法，其基本思路是：燃料通过氧吹气化，然后变换并分离 CO 和氢，以使燃煤发电效率达到 60%、天然气发电效率达到 75%、煤制氢效率达到 75% 的目标。从该系统的物料循环来看，此过程可以认为是近零排放的煤制氢系统。

② 气体燃料制氢　天然气和煤层气是主要的气体形态化石燃料。气体燃料制氢主要是指天然气制氢。天然气制氢是目前化石燃料制氢工艺中最为经济与合理的方法。天然气含有多组分，其主要成分是甲烷。在甲烷制氢反应中，甲烷分子惰性很强，反应条件十分苛刻，需要首先活化甲烷分子。温度低于 700K 时，生成合成气（H_2＋CO 混合气），在高于 1100K 的温度下，才能得到高产率的氢气。天然气制氢的主要方法有天然气水蒸气重整制氢、天然气部分氧化重整制氢、天然气催化裂解制氢等。

天然气水蒸气重整制氢是目前工业上天然气制氢应用最广泛的方法。传统的天然气水蒸气重整过程包括原料的预处理、转化（重整）、水汽变换（置换）、脱碳除杂，如图 1-2 所示。

天然气中原料含有几十微升/升的 H_2S 和少量的有机硫（$20×10^{-6}～30×$

天然气 ⟶ 预处理(脱硫) ⟶ 转化(重整) ⟶ 水汽变换 ⟶ 脱碳除杂 ⟶ 合成气

空气、水蒸气

图 1-2 天然气水蒸气重整制氢工艺流程

10^{-6}），因此，原料首先需要预处理，为了脱除有机硫，采用铁锰系转化吸收型脱硫催化剂，并在原料气中加入 1%～5% 的氢，在约 400℃ 高温下发生下述反应：

$$RSH + H_2 \longrightarrow H_2S + RH \tag{1-12}$$

$$H_2S + MnO \longrightarrow MnS + H_2O \tag{1-13}$$

经铁锰系脱硫剂初步转化吸收后，剩余的硫化氢再在氧化锌催化剂作用下发生下述脱硫反应而被吸收：

$$H_2S + ZnO \longrightarrow ZnS + H_2O \tag{1-14}$$

$$C_2H_5SH + ZnO \longrightarrow ZnS + C_2H_4 + H_2O \tag{1-15}$$

转化反应是以水蒸气为氧化剂，在镍催化剂的作用下，将甲烷进行水蒸气转化生成富氢混合气，其反应式为：

$$CH_4 + H_2O \Longrightarrow CO + 3H_2 \tag{1-16}$$

该反应是强吸热反应，温度超过 850℃ 时，反应所需要的热量由天然气的燃烧供给。降低压力有利于甲烷转化率的提高，但为了满足纯氢产品的压力要求以及变压吸附提纯，一般控制压力为 1.5MPa。

变换过程是将来自水蒸气转化单元的混合气中的 CO 和 H_2O 反应生成 CO_2 和 H_2，其反应式如下：

$$CO + H_2O \Longrightarrow CO_2 + H_2 \tag{1-17}$$

按照变换温度，变换工艺可分为高温变换（350～400℃）、低温变换（300～350℃）以及可降低原料消耗的高温串低温变换。在天然气水蒸气重整制氢中，所发生的转化反应和变换反应均在转化炉中完成。

水蒸气重整制氢反应是强吸热反应，制氢过程的能耗很高，仅燃料成本就占生产成本的 52%～68%，而且反应需要在耐高温不锈钢制作的反应器内进行。此外，水蒸气重整反应速率慢，该过程单位体积的制氢能力较低，通常需要建造大规模装置，投资较高。

天然气部分氧化重整是合成气制氢的重要方法之一。自 20 世纪 90 年代有文献报道天然气部分氧化制氢以来就引起了广泛关注，天然气部分氧化制氢的主要反应为：

$$CH_4 + \frac{1}{2}O_2 =\!\!=\!\!= CO + 2H_2 + 35.5kJ \qquad (1\text{-}18)$$

在天然气部分氧化过程中，为了防止析碳，常在反应体系中加入一定量的水蒸气，这是因为该反应体系除上述主反应外，还有以下反应：

$$CH_4 + H_2O =\!\!=\!\!= CO + 3H_2 - 206kJ \qquad (1\text{-}19)$$

$$CH_4 + CO_2 =\!\!=\!\!= 2CO + 2H_2 - 247kJ \qquad (1\text{-}20)$$

$$CO + H_2O =\!\!=\!\!= CO_2 + H_2 + 41kJ \qquad (1\text{-}21)$$

甲烷部分氧化法是一个轻放热反应，由于反应速率比水蒸气重整反应快1～2个数量级，与水蒸气重整制氢方法相比，变强吸热为温和放热，具有低能耗的优点，还可以采用廉价的耐火材料堆砌反应器，可显著降低初投资。但该工艺具有反应条件苛刻和不易控制的缺点，另外需要大量纯氧，需要增加昂贵的空分装置，增加了制氢成本。经过20多年，该工艺取得较大发展，但是还有一些关键技术问题，如催化剂床层的局部过热、催化材料的反应稳定性以及操作体系爆炸潜在危险安全性等没有解决，因此迄今为止，并未有该技术工业化的文献报道。这是由于以下几方面的因素限制了部分氧化工艺的发展。

天然气催化热裂解制氢是将天然气和空气按理论完全燃烧比例混合，同时进入炉内燃烧，使温度逐渐上升到1300℃时停止供给空气，只供给天然气，使之在高温下进行热解，生成氢气和炭黑。其反应式为：

$$CH_4 \longrightarrow 2H_2 + C \qquad (1\text{-}22)$$

天然气裂解吸收热量使炉温降至1000～1200℃时，再通入空气使原料气完全燃烧升高温度后，再次停止供给空气进行热解，生成氢气和炭黑，如此往复间歇进行。该过程由于不产生二氧化碳而被认为是连接化石燃料和可再生能源之间的过渡工艺过程。目前在国内外均开展了大量的研究工作。该过程欲获得大规模工业化应用，其关键问题是，所产生的碳能够具有特定的重要用途和广阔的市场前景。否则，若大量氢所副产的碳不能得到很好应用，必将限制其规模的扩大。

③ 液体化石燃料制氢　液体化石燃料如甲醇、轻质油和重油也是制氢的重要原料，常用的工艺有甲醇裂解-变压吸附制氢、甲醇重整制氢、轻质油水蒸气转化制氢、重油部分氧化制氢等。

a. 甲醇裂解-变压吸附制氢　甲醇与水蒸气在一定的温度、压力和催化剂存在的条件下，同时发生催化裂解反应与一氧化碳变换反应，生成氢气、二氧化碳及少量的一氧化碳，同时由于副反应的作用会产生少量的甲烷、二甲醚等副产物。甲醇加水裂解反应是一个多组分、多反应的气固催化复杂反应系统。主要反应为：

$$CH_3OH + H_2O \longrightarrow CO_2 + 3H_2 \tag{1-23}$$

$$CH_3OH \longrightarrow CO + 2H_2 \tag{1-24}$$

$$CO + H_2O \longrightarrow CO_2 + H_2 \tag{1-25}$$

总反应为：

$$CH_3OH + H_2O \longrightarrow CO_2 + 3H_2 \tag{1-26}$$

反应后的气体产物经过换热、冷凝、吸附分离后，冷凝吸收液循环使用，未冷凝的裂解气体再经过进一步处理，脱去残余甲醇与杂质后送到氢气提纯工序。甲醇裂解气体的主要成分是 H_2 和 CO_2，其他杂质成分是 CH_4、CO 和微量的 CH_3OH，利用变压吸附技术分离除去甲醇裂解气体中的杂质组分，获得纯氢气。

甲醇裂解-变压吸附制氢技术具有工艺简单、技术成熟、初投资小、建设周期短、制氢成本低等优点，是受制氢厂家欢迎的制氢工艺。

b. 甲醇重整制氢　甲醇在空气、水和催化剂存在的条件下，温度处于 250～330℃时进行自热重整，甲醇水蒸气重整理论上能够获得的氢气浓度为 75%。甲醇重整的典型催化剂是 Cu-ZnO-Al$_2$O$_3$，这类催化剂也在不断更新使其活性更高。这类催化剂的缺点是其活性对氧化环境比较敏感，在实际运行中很难保证催化剂的活性，使该工艺受到商业化推广应用的限制，寻找可替代催化剂的研究正在进行。

c. 轻质油水蒸气转化制氢　轻质油水蒸气转化制氢是在催化剂存在的情况下，温度达到 800～820℃时进行如下主要反应：

$$C_nH_{2n+2} + nH_2O \longrightarrow nCO + (2n+1)H_2 \tag{1-27}$$

$$CO + H_2O \longrightarrow CO_2 + H_2 \tag{1-28}$$

用该工艺制氢的体积分数可达 74%。生产成本主要取决于轻质油的价格。我国轻质油价格高，该工艺的应用在我国受到制氢成本高的限制。

d. 重油部分氧化制氢　重油包括常压渣油、减压渣油及石油深度加工后的燃料油。部分重油燃烧提供氧化反应所需的热量并保持反应系统维持在一定的温度，重油部分氧化制氢在一定的压力下进行，可以采用催化剂，也可以不采用催化剂，这取决于所选原料与工艺。催化部分氧化通常是以甲烷和石油脑为主的低碳烃为原料，而非催化部分氧化则以重油为原料，反应温度在 1150～1315℃。重油部分氧化包括烃类与氧气、水蒸气反应生成氢气和碳氧化物，典型的部分氧化反应如下：

$$2C_nH_m + nO_2 \longrightarrow 2nCO + mH_2 \tag{1-29}$$

$$2C_nH_m + 2nH_2O \longrightarrow 2nCO + (m+2n)H_2 \tag{1-30}$$

$$CO + H_2O \longrightarrow CO_2 + H_2 \tag{1-31}$$

重油的碳氢比很高，因此重油部分氧化制氢获得的氢气主要来自水蒸气和一氧化碳，其中蒸汽制取的氢气占 69%。与天然气水蒸气转化制氢相比，重油部分氧化制氢需要配备空分设备来制备纯氧，这不仅使重油部分氧化制氢的系统复杂化，而且还增加了制氢的成本。

化石燃料制氢技术成熟、效率高、成本低，用矿物燃料制氢的一个主要问题是在制氢时会产生大量的 CO_2，从而对环境产生污染。此外，矿物燃料制氢将来还存在矿物燃料短缺的问题。随着氢气需求量的增大及化石燃料储量的降低，应寻找新的技术路线，发展新的制氢技术。原则上要求制氢技术满足大型化、高效率、低成本，从而使氢气的应用发展有基本的支持。

（2）用水制氢

① 水电解制氢　水电解制备氢气是一种成熟的制氢技术，早在 18 世纪初就已开发，到目前为止已有近 100 年的生产历史。其工作原理是：借助直流电的作用，将 H_2O 分解成新物质的过程。在电解水时，由于纯水的电离度很小，导电能力低，属于典型的弱电解质，所以需要加入酸性或碱性电解质，以增加溶液的导电能力，使水能够顺利地电解成为氢气和氧气。可见，水电解制氢是氢气与氧气燃烧生成水的逆过程，因此只要提供一定形式的能量，则可使水分解。电解池是电解制氢过程的主要装置，其原理如图 1-3 所示。其化学反应式如下。

a. 碱性条件

阳极反应：
$$2e + 2H_2O \longrightarrow H_2\uparrow + 2OH^- \tag{1-32}$$

阴极反应：
$$4OH^- \longrightarrow O_2\uparrow + 2H_2O + 4e \tag{1-33}$$

总反应式：
$$2H_2O \longrightarrow 2H_2\uparrow + O_2\uparrow \tag{1-34}$$

b. 酸性条件

阳极反应：
$$2H_2O - 4e \longrightarrow O_2\uparrow + 4H^+ \tag{1-35}$$

阴极反应：
$$4H^+ + 4e \longrightarrow 2H_2\uparrow \tag{1-36}$$

反应遵循法拉第定律，气体产量与电流和通电时间成正比。决定电解能耗技术指标的电解电压和决定制氢量的电流密度是电解池的两个重要指标，电解池的工作温度和压力对上述电解电压和电流密度两个参数有明显影响。由于池内存在诸如气泡、电阻、过电位等因素引起的损失，使得工业电解池的实际操作电压高于理论电压（1.23V），多在 1.65～2.20V 之间。

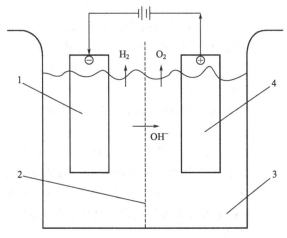

图 1-3 水电解制氢过程示意
1—阴极；2—隔膜；3—碱性溶液；4—阳极

水电解制氢的工艺过程简单，无污染，其效率一般为50%～70%，消耗电量大，每立方米氢气的电耗为4.5～5.5kW·h，电费占整个水电解制氢生产费用的80%左右，使得工业化的电解水制氢成本仍然很高，其与其他制氢技术相比不具有优势，很难与其他制氢技术相竞争，利用常规能源生产的电能来大规模电解水制氢显然不合算，目前，采用该方法制氢仅占总制氢量的4%左右，仅用于高纯度、产量小的制氢场合。

电解水制氢的发展方向是与风能、太阳能、地热能以及潮汐能等洁净能源相互配合从而降低成本。这些洁净能源由于其能量大小与时间的关系具有波动性，所以在发电时，系统给出的电能是间歇性的。通常是不可以直接进入电网的，必须进行调节后方可入网。成本最低、最方便的储能方法是将其电解制氢、储氢、输运氢，然后利用氢能发电入网或转化为其他能量形式。

② 高温热解水制氢 水的热解反应方程为：

$$H_2O(g) \longrightarrow H_2(g) + 1/2O_2(g) \quad \Delta H = 241.8235.5 kJ/mol \qquad (1-37)$$

可以看出，该反应为吸热反应，常温下平衡转化率极小，一般在2500℃时才有少量水分解，只有将水加热到3000℃以上时，反应才有实际应用的可能。高温热解水制氢的难点是高温下的热源问题、材料问题等，突出的技术难题是高温和高压。

③ 热化学制氢 水的热化学制氢是指在水系统中，在不同的温度下，经历一系列不同但又相互关联的化学反应，最终分解为氢气和氧气的过程。在这个过程中，仅消耗水和一定的热量，参与制氢过程的添加元素或化合物均不消耗，整个反应过程构成一个封闭的循环系统。与水的直接高温热解制氢相比较，热化学制氢

的每一步反应温度均在 800～1000℃,相对于 3000℃而言,该反应在较低的温度下进行,能源匹配、设备装置的耐温要求和投资成本等问题也相对容易解决。热化学制氢的其他显著优点还有能耗低(相对于水电解和直接高温热解水成本低)、可大规模工业生产(相对于再生能源)、可实现工业化(反应温和)、有可能直接利用核反应堆的热能、省去发电步骤、效率高等。

热化学循环制氢过程按反应涉及的物料可分为氧化物体系、卤化物体系、含硫体系和杂化体系等。

a. 氧化物体系是用金属氧化物(MeO)作为氧化还原体系的两步循环。它是利用较活泼的金属与其氧化物之间的互相转换或者不同价态的金属氧化物之间进行氧化还原反应而制备氢气的过程。在这个过程中高价氧化物在高温下分解成低价氧化物放出氧气,低价氧化物被水蒸气氧化成高价氧化物放出氢气,这两步反应的焓变相反。其反应方程为:

氢生成:
$$3MeO + H_2O \longrightarrow Me_3O_4 + H_2 \tag{1-38}$$

氧生成:
$$2Me_3O_4 \longrightarrow 6MeO + O_2 \tag{1-39}$$

其中金属(Me)可分别为 Mn、Fe、Co。

b. 在卤化物体系中,如金属-卤化物体系,反应可表示为:

氢气生成:
$$6MeX + 8H_2O \longrightarrow 2Me_3O_4 + 6HX + 5H_2 \tag{1-40}$$

其中,金属 Me 可以为 Mn 和 Fe,卤化物 X 可以为 Cl、Br 和 I。

卤素生成:
$$Me_3O_4 + 8HX \longrightarrow 3MeX_2 + 4H_2O + X_2 \tag{1-41}$$

氧生成:
$$MeO + X_2 \longrightarrow MeX_2 + 1/2O_2 \tag{1-42}$$

水解:
$$MeX_2 + H_2O \longrightarrow MeO + 2HX \tag{1-43}$$

卤化物体系中最著名的循环为日本东京大学发明的 UT3 循环,(University of Tokyo-3),其中金属选用 Ca,卤素选用 Br,循环由以下四步组成。

水分解成 HBr:气-固反应,反应温度 730℃,吸热。

$$CaBr_2 + H_2O \longrightarrow CaO + 2HBr \tag{1-44}$$

O_2 生成:气-固反应,反应温度 550℃。

$$CaO + Br_2 \longrightarrow CaBr_2 + 1/2O_2 \tag{1-45}$$

Br_2 生成:

$$Fe_2O_3 + 8HBr \longrightarrow 3FeBr_2 + 4H_2O + Br_2 \tag{1-46}$$

H_2 生成:

$$3FeBr_2 + 4H_2O \longrightarrow Fe_3O_4 + 6HBr + H_2 \tag{1-47}$$

UT3 循环具有以下特点:预期热效率高(35%~40%),如果同时发电,总效率可提高 10%;循环中两步关键反应均为气-固反应,简化了产物与反应物的分离;整个过程所采用的材料都廉价易得,无须采用贵金属;最高温度为 1033K,可与高温气冷反应堆相耦合。

c. 含硫体系中最著名的循环是由美国 GA 公司在 20 世纪 70 年代发明的碘-硫循环(iodine-sulfur cycle,IS),又被称为 GA 流程,循环中的反应为:

本生(Bunsen)反应:

$$SO_2 + I_2 + 2H_2O \longrightarrow 2HI + H_2SO_4 \tag{1-48}$$

硫酸分解反应:

$$H_2SO_4 \longrightarrow H_2O + SO_2 + 1/2O_2 \tag{1-49}$$

氢碘酸分解反应:

$$2HI \longrightarrow I_2 + H_2 \tag{1-50}$$

该循环具有以下特点:低于 1000℃就能分解水产生氢气;过程可连续操作且闭路循环;只需加入水,其他物料循环使用,无流出物;循环中的反应可以实现连续运行;预期效率高,可以达到约 52%,制氢和发电的总效率可达 60%。

d. 化学杂化过程是水裂解的热化学过程与电解反应的联合过程。杂化过程为低温电解反应提供了可能性,而引入电解反应则可使流程简化。选择杂化过程的重要准则包括电解步骤最小的电解电压、可实现性以及效率。杂化体系包括硫酸-溴杂化过程、硫酸杂化过程、烃杂化过程和金属-卤化物杂化过程等。以甲烷-甲醇制氢为例说明烃杂化过程,其反应为:

$$CH_4(g) + H_2O(g) \longrightarrow CO(g) + 3H_2(g) \tag{1-51}$$

$$CO(g) + 2H_2(g) \longrightarrow CH_3OH(g) \tag{1-52}$$

$$2CH_3OH(g) \longrightarrow 2CH_4(g) + O_2(g) \tag{1-53}$$

该循环在压力为 4~5MPa 的高温下进行,反应步骤不多,原料便宜,所采用的化工工艺也都比较熟悉,效率可达 33%~40%,在所有体系中是最高的,并经过循环实验验证效率在目前具有应用价值。目前,热化学制氢目前还很不成熟,还难以达到商业化实用的技术水平。

④ 等离子体化学制氢　等离子体化学制氢是在离子化较弱和不平衡的等离子系统中进行的。原料水以蒸汽的形态进入保持高频放电反应器。水分子的外层失去电子,处于电离状态。通过电场电弧将水加热至 5000℃,水被分解成 H、

H_2、O、O_2、OH^-和HO_2，其中 H 与 H_2 的含量达到 50%。为了使等离子体中氢组分含量稳定，必须对等离子进行淬火，使氢不再与氧结合。等离子分解水制氢的方法也适用于硫化氢制氢，可以结合防止污染进行氢的生产。这种制氢方法设备容积小，产氢效率高，能量转换效率可达 80%，但是等离子体制氢过程能耗很高，因而制氢的成本也高。

⑤ 太阳能制氢   在自然界中，氢已和氧结合成水，必须用热分解或电分解的方法把氢从水中分离出来。如果用煤、石油和天然气等燃烧所产生的热或所转换成的电分解水制氢，那显然是划不来的。如果用太阳能作为获取氢气的一次能源，则能大大降低制氢的成本，使氢能具有广阔的应用前景。利用太阳能制氢主要有以下几种方法：太阳能光解水制氢、太阳能光化学制氢、太阳能电解水制氢、太阳能热化学制氢、太阳能热水解制氢、光合作用制氢及太阳能光电化学制氢等。

自 1972 年，日本科学家首次报道了 TiO_2 单晶电极光催化降解水产生氢气的现象，光解水制氢就成为太阳能制氢的研究热点。

太阳能光解水制氢反应可由下式来描述：

$$H_2O \xrightarrow{\text{太阳能}} H_2 + 1/2O_2 \qquad (1\text{-}54)$$

电解电压为：

$$E_{H_2O} = -\frac{\Delta G_{fH_2O}}{2F} \qquad (1\text{-}55)$$

式中，ΔG_{fH_2O}（$=-237\text{kJ/mol}$）为摩尔生成自由能；F 为法拉第常数，代入公式计算得水的电解电压为 1.229eV。理论上，能用作光解水的催化剂的禁带宽度必须大于水的电解电压（1.229eV），且价带和导带的位置要分别同 O_2/H_2O 和 H_2/H_2O 的电极电位相适宜。

太阳能光解水的效率主要与光电转换效率和水分解为 H_2 和 O_2 过程中的电化学效率有关。在自然条件下，水对于可见光至紫外线是透明的，不能直接吸收光能。因此，必须在水中加入能吸收光能并有效地传给水分子且能使水发生光解的物质——光催化剂。如果能进一步降低半导体的禁带宽度或将多种半导体光催化剂复合使用，则可以提高光解水的效率。

目前，太阳能光解水制氢在实验室已取得突破性进展，制成的太阳能光化学电池，在阳光照射下可以产生氢气，但仍有电极材料、电池结构、电催化、光化学、热化学反应、提高效率及光腐蚀稳定性等一系列技术和理论上的难题需要解决，才能使其实用化。

太阳能光化学制氢是利用射入光子的能量使水的分子通过分解或把水化合物

的分子进行分解获得氢的方法。实验证明：光线中的紫光或蓝光更具有这种作用，红光和黄光较差。在太阳能光谱中，紫外光是最理想的。在进行光化学制氢时，将水直接分解成氧和氢非常困难，必须加入光解物和催化剂帮助水吸收更多的光能。目前光化学制氢的主要光解物是乙醇。乙醇是透明的，对光几乎不能直接吸收，加入光敏剂后，乙醇吸收大量的光才会分解。在二苯（甲）酮等光敏剂的存在下，阳光可使乙醇分解成氢气和乙醛。

太阳能电解水制氢的方法与电解水制氢类似。第一步是将太阳能转换成电能，第二步是将电能转化成氢，构成所谓的太阳能光伏制氢系统。光电解水制氢的效率，主要取决于半导体阳极能级高度的大小，能级高度越小，电子越容易跳出空穴，效率就越高。由于太阳能-氢的转换效率较低，在经济上太阳能电解水制氢至今仍难以与传统电解水制氢竞争。预计不久的将来，人们就能够把用太阳能直接电解水的方法，推广到大规模生产上来。

太阳能热化学制氢是率先实现工业化大生产的比较成熟的太阳能制氢技术之一，具有生产量大、成本较低等特点。目前比较具体的方案有：太阳能硫氧循环制氢、太阳能硫溴循环制氢和太阳能高温水蒸气制氢。其中太阳能高温水蒸气制氢需要消耗巨大的常规能源，并可能造成环境污染。因此，科学家们设想，用太阳能来制备高温水蒸气，从而降低制氢成本。

太阳能热解水制氢是把水或蒸汽加热到 3000K 以上，分解水得到氢和氧的方法。虽然该方法分解效率高，不需催化剂，但太阳能聚焦费用太昂贵。若采用高反射高聚焦的实验性太阳炉，可以实现 3000K 左右的高温，从而能使水分解，得到氧和氢。如果在水中加入催化剂，分解温度可以降低到 900～1200K，并且催化剂可再生后循环使用，目前这种方法的制氢效率已达 50％。如果将此方法与太阳能热化学循环结合起来形成"混合循环"，则可以制造高效、实用的太阳能产氢装置。

太阳能光电化学分解水制氢是电池的电极在太阳光的照射下，吸收太阳能，将光能转化为电能并能够维持恒定的电流，将水解离而获取氢气的过程。其原理是：在阳极和阴极组成的光电化学池中，当光照射到半导体电极表面时，受光激发产生电子-空穴对，在电解质存在下，阳极吸光后在半导体带上产生的电子通过外电路流向阴极，水中的质子从阴极上接受电子产生氢气。现在最常用的电极材料是 TiO_2，其禁带宽度为 3eV。因此，要使水分解必须施加一定的外加电压。如果有光子的能量介入，即借助于光子的能量，外加电压在小于 1.23V 时就能实现水的分解。

高效率制氢的基本途径是利用太阳能。如果能用太阳能来制氢，那就等于把无穷无尽的、分散的太阳能转变成了高度集中的干净能源了，其意义十分重大。利用太阳能制氢有重大的现实意义，但这却是一个十分困难的研究课题，有大量的理论问题和工程技术问题要解决，然而世界各国都十分重视，投入了不少的人力、财力、物力，并且也已取得了多方面的进展。因此，以后以太阳能制得的氢能，将成为人类普遍使用的一种优质、干净的燃料。

（3）生物质制氢

生物质制氢是利用微生物在常温、常压下进行酶催化反应制氢气的方法。该技术在20世纪60年代中期就已提出，20世纪90年代受到重视，德、日、美等一些发达国家制定了生物制氢的发展计划。生物质制氢可分为光合微生物制氢和厌氧发酵有机物制氢两类。

光合微生物制氢是指微生物（细菌或藻类）通过光合作用将底物分解产生氢气的方法。在藻类光合制氢中，首先是微藻通过光合作用分解水，产生质子和电子并释放氧气，然后藻类通过特有的产氢酶系的电子还原质子释放氢气。在微生物光照产氢的过程中，水的分解才能保证氢的来源，产氢的同时也产生氧气。在有氧的环境下，固氮酶和可逆产氢酶的活性都受到抑制，产氢能力下降甚至停止。因此，利用光合细菌制氢，提高光能转化效率是未来研究的一个重要方向。

厌氧发酵有机物制氢是在厌氧条件下，通过厌氧微生物（细菌）利用多种底物在氮化酶或氢化酶的作用下将其分解制取氢气的过程。这些微生物又被称为化学转化细菌，包括大肠埃希氏杆菌、拜式梭状芽孢杆菌、产气肠杆菌、丁酸梭状芽孢杆菌、褐球固氮菌等。底物包括甲酸、丙酮酸、CO和各种短链脂肪酸等有机物、硫化物、淀粉纤维素等糖类，这些底物广泛存在于工、农业生产的污水和废弃物之中。厌氧发酵细菌生物制氢的产率一般较低，为提高氢气的产率除选育优良的耐氧菌种外，还必须开发先进的培养技术才能够使厌氧发酵有机物制氢实现大规模生产。

生物质制氢技术具有清洁、节能和不消耗矿物质资源等突出优点。作为一种可再生资源，生物体又能进行自我复制、繁殖，还可以通过光合作用进行物质和能量的转换，这种转换系统可在常温、常压下通过酶的催化作用而获得氢气。但生物制氢技术目前存在的问题也较多，比如如何筛选产氢率相对高的菌株、设计合理的产氢工艺来提高产氢效率、高效制氢过程的开发与产氢反应器的放大、发酵细菌产氢的稳定性和连续性、混合细菌发酵产氢过程中彼此之间的抑制、发酵末端产物对细菌的反馈抑制等还需要进一步研究。

从能源的长远战略角度看，以水为原料，利用太阳光的能量制取氢气是获取一次能源的最理想的方法之一。许多国家正投入大量财力和人力对生物质制氢技术进行研发，以期早日实现生物制氢技术向商业化生产的转变，也将带来显著的经济效益、环境效益和社会效益。

（4）其他制氢方法

随着氢气作为21世纪的理想清洁能源受到世界各国的普遍重视，许多国家也开始重视制备氢气的方法和工艺的研究，使新的制氢工艺和方法不断涌现出来。除上述介绍的多种制氢方法和工艺以外，近年来还出现了氨裂解制氢、新型氧化材料制氢、硫化氢分解制氢、核能制氢、放射性催化剂制氢等制氢技术。但这些技术都还处于研究阶段，距商业化应用还有较大的距离。

1.4.2 氢气的纯化

由于自然界没有纯净的氢，氢总是以其化合物如水、烃类等形式存在，因此，在制备氢时就不可避免地带有杂质。氢气中带有杂质，就带来了安全隐患，容易发生爆炸，这就要求对氢气原料进行纯化。氢的纯化是指利用物理或化学的方法，除去氢气中杂质的方法总称，也就是将氢中包含的杂质"过滤"出去。随着半导体工业、精细化工和光电产业的发展，半导体生产工艺需要使用99.999%以上的高纯氢。但是，目前工业上各种制氢方法所得到的氢气纯度不高，很难满足高纯度氢气应用的要求，需要对制氢过程中获得的氢气进一步进行纯化处理。氢气的工业纯化方法主要有低温吸附法、低温冷凝法、变压吸附法、膜分离法等。

（1）低温吸附法

低温吸附法就是使待纯化的氢气冷却到液氮温度以下，利用吸附剂对氢气进行选择性吸附以制备含氢量超过99.9999%的超纯氢气。吸附剂通常选用活性炭、分子筛、硅胶等，选择哪种吸附剂，要视氢气中的杂质组分和含量而定。在工业生产中，常常使用两台吸附器，其中一台运行，另一台处于再生阶段。周期定时切换，从而实现连续生产作业。

（2）低温冷凝法

低温冷凝法又称为低温分离法，是基于氢与其他气体沸点差异大的原理，在某一操作温度下，使除氢以外所有高沸点组分冷凝为液体的分离方法。该方法适合氢含量30%～80%（体积浓度）范围内的原料气回收氢，产氢纯度为90%～98%。与低温吸附法相比，低温分离法具有产量大、纯度低和纯化成本低的特点。

（3）变压吸附法

变压吸附技术是近30多年发展起来的一项新型气体分离与净化技术，由于其投资少，运行费用低，产品纯度高，操作简单、灵活，环境污染小等优点，这项技术被广泛应用于石油、化工、冶金、轻工等行业。所谓变压吸附（PSA）是以特定的吸附剂内部表面对气体分子的物理吸附为基础，利用吸附剂在相同压力下易吸附高沸点组分、不易吸附低沸点组分和高压下吸附量增加、低压下吸附量减少的特性，将原料气在一定压力下通过某一特定的吸附剂，相对于氢的高沸点杂质组分被选择性吸附，低沸点的氢气不易被吸附而穿过吸附剂，达到氢和杂质组分的分离而使氢气纯化的目的。

变压吸附气体分离工艺之所以实现，是由于吸附剂在这种物理吸附中所具有的两个基本性质：一是对不同组分的吸附能力不同；二是吸附质在吸附剂上的吸附容量随吸附质的分压上升而增加，随吸附温度的上升而下降。利用吸附剂的第一个性质，可实现对某些组分的优先吸附而使其他组分得以提纯。利用吸附剂的第二个性质，可实现吸附剂在高压低温下吸附，而在高温低压下解吸再生，从而构成吸附剂的吸附与再生循环，达到连续分离气体的目的。需要指出的是，变压吸附法要求待纯化的氢气中的氢含量要在25%以上。

（4）膜分离法

膜分离技术以选择性透过膜为介质，在电位差、压力差、浓度差等推动力下，有选择地透过膜，从而达到分离提纯的目的。可分为无机膜分离和有机高分子有机膜分离。在无机膜分离法中，无机膜在高温下分离气体非常有效。与高分子有机膜相比，无机膜对气体的选择性及在高温下的热膨胀性、强度、抗弯强度、破裂拉伸强度等方面都有明显的优势。在无机膜分离技术中最常用的是钯合金膜扩散法，即所谓的钯膜扩散法。在一定温度下，氢分子在钯膜一侧离解成氢原子，溶于钯并扩散到另一侧，然后结合成分子。经一级分离可得到99.99%～99.9999%纯度的氢。钯合金无机膜存在渗透率不高、力学性能差、价格昂贵、使用寿命短等缺点，该方法只适于较小规模且对氢气纯度要求很高的场合使用。因此需要开发具有高氢选择性、高氢渗透性、高稳定性的廉价复合无机膜。

（5）其他方法

① 金属氢化物法　金属氢化物法是利用储氢合金对氢的选择性生成金属氢化物，氢中的其他杂质浓缩于氢化物之外，随着废气排出，金属氢化物分离放出氢气，从而使氢气纯化。

② 催化脱氧法　催化脱氧法是用钯或铂作催化剂，使氧和氢发生反应生成水，再用分子筛干燥脱水。这种方法特别适用于电解氢的脱氧纯化，可制得纯度为99.999%的高纯氢。

1.5　氢气的储存

能源技术最突出的问题之一是储能技术问题。新能源中，太阳能、风能、潮汐能的供给往往是间歇的，能量的供给与需求往往在时间上不一致。为解决这一矛盾，必须在供能高峰时把多余的能量储存起来。在这里，储氢与储能等效。可见，氢的储存是一个至关重要的技术，储氢问题是制约氢经济的瓶颈之一，储氢问题不解决，氢能的应用则难以推广。

氢是气体，它的输送和储存比固体煤、液体石油更困难。氢能工业对储氢的要求总的来说是储氢系统要安全、容量大、成本低、使用方便。具体因氢能的终端用户不同又有很大的差别。氢能的用户终端可分为两类，一是民用和工业用氢，二是交通工具用氢。前者强调大容量，后者强调大的储氢密度。根据用途的不同，人们研究开发了各种各样的储氢方法，试图满足储氢要求。储氢方法多种多样，根据储氢过程发生的反应可分为物理储氢和化学储氢。根据氢存在形态的不同，归结来说可以分为三类：气态储存、液化储存和固态储存。氢如果以气态储存，需用大量的钢瓶，体积庞大，高压氢气钢瓶储氢的重量也只有钢瓶重量的1％，作为储能手段并不实用。如采用液态储氢，则需要－253℃的低温，不易做到，即使能采用该法，也必须使用保温材料，体积庞大，能耗也相当大。目前，人们关注的是金属氢化物作储氢材料，所用金属有钛、稀土金属、镁和镧铈合金等，相当于钢瓶1/3重量的储氢材料可以吸尽钢瓶中的氢气。纳米碳管作为储氢材料的研究也取得了一定的进展。

1.5.1 气态储存

常温、常压下，氢气的密度只有 0.08988g/L。体积能量密度非常低，如储存 4kg 气态氢需要 45m³ 的容积。为了提高压力容器的储氢密度，往往通过提高压力来缩小储氢罐的容积。因此，氢气通常加压、减小体积，以气体形式储存于特定容器中，一般常为钢制耐压气瓶。根据压力大小的不同，气态储存又可分为低压储存和高压储存。

气态高压储存是最普通和最直接的储存方式，通过减压阀的调节就可以直接将氢气释放出来。采用这种高压储存方法具有压力容器容易制造、制备压缩氢的技术简单、成本较低等优点，但缺点也很突出。首先，高压储氢能耗高，需要消耗别的能量形式来压缩氢气；其次，高压对钢制材料强度要求高，钢瓶壁厚，容器笨重，材料浪费大，造价较高，同时加大运输难度，如果通过加大氢气压力来提高携氢量将有可能导致氢分子从容器壁逸出或产生氢脆现象；最后，高压储氢的单位质量储氢密度，也就是储氢单元内所有储氢质量与整个储氢单元的质量（含容器、储存介质材料、阀及氢气等）之比依然很低。我国使用的容积为 40L 的钢瓶，在 15MPa 高压下也只能容纳大约 0.5kg 氢气，还不到高压钢瓶重量的1％，储氢量小，运输成本太高，而且高压储氢还存在不安全的问题。

高压储氢对容器材料要求高，压力容器材料的好坏决定了压力容器储氢密度的高低。储氢容器先后经历了从钢制、金属内衬纤维缠绕到新材料的发展过程，目前，国际上正积极开发压力更高的轻质储氢压力容器。如通用汽车氢能-3 燃料电池汽车的车载氢源采用的是碳纤维增强的复合材料制作的超高压容器〔氢气压缩至 700bar（1bar＝10^5Pa，余同）］，这种电动汽车在 700bar 下携带 3.1kg 的氢，可使汽车运行 270km。但值得注意的是：尽管压力和质量储氢密度提高了很多，但体积储氢密度并没有明显增加。

1.5.2 液化储存

液化储存，顾名思义就是将氢气冷却到液化温度以下，以液体形式储存。在一个大气压（即 101325Pa）下，氢气冷冻至－253℃以下，氢为液态，此时液氢的密度是气态氢的 865 倍，因此，低温液态储氢技术相对于高压气态储氢技术具有更大的吸引力。若仅从质量和体积上考虑，液化储存是一种极为理想的储氢方式。液化储氢方式的最大优点是质量储氢密度高，按目前的技术可以大于 5%。但使用液化储氢方式，液氢罐需采用双层壁真空绝热结构，并采用安全保护装置和自动控制装置保证减振和抗冲击。这就增大了储氢系统的复杂程度和总体质量，限制了氢气质量分数的提高。

液氢存在生产成本高昂的问题。理论上，氢液化所消耗的能量为 28.9kJ/mol，实际过程消耗的能量大约是理论值的 2.5 倍，可以达到氢气能量的 30%～50%。另外，液氢还存在严重的泄漏问题。液氢沸点仅为 20.38K。气化潜热小，仅为 0.91kJ/mol，因此液氢的温度与外界的温度存在巨大的传热温差，稍有热量从外界渗入容器，即可快速沸腾而致损失。即使用真空绝热储槽，液氢也难长时间储存。目前，液氢的损失率达每天 1%～2%，而汽油通常每月只损失 1%，所以，液氢不适用于间歇使用的场合，如汽车。但是，对一些特殊用途，例如宇航的运载火箭等，采用冷液化储氢是有利的。

1.5.3 固态储存

固态储存是利用固体对氢气的物理吸附或化学反应等作用，将氢储存于固体材料中。固态储存一般可以做到安全、高效、高密度，是气态储存和液化储存之后，最有前途的研究发现。固态储存需要用到储氢材料，寻找和研制高性能的储氢材料，成为固态储氢的当务之急，也是未来储氢发展，乃至整个氢能利用的关键。

储氢材料是一类对氢具有良好的吸附性能或可以与氢发生可逆反应，实现氢的储存和释放的材料。储氢材料有很多，它包括储氢合金、碳质储氢材料、无机化合物储氢材料、有机储氢材料等。储氢材料自 20 世纪 60 年代末发现以来，就引起了学术界和工业界的广泛兴趣，世界各国科学研究人员纷纷开展相关研究工作并取得了重要的进展，但是，储氢材料的研究大多仍处于实验室的探索阶段，一些储氢材料和技术离氢能的实用化还有较大的距离，在质量和体积储氢密度、工作温度、可逆循环性能以及安全性等方面，还不能同时满足实用化要求。例如，到目前为止，那些在室温下容易释放氢的金属氢化物，其可逆质量储氢密度不超过2%，这对于使用燃料电池的电动车以及一些新的应用显然是不够的。有机化合物储氢材料虽然储氢密度大，但是吸/放氢工艺复杂，还有许多技术问题没解决，碳质储氢材料储氢量大，但价格昂贵、产量低，大规模进入商业应用还有一段路要走。总之，储氢材料只有满足原料来源广、成本低、制造工艺简单、密度小、氢含量高、可逆吸/放氢速率快、效率高、可循环使用、寿命长等条件，才能在更大程度上符合实用要求。

1.6 氢气的运输

氢气输送也是氢能系统中的关键之一，它与氢的储存技术密不可分。按照运输时氢气所处的状态不同，可以分为气氢（GH_2）输送、液氢（LH_2）输送和固氢（SH_2）输送，目前大规模使用的是气氢输送和液氢输送。

1.6.1 气氢（GH_2）输送

根据氢气的输送距离、用氢要求和用户的分布情况，气氢可以用管网输送，也可以用储氢容器装在车、船等运输工具上进行输送，气瓶和管道的材质一般使用钢材。高压钢瓶或钢罐装的氢气通常用卡车或船舶等交通运输工具运至用户，储氢质量只占运输质量的1%～2%，此法不太经济，适合于用户数量比较分散的场合。管道输送适合于短距离、用量较大、用户集中、使用连续而稳定的地区。

虽然氢气有其独特的物理性质和化学性质，但它的储存和输运所需的技术条件却与储存和输运天然气的技术大致相同，因此，氢气可以利用现有的输送天然气和煤气的管道，稍加改造，就可用于输氢。但要注意的是，氢气的发热量为$10.05MJ/m^3$，约为天然气的1/3，要输送相同能量，需加粗管道或提高压力，同时还需要采取措施预防氢脆所带来的腐蚀问题。与天然气管道输送相比，氢气的管道输送成本要高出50%，主要原因是压缩含能量相同的氢气所需要的能量是天然气的3.5倍。经过压力电解槽或天然气重整中的PSA工序，可获得压力为2～3MPa的氢气，最多可使压缩过程的成本为原来的1/6。

目前，全球用于输送氢气（工业用）的管道总长度已超过1000km，主要位于北美和欧洲（法国、德国、比利时）。操作压力一般为1～3MPa，输氢量310～8900kg/h。德国拥有210km输氢管道，直径0.25m，操作压力2MPa，输氢量8900kg/h；法国Air Liquide公司目前拥有从法国北部延伸到比利时的输氢管道400km；美国的输氢管道总长度达到了720km。

1.6.2 液氢（LH$_2$）输送

运输液态氢气最大的优点是能量密度高（1 辆拖车运载的液氢相当于 20 辆拖车运输的压缩氢气），适合于远距离运输（在不适合铺设管道的情况下）。但是由于液氢与环境之间存在很大的传热温差（氢气沸点 20.38K，汽化潜热 0.91kJ/mol），很容易导致液氢汽化，即使储存液氢的容器采用真空绝热措施，仍然使液氢难以长时间储存。若氢气产量达到 450kg/h、储存时间为 1 天、运输距离超过 160km，则采用液氢的方式运输成本最低，金属氢化物运输方式也很有竞争力。运输距离若达到 1600km，液氢运输的成本为金属氢化物的 1/5，为压缩氢气的 1/8。

液氢可使用拖车（360~4300kg）或火车运输（2300~9100kg），蒸发速度为每天 0.3%~0.6%。

目前，欧洲使用低温容器或拖车运输的液氢体积为 41m^3 或 53m^3，温度为 20K。更大体积的容器（300~600m^3）仅用于太空计划。欧洲 EQHHP 计划和日本 WENET 计划正在设计容积为 3600m^3、2400m^3、50000m^3 和 100000m^3 的大型液氢海洋运输容器，液氢蒸发时间设计值需达到 30~60 天（即充入液氢 30~60 天后方产生蒸发损失）。未来的液氢输送方式还可能包括管道运输，尽管这需要管道具有良好的绝热性能。此外，未来的液氢输送管道还可以包含超导电线，液氢（20K）可以起到冷冻剂的作用，这样在输送液氢的同时，还可以无损耗地传输电力。

1.6.3 固氢(SH$_2$)输送

用金属氢化物储氢桶（或罐）进行储氢可得到与液氢相同或更高的储氢密度，可用各种交通工具运输，安全而经济。

根据用途不同，固氢（SH$_2$）输送主要可分为固定式和移动式两类。固定式储氢装置一般采用不锈钢列管结构，内装复合储氢材料。迄今为止，研制的最大容量的储氢容器是由德国制造的 2000m^3 的 TiMn$_2$ 型多元合金氢储存装置。移动式储氢装置要兼顾储存与运输，因而要求储氢容器一方面要轻，而另一方面储氢量要大。日本使用 LaNi$_5$ 系合金，已开发出一种商用金属氢化物氢集装箱。该集装箱放置于一辆 4.5t 的卡车上，由 6 台储氢容器并联组成，每台储氢容器的储氢量为 70m^3。该容器的设计工作压力为 5MPa，共输氢 420m^3。与高压钢瓶相比，采用这种集装箱输送氢不但使输送能力大为提高，而且降低了运输成本，并保证了安全。

目前，金属氢化物储氢主要用于交通工具的气源，其储氢性能还无法完全满足交通工具对气源的要求，新型储氢合金等储氢材料正在进行研究，有望在近几年内达到商业化应用技术水平。

虽然氢气输送与其他可燃气体如天然气、煤气等相似,但是,考虑到氢气的一些自身特性,在使用过程中需要注意以下问题。

① 氢特别轻,与其他燃料相比,在运输和使用过程中单位能量所占的体积特别大,即使是液态氢也是如此。

② 氢特别容易泄漏。以氢作燃料的汽车行驶试验证明,即使是真空密封的氢燃料箱,也存在泄漏的问题。因此对储氢容器和输氢管道、接头、阀门等都要采取特殊的密封措施。

③ 液氢的温度极低,只要有一滴掉在皮肤上就会造成严重的冻伤,因此,在运输和使用过程中应特别注意采取各种安全措施。

1.7 氢能经济竞争发展态势

氢能被视为 21 世纪最具发展潜力的清洁能源,人类对氢能应用自 200 年前就产生了兴趣,20 世纪 70 年代以来,世界上许多国家和地区广泛开展了氢能研究。早在 1970 年,美国通用汽车公司的技术研究中心就提出了"氢经济"的概念。1976 年,美国斯坦福研究院就开展了氢经济的可行性研究。20 世纪 90 年代中期以来,多种因素的汇合增加了氢经济的吸引力。这些因素包括持久的城市空气污染、对较低或零废气排放的交通工具的需求、减少对外国石油进口的需要、CO_2 排放和全球气候变化、储存可再生电能供应的需求等。氢能作为一种高效、清洁、可持续的"无碳"能源,已得到世界各国的普遍关注,各国政府都高度重视氢能的发展,将其视为"21 世纪的绿色能源和战略能源"。世界上许多国家和相关国际组织都对氢能研发和实现向氢经济(hydrogen economics)的转型给予了很大重视,进行了大量的宏观战略研究。到目前为止,很多国家都走过了"氢能愿景共识,氢能战略制定,氢能行动实施"三大步骤,都在国家层面上制定了长期研发计划。美、欧、日等发达国家和地区都从国家可持续发展和安全战略的高度,纷纷投入巨资进行氢能相关技术研发,制定了相应的发展战略和计划,并指导和推进相关领域的发展,以期在未来氢经济社会占据主动权。

美国早在 1990 年就通过了《Spark M. Matsunaga 氢能研究与发展、示范法案》。该法案指导美国能源部启动了一系列氢能研究项目,并促成了氢技术顾问团(HTAP)的成立。1992 年通过的能源政策法案特别强调了氢能的发展。1996 年美国国会又通过了《氢能前景法案》,决定在 1996~2001 年间再花费 16450 万美元,用于氢的生产、储运和应用的研究、开发与展示。美国能源部(DOE)启动了一系列氢能研究项目。2001 年 11 月,美国发布了《美国向氢经济转型的前景:2030 年及其以后的展望》,它标志着美国"政、产、学、研"各界对于发展氢能基本达成共识,从而转入制定国家氢能战略阶段。2002 年 4 月,美国完成战略研究并发布了《国家氢能路线图》，路线图规定了从 2000 年开始，美国国家氢能发展的 4 个阶段（每 10 年实现一个阶段）：技术、政策和市场开发阶段；向市场过渡阶段；市场和基础设施扩张阶段；走进氢经济时代。2040 年全面实现氢经济。此后，开始制定和整合国家氢能研究开发行动计划。2003 年，时任美国总统的布什在国情咨文中正式提出总统氢燃料倡议（President's Hydrogen Fuel Initiative），宣布在未来 5 年投资 17 亿美元实施氢能相关计划（Freedom CAR and FuelInitiative），其中，12 亿美元用于燃料电池车辆开发，5 亿美元用于氢燃料开发。此后，能源部科学办公室召开"氢生产、储存和利用的基础能源科学讨论会"，2004 年 2 月出版了《氢经济基础研究的需求》报告。2004 年 2 月，美国能源部出台了《氢态势计划：综合研究、开发和示范计划》。该计划阐述了美国能源安全所面临的挑战及发展氢经济的必要性和紧迫性，制定了美国发展氢经济必须经历技术研发与示范（2000～2015 年）、前期市场渗透（2010～2025 年）、基础设施建设与投资（2015～2035 年）、氢经济实现（2025～2040 年）四个相互重叠、关联的阶段，确定了在发展氢经济的初始阶段的技术研究、开发与示范的具体内容和目标，以及相关的后续行动等。该计划明确提出美国将于 2040 年实现向氢经济的过渡。2005 年，美国出台了《能源政策法》，将发展氢能和燃料电池技术的有关项目及其财政经费授权额度明确写入法律中。该法案将原 Freedom CAR 计划的 5 年预算 17 亿美元增加到 38.7 亿美元。迄今为止，美国形成了较完整的推进氢能发展的国家法律、政策和科研计划体系，以引导能源体系向氢经济过渡。2006 年，美国能源部制定了《氢立场计划》，它的颁布是美国国家氢能计划逐步走向深化的重要标志。之所以这么说，是因为它涉及美国国家氢能计划发展过程中的一系列潜在问题，如商业化问题、各参与方的角色扮演问题等。此外，面对氢能研发所需资金较多、商业化遭遇困境、政府拟消减预算等困难，美国各界不断向政府、国会呼吁，推动国家氢能计划不断推进。如 2009 年，美国奥巴马政府曾预把"氢能和燃料电池研发项目"的资金消减一半以上，这一措施引发了社会各界广泛关注，美国氢能协会、燃料电池协会及相关团体密切配合，最终取得国会支持，获得 1.74 亿美元的政府支持资金。2011 年，奥巴马政府发布"氢能和燃料电池研发项目"，要求继续支持氢能研发。2012 年，美国总统奥巴马向国会提交 2013 年度政府预算案，其中用于氢能等清洁能源的研发资金高达 63 亿美元。可见，美国政府高度重视氢能的重要性，投入巨资进行氢能研发工作。美国总统布什曾经说过："氢燃料电池是当今时代最富创新性和最值得鼓励的技术"，"利用氢能技术一个最大的成果当然是美国的能源独立，这也是一个经济安全问题"。

欧盟将氢能作为其优先研究和发展的领域，2002 年 10 月，欧洲委员会宣布欧洲将逐步摆脱对化石燃料的依赖，转向一个利用可再生能源的未来，计划成为

21世纪第一个完全以氢为基础的超级国家联合体。欧盟在其第五框架计划就启动了"欧洲清洁城市交通项目"（CUTE）。在其第六框架计划已批准的氢能和燃料电池研究项目达30项。欧盟目前正在启动第七框架计划（2007～2011年）中的氢能和燃料电池研究项目，比第六框架计划多达50多项。欧盟于2002年10月成立氢能和燃料电池技术高层小组开展欧洲氢能愿景研究。欧盟在制定发布的2003年《欧盟氢能路线图》，计划未来5年内投入20亿欧元，用于氢能、燃料电池及燃料电池汽车的研发示范，并成立欧洲氢燃料电池合作组织，实施"欧洲清洁城市交通项目计划"，在阿姆斯特丹、巴塞罗那、汉堡、斯图加特、伦敦、卢森堡、马德里、斯德哥尔摩、波尔图等9个城市各安排3辆燃料电池公共汽车试用。2003年6月提出《氢能和燃料电池技术——我们未来的愿景》报告，阐述了欧洲面临的能源挑战及发展氢能的原因，明确提出欧洲将于2050年过渡到氢经济，制定了欧洲实现向氢经济过渡的近期（2000～2010年）、中期（2010～2020年）和长期（2020～2050年）三个阶段及其主要的研发和示范行动计划路线图，并提出了相关对策建议。2003年6月，时任欧盟主席的普罗迪宣布："我们的目标是到21世纪中叶，逐步转到一个基于可再生能源的，完全集成的氢经济"。2004年1月，欧盟正式实施氢能和燃料电池技术平台计划，成为欧盟国家发展氢能技术的最重要的研究框架。2005年，欧盟氢能和燃料电池技术平台指导理事会提出欧洲氢能发展《战略展望》。2007年1月，欧盟委员会在新能源政策中的战略能源计划中提出增加50％的能源科研经费，以发展低碳、高效的能源体系。欧盟在其第六框架计划（2003～2006年）对氢能技术和燃料电池技术支持经费1.257亿欧元和1.539亿欧元的基础上，2007年3月又发布了计划在2007～2015年投入74亿欧元的氢能和燃料电池技术研究实施计划（Implementation Plan Status 2006）。2007年5月，欧洲议会主席发布了欧盟"关于通过地区、城市、中小企业和公民社会组织之间的合作建立欧洲绿色氢能经济和第三次工业革命的书面声明"，提出到2025年要形成不同应用领域（便携式、固定式、交通等）的氢燃料电池技术，并在所有欧盟成员国建立一个分布式氢能基础设施体系。目前，欧盟正在启动有关氢能和燃料电池汽车技术研究的"框架七"计划。欧盟下属各成员国，也相继制定了各国的氢能研发计划。

对新能源开发从不落后的日本，基于自身能源短缺、对外依存度高的国情，将氢能开发利用确立为本国未来最重要的战略性产业之一。从1993年就开始实施"世界能源网络"计划，深入开展氢能及其基础设施技术，希望到2020年逐步推广氢能。2002年，时任日本首相在施政演说中提出将燃料电池作为汽车动力和家庭电源，要求有关省厅率先购进燃料电池车。2004年，日本在国家《新产业创新战略》中将燃料电池列为国家重点推进的七大新兴战略产业之首，从国家层面上着力推进。日本政府支持燃料电池相关技术开发的经费逐年增加，仅经济产业省 2002 年财政年度为 230 亿日元（约合 2.1 亿美元），2003 年财政年度为 325 亿日元（约合 3 亿美元），2004 年和 2005 年财政年度为 662 亿日元（约合 6 亿美元），2006 年财政年度为 340 亿日元（约合 3 亿美元）。氢燃料电池是当前日本氢能的主要发展方向，日本政府为促进氢能实用化和普及，进一步完善了汽车容量供给制，全国各地相继建立了许多加氢站，计划到 2030 年将加氢汽车发展到 1500 万辆。目前，日本正通过开展燃料汽车的标准、规范、法规、认证制定工作，扎实推进其产业化。迄今为止，日本燃料电池技术开发以及氢的制造、运输、储存技术已基本成熟。此外，芬兰、墨西哥、加拿大、韩国等国也都有氢能研发计划。

我国对氢能的研究与发展可以追溯到 20 世纪 60 年代初，我国科学家为发展国家航天事业，对作为火箭燃料的液氢的生产、H_2/O_2 燃料电池的研制与开发进行了大量卓有成效的工作，20 世纪 70 年代，将氢作为能源载体和新能源系统进行开发。21 世纪以来，我国政府多次将氢能列入能源发展规划，以达到加速我国氢能发展进程，促进氢能商业化的目标。2003 年 11 月，我国加入了"氢能经济国际合作伙伴"（IPHE），成为其首批成员国之一。2006 年 2 月，国务院发布的《国家中长期科学和技术发展规划纲要（2006～2020 年）》将"低能耗与新能源汽车"和"氢能及燃料电池技术"分别列入优先主题和前沿技术。在国家《节能中长期专项规划》及相应的十大重点节能工程中，强调要大力发展氢燃料电池汽车等清洁汽车。国家发展和改革委员会与科学技术部共同向社会公布的《中国节能技术政策大纲》中同样也强调要"研究电动汽车等新型动力"。"九五"和"十五"期间，国家都把燃料电池汽车及相关技术研究列入科技计划，国家"863"计划和"973"计划都设立了许多与此相关的科研课题。"十五"国家重大科技专项之一的"电动汽车专项"将燃料电池汽车列为重要内容，国家投入近 9 亿元。"十一五"期间，国家继续支持"节能与新能源汽车"，包括燃料电池汽车的研究。

在国家科技部和各部委基金项目的支持下，我国已初步形成了一支以高等院校、中科院、能源公司、燃料电池公司、汽车制造企业等为主的从事氢能与燃料电池研究、开发与利用的专业队伍，研发领域涉及氢经济相关技术的基础研究、技术开发和示范试验等方面。特别是科技部资助的两项国家"973"项目"氢能规模制备、储运及相关燃料电池的基础研究"（2000 年）和"利用太阳能规模制氢的基础研究"（2003 年）参与单位众多，影响较大。

多年来，我国氢能领域的专家和科学工作者在制氢、储氢和氢能利用等方面，进行了开创性的工作，在氢能领域取得诸多成果，拥有一批该领域的知识产权，其中，有些研究已达到国际先进水平。例如，通过实施"863"计划，我国自主开发了大功率氢燃料电池，并成功商业化，开始应用于汽车车用发动机和移动发电站。但是，从总体上看，我国与日本等发达国家相比，无论在组织领导、政策扶持方面，还是在技术能力、基础设施等方面仍有较大差距。因此，我国应紧紧抓住能源结构调整的重要战略机遇期，借鉴美、日、欧等发达国家和地区的先进经验，发挥氢能在能源革命的作用。

1.8 氢能的应用

2001 年，在一个由联合国发展计划署发起的论坛上，皇家荷兰壳牌公司的主席菲尔·瓦特说："石油和天然气是最重要的矿物燃料，它们曾经把整个世界推进了工业时代，但 21 世纪它们将为以氢经济为基础的能源新制度革命让出发展空间。"纵观全球，自进入 21 世纪以来，氢能的开发应用步伐逐渐加快，尤其是在一些发达国家，都将氢能列为国家能源体系中的重要组成部分，人们对其寄予了极大的希望和热忱。

目前，氢能的应用方式主要有三种：①直接燃烧，即利用氢和氧发生反应放出的热能；②通过燃料电池转化为电能，即利用氢和氧化剂在催化剂作用下的电化学反应直接获取电能；③核聚变，即利用氢的热核反应释放出的核能。其中最安全高效的使用方式是通过燃料电池将氢能转化为电能。

1.8.1 直接燃烧

氢气除作为化工原料以外，还用作燃料，主要使用方式是直接燃烧，用氢气作燃料有许多优点，首先是干净、卫生。氢气燃烧后的产物是水，不会污染环境，非常有利于环境的保护。其次是氢气在燃烧时比汽油的发热量高。氢气作为燃料，在工业与民用上有着广泛应用。

氢在航天领域中应用广泛，早在第二次世界大战期间，即用作 A-2 火箭液体推进剂。1970 年，美国"阿波罗"登月飞船使用的起飞火箭也是用液氢作燃料。我国的长征系列火箭也是采用液氢作燃料。目前，科学家们正研究一种"固态氢"宇宙飞船。固态氢既作为飞船的结构材料，又作为飞船的动力燃料，在飞行期间，飞船上所有的非重要零部件都可作为能源消耗掉，飞船就能飞行更长的时间。

汽车、飞机、轮船等作为一种现代交通工具，已经与当今人们的生活密不可分。而这些交通工具多数是用内燃机作发动机的，内燃机是汽车、飞机等机械的动力源头。一般的内燃机，通常以柴油或汽油作燃料，不仅消耗大量的化石能源，同时污染环境，亟待研发其替代品。以氢作为燃料的氢内燃机，由于具有点火能量小、效率高、易实现稀薄燃烧、可全天候使用、对受控污染物和温室气体（CO_2）的近乎零排放等优点，被认为是最具潜力的替代产品。所谓氢内燃机，就是以氢气为燃料，将氢气存储的化学能通过燃烧的过程转化成机械能的新型内燃机，其原理与普通的汽油内燃机原理一样。氢内燃机直接燃烧氢，不使用其他燃料或产生水蒸气排出。氢内燃机不需要任何昂贵的特殊环境或者催化剂就能完全做功，这样就不会存在造价过高的问题。目前丰田、福特等大型国际汽车制造商采用氢内燃机制造的氢汽车已经商业化生产。

在超声速飞机和远程洲际客机上以氢作动力燃料的研究已进行多年，目前已进入样机和试飞阶段。德国戴姆勒·奔驰航空航天公司以及俄罗斯航天公司从1996年开始试验，其进展证实，在配备有双发动机的喷气机中使用液氢，其安全性有足够保证。美、德、法等国采用氢化金属储氢，而日本则采用液氢作燃料组装的燃料电池示范汽车，已进行了上百万千米的道路运行试验，其经济性、适应性和安全性均较好。美国和加拿大计划在加拿大西部到东部的大铁路上采用液氢和液氧为燃料的机车。

氢能在工业领域中也有着广泛的应用。例如，氢气在氧气中燃烧放出大量的热，其火焰——氢氧焰的温度高达 3000℃，可用来焊接或切割金属。目前各种大型电站，无论是水电、火电或核电，都是把发出的电送往电网，再由电网输送给用户。但是，因为终端用电户的负荷不同，电网有时是高峰，有时是低谷。用电高峰期经常闹"电荒"，电力供不应求；在低谷时期，发出的电还有富余。为了调节峰荷，电网中常需要启动快和比较灵活的发电站，氢能发电最适合扮演这个角色。利用氢气和氧气燃烧组成氢氧发电机组。这种机组是火箭型内燃发动机配发电机，它不需要复杂的蒸汽锅炉系统，因此，结构简单、维修方便、启动迅速、要开即开、要停即停。在电网低负荷时，还可以吸收多余的电来进行电解水，生产氢和氧，以备高峰时发电用。这种调节作用对于电网运行是极其有利的。此外，氢能在日常生产生活中具有广泛的用途。例如，氢能进入家庭后，可以作为取暖的材料、做饭的燃料。与天然气等化石原料相比，其最大优点是减少温室气体的排放量。

1.8.2　氢燃料电池

燃料电池是氢能利用的最安全、高效、理想的使用方式，它是电解水制氢的逆反应。相较于燃料直接燃烧释放的热能，电能转化不受卡诺循环的限制，转化效率更高，同时应用更加方便，对环境更为友好，因此，通过燃料电池能实现对能源更为有效的利用。

氢燃料电池发电的基本原理是把氢和氧分别供给阴极和阳极，氢通过阴极向外扩散和电解质发生反应后，放出电子通过外部的负载到达阳极。

负极：燃料 H_2 发生氧化反应，放出电子。

$$H_2 \longrightarrow 2H^+ + 2e \tag{1-56}$$

正极：释放的电子通过外电路到达燃料电池的正极，使氧化剂 O_2 发生还原反应。

$$O_2 + 4e + 4H^+ \longrightarrow 2H_2O \tag{1-57}$$

总反应：

$$2H_2 + O_2 \longrightarrow 2H_2O \tag{1-58}$$

氢燃料电池发电即为通常的氢气氧化反应，通过燃料电池，反应的化学能以电能的形式给出，其原理如图1-4所示。氢燃料电池与普通电池的区别主要在于：干电池、蓄电池是一种储能装置，它把电能储存起来，需要的时候再释放出来；而氢燃料电池严格地说是一种发电装置，像发电厂一样，是把化学能直接转化为电能的电化学发电装置。而使用氢燃料电池发电，是将燃烧的化学能直接转换为电能，不需要进行燃烧，能量转换率可达60%～80%，而且污染少，噪声小，装置可大可小，非常灵活。从本质上看，氢燃料电池的工作方式不同于内燃机，氢燃料电池通过化学反应产生电能来推动汽车，它是二次能源，而内燃机则是通过燃烧热能来推动汽车的，是一次能源。由于燃料电池汽车工作过程不涉及燃烧，因此无机械损耗及腐蚀，氢燃料电池产生的电能可以直接被用于推动汽车的四轮上，从而省略了机械传动装置。现在，各发达国家的研究者都已强烈意识到氢燃料电池将结束内燃机时代这一必然趋势，以氢为燃料的"燃料电池发动机"技术取得重大突破，美国、德国、法国等采用氢化金属储氢，而日本则采用液氢燃料组装的燃料电池应用在汽车上。目前，已经开发研究成功氢燃烧电池汽车的汽车厂商包括通用（GM）、福特（Ford）、丰田（Toyota）、奔驰（Benz）、宝马（BMW）等国际大公司。

除了汽车行业外，燃料电池发电系统在民用方面的应用主要有氢能发电、氢

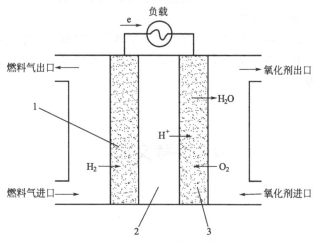

图1-4 氢燃料电池工作原理

1—阳极；2—电解质膜；3—阴极

介质储能与输送以及氢能空调、氢能冰箱等,有的已经得到实际应用,有的正在开发,有的尚在探索中。目前,美国、日本和德国已经有少量的家庭用质子交换膜燃料电池提供电源。

此外,在军事方面的应用也显得尤为重要,德国、美国均已开发出了以PEMFC为动力系统的核潜艇,该类型潜艇具有续航能力强、隐蔽性好、无噪声等优点,受到各国的青睐。

1.8.3 核聚变

核聚变,即氢原子核(氘和氚)结合成较重的原子核(氦)时放出巨大的能量。热核反应或原子核的巨变反应,是当前很有前途的新能源。参与核反应的氢原子核如氢、氘、氚、锂等,从热运动获得必要的动能从而引起聚变反应。热核反应是氢弹爆炸的基础,可在瞬间产生大量热能,但目前尚无法加以利用。如能使热核反应在一定约束区域内,根据人们的意图有控制地产生与进行,即可实现受控热核反应。这是目前正在进行试验研究的重大课题。受控热核反应是聚变反应堆的基础。聚变反应堆一旦成功,则可能向人类提供清洁而又取之不尽的能源。

目前,可行性较大的可控核聚变反应堆就是托卡马克装置。托卡马克是一种利用磁约束来实现受控核聚变的环形容器。它的名字 Tokamak 来源于环形(toroidal)、真空室(kamera)、磁(magnit)、线圈(kotushka)。最初是由莫斯科的库尔恰托夫研究所的阿奇莫维奇等在 20 世纪 50 年代发明的。托卡马克的中央是一个环形的真空室,外面缠绕着线圈。在通电的时候托卡马克的内部会产生巨大的螺旋形磁场,将其中的等离子加热到很高的温度,以达到核聚变的目的。我国也有两座核聚变实验装置。

氢能技术不仅在制备氢气的过程中体现了可持续发展,更重要的是在氢能的运用中对环境友好。真正从源头解决污染是实现可持续发展的最佳途径,因此氢能是最好的选择之一。

● 参考文献

[1] 丁福臣,易玉峰.制氢储氢技术 [M].北京:化学工业出版社,2006.

[2] 刘江华.氢能源—未来的绿色能源 [J].现代化工,2006,26(2):10-15.

[3] Rifkin J. The Hydrogen Economy: The Creation of the Worldwide Energy Web and

the Redistribution of Power on Earth ［M］．New York: Penguin, 2003.

［4］ Philip H. Applications of Fuel Cells ［J］．Abelson. Science, 1990(7).

［5］ Martin, A Green. Third Generation Potovoltaics: Ultra- Hight Conversion Efficiency at Low Cost ［J］．Progress in Photovoltaics: Research and Applications, 2001, (9): 123-135.

［6］ Brenda Johnston, Miehael C Mayo, Anshuman Khare. Hydrogen: the energy source for the 21st century ［J］．Technovation, 2005, 25: 569-585.

［7］ 毛宗强．关注氢能源—世纪最具发展潜力的能源 ［J］．科技中国, 2004(Ⅱ): 28-33.

［8］ 贾同国, 王银山, 李志伟．氢能源发展研究现状 ［J］．节能技术, 2011, 29 (3): 167-171.

［9］ Wen Feng, Shujuan Wang, Weidou Ni, Changhe Chen. The future of hydrogen infrastructure for fuel cell vehicles in China and a case of application in Beijing ［J］．International Journal of Hydrogen Energy, 2003: 113-121.

［10］ Keevers M J, Green M A. Extended infrared response of silicon solar cells and the impurity photovoltaic effect ［J］．Solar Energy Materials and Solar Cells, 1996, 41/ 42: 195-204.

［11］ 王丽君、 杨振中、 司爱国, 等．氢燃料内燃机的发展与前景 ［J］．小型内燃机与摩托车, 2009(38) 6: 89-92.

［12］ 詹亮, 李开喜, 朱星明．超级活性炭的储氢性能研究 ［J］．材料科学与工程学报, 2002, 20(1): 31-34.

［13］ 王景儒．制氢方法及储氢材料研制进展 ［J］．化学推进剂与高分子材料, 2004(2) 2: 13-17.

［14］ Martin A Green. Third generation photovoltaics: solar cells for 2020 and beyond ［J］．Physica E, 2002, 14: 65-70.

［15］ Kazim A, Veziroglu TN. Utilization of solar - hydrogen energy in the UAE to maintain its share in the world energy market for the 21st century ［J］．Renewable Energy 2001, 24(2): 259-274.

［16］ Stoji č D L, Marč eta M P, Sovilj S P, et al. Hydrogen generation from water electrolysis-possibilities of energy saving ［J］．Journal of Power Sources, 2003, 118315-319.

［17］ Hartmut Wendt. Electrochemical Hydrogen Technologies ［M］．ELSEVIER SCIENCE PUBLISHERS B V, 1990.

［18］ 李言浩, 马沛生, 郝树仁．中小规模的制氢方法 ［J］．化工进展, 2001, 20(9): 22-25.

［19］ 蔡迎春, 徐贤伦．甲醇水蒸汽催化转化制氢研究进展 ［J］．分子催化, 2000, 14 (3): 235-240.

［20］ 江茂修, 段启伟．燃料电池汽车用车载汽油制氢技术发展分析 ［J］．化工进展, 2003, 22(5): 459-461.

［21］ Yoshinori Tanaka, Sakae Uchinashi, Yasuhiro Saihara, et al. Dissolution of hydrogen and the ratio of the dissolved hydrogen content to the produced hydrogen in electro-lyzed water using SPE water electrolyzer ［J］. Electrochimica Acta, 2003, 48: 4013-4019.

［22］ KREUTER W, HOFMANN H. Electrolysis： The important energy transformer in a world of sustainable energy ［J］. International Journal of Hydrogen Energy, 1998, 23： 661-666.

［23］ 王艳辉, 吴迪镛, 迟建. 氢能及制氢的应用技术现状及发展趋势 ［J］. 化工进展, 2001, 20（1）: 6-8.

［24］ 王恒秀, 李莉, 李晋鲁, 等. 一种新型制氢技术 ［J］. 化工进展, 2001, 20（7）： 1-4.

［25］ Joel Martinez-Frias, Ai -Quoc Pham, Salvador M Aceves. A natural gas-assisted steam electrolyzer for high-efficiency production of hydrogen ［J］. International Journal of Hydrogen Energy, 2003, 28： 483-490.

［26］ Eck M, Zarza E, Eickhoff M, J Rheinlander, et al. Applied research concerning the direct steam generation in parabolic troughs ［J］. Solar Energy , 2003, 74: 341-351.

［27］ 高燕, 宋怀河, 陈晓红. 超临界状态下炭基材料的储氢 ［J］. 化学通报, 2002, 65 （3）: 153-156.

［28］ 许剑轶, 张胤, 阎汝煦, 等. 稀土系 AB₅ 型贮氢合金电极材料研究进展 ［J］. 电源技术, 2009, 33 （10）: 923-926.

［29］ 唐晓鸣, 刘应亮. 贮氢材料研究进展 ［J］. 无机化学学报, 2001, 17（2）: 161-167.

［30］ Pinkerton F, Wickle B, Olk C, et al. Thermogravimetric Measurement of Hydrogen Absorption in Alkali-Modified Carbon Materials ［J］. Canadian Hydrogen Association, 2000, 104 （40）: 9460-9467.

［31］ Alain Lam, John Wrigley. The Hong Kong Polytechnic University, 2003.

［32］ Aparicio L M. Transient Isotopic Studies and Microkinetic Modeling of Methane Reforming over Nickel Catalysts ［J］. J of Catalysis, 1997, 165: 262-274.

［33］ Chen J, Li SL, Tao ZL, et al. Titanium disulfide nanotubes as hydrogen-storage materials ［J］. J. Am. Chem. Soc., 2003, 125（18）: 5284-5285.

［34］ Mao Z Q. Hydrogen-a Future Clean Energy in China ［J］. Journal Fo Chemical Industry & Engineering, 2004: 27-33.

［35］ Darkrim F , Levesgue D. Monte Carlo simulation of hydrogen adsorption in single-walled carbon nanotubes ［J］. J ChemPhys, 1998, 109（12）: 4981-4984.

［36］ 孙酣经, 梁国仑. 氢的应用、 提纯及液氢输送技术 ［J］. 低温与特气, 1998（1）: 28-35.

 **阅读资料**

氢能： 第一元素

《能源评论》： 从现实应用角度， 氢能能给我们带来哪些便利？ 又能够促进哪些能源变革？

克拉克： 氢能就是以氢和其同位素为主体的反应中释放出来的能量， 其用途主要有三个方向。 一是， 航空事业中需要氢能作为燃料。 早在第二次世界大战期间， 氢就被用作某些火箭发动机的液体推进剂。 二是， 氢能还可以作为各种交通工具的燃料， 比如民用汽车、 火车、 轮船， 等等。 早在20世纪80年代左右， 世界上便研发出了氢能汽车。 由于使用氢能作为主要燃料， 氢能汽车排放的尾气主要成分是水蒸气， 因此它对环境的污染非常小， 而且噪声也比较低。 三是， 氢能进入家庭， 既可以当作燃料使用， 又可以通过氢燃料电池发电供家庭取暖、 空调、 冰箱和热水器等使用， 但目前还处于研发阶段。

毛宗强： 目前来看， 氢能已经实现的应用场景之一就是氢燃料电池汽车， 可以喻为汽车工业的又一次革命。 其实氢燃料电池又可以看作是一个氢能的发电机， 氢燃料电池是将氢气的化学能直接转化为电能的发电装置。 与锂电池相比， 最大的区别在于锂电池是把能量储存于电池中， 而氢燃料电池是把氢气和空气储存在电池外部， 氢气和空气不断地送进燃料电池， 电就被源源不断地生产出来， 氢燃料燃烧后只排出水， 而不产生其他的氮氧化物。 和锂电池汽车相比， 氢燃料电池汽车的优点是补充燃料很快， 以丰田"未来" 燃料电池汽车为例， 3min就可充满氢气， 充气一次可行驶650km。 与汽油、 柴油内燃机汽车相比， 氢燃料电池车的噪声很小且完全不排放温室气体。 因此， 氢燃料电池汽车与传统汽车和锂电池汽车相比， 在性能、 速度、 补充燃料时间和清洁性上都具有明显优势。

《能源评论》： 氢燃料电池汽车目前在研究和产业化方面现状如何？何时能进入百姓家？

衣宝廉： 从过去到现在， 全球氢燃料电池汽车走了三个阶段。 第一阶段， 设想的很乐观， 但燃料电池应用于汽车上之后， 受汽车工况影响， 性能衰减很快。 第二阶段， 主要解决燃料电池的可靠性、 耐久性问题。 因为工况比较复杂， 这一阶段经历了七、 八年时间， 基本上解决了这些问题， 燃料电池寿命也达到了要求。 现在进入了第三阶段， 主要是进一步降低成本和铂（Pt） 用量， 同时加快加氢站的建设， 实现燃料电池汽车的商业化。 氢燃料电池汽车的门槛比较高， 为了攻克燃料电池产业化的问题， 国际上形成了三大联盟，共同解决这些技术问题。2015年，丰田的"未来"燃料电池汽车已经宣布实现了商业化，订货已经接近1500辆。同时，丰田为了促进氢燃料电池汽车在全世界尽快商业化，宣布了两个重大措施，一个是专利公开，另一个是产品关键材料和部件可以向世界其他厂家出售。特别是后一件事情，对其他国家燃料电池尽快实现商业化的作用很大。

克拉克：美国在氢能源应用上发展很快，特别是加州氢燃料电池车的发展是全美最好的。用户在加氢站只需要3min就可以充满气罐，汽车可以行驶700km，时速最高可达180km。在加州，用户通常以租赁的形式使用氢燃料电池车。以丰田燃料电池车为例，其租赁价格为500美元/月，这其中还包括燃料和维修费用。如果要买一辆新车则需要约5.7万美元(无补贴)，美国政府还可退税1.4万美元，汽车经销商提供3年的燃料费。所以目前阶段加氢都是免费的。加州计划到2018年实现氢燃料电池车保有量达1万辆，到2020年突破2万辆。加州目前有10座向公众开放的加氢站，加州政府的支持力度很大，预计到2016年底要完成50座新站建设，这种支持不仅体现在资金上，还涉及土地使用、能源安全等问题的指导意见。未来新建的加氢站都会与加油站、加天然气站"捆绑"在一起。

毛宗强：从产业化角度讲，氢燃料电池汽车已经开始进入市场。2014年12月，丰田宣布其"未来"燃料电池轿车进入市场，补贴前售价为5.75万美元。2016年3月，本田汽车公司也宣布其氢燃料电池轿车进入市场，补贴前售价为6万美元。目前，国际各大汽车厂商都将2020年看作氢燃料电池汽车市场启动年，届时将大规模量产。可以预见，在2020年左右，世界将进入氢燃料电池汽车的时代。

《能源评论》：既然氢能社会这么美好，我国的氢能发展现状如何？处于世界什么水平？

毛宗强：我国氢气产量位居全球第一，2012年氢气产量达到1600万吨。然而，我国在氢燃料电池技术方面可以说是"起了个大早，赶了个晚集"。我国研究这一技术始于20世纪70年代，1990年开始发展起来，当时的质子交换膜燃料电池水平可与欧美相比。目前，我国已经具备生产质子交换膜燃料电池所需全部材料及零部件的能力，有数家公司可以制作适合车用的数十千瓦级质子交换膜燃料电池系统，不过其寿命和可靠性还有待提高。国产氢燃料电池电站还没有进入市场，氢燃料电池备用电源也仅有零星的示范。与国际相比，我国还有一定差距。

衣宝廉：在氢燃料电池汽车领域，我国从"九五"期间就做了准备工作，现在已经发展到"十三五"，这期间，我国自主研发的氢燃料电池汽车参加了北京奥运会、新加坡世青赛、美国加州示范和上海世博会等，200多辆车参加了示范运营，累计运行里程超过十万千米。就目前来看，国内产品性能接近国际水平，但在成本、耐久性等领域还有一定差距。

《能源评论》：目前，制约中国氢燃料电池汽车进入商业化的障碍有哪些？

衣宝廉：从国际上来看，氢燃料电池汽车正在进入商业化导入期。就我国而言，主要技术问题已经基本解决，限制其大规模商业化的有两件事，一个是加氢站的建设，另一个是进一步提高燃料电池的可靠性和耐久性。同时，降低铂用量也是关键突破点，使铂的用量能跟汽车尾气净化器的贵金属用量差不多，这样才能实现全面商业化。降低成本的重点是生产线的建立，现在燃料电池汽车还不能像燃油车那样一分钟一辆在生产线上进行生产，所以生产线(包括整车和各个关键零部件的生产线)的建立还是很艰巨的一个任务。

毛宗强：没错，目前制约我国氢燃料电池汽车应用的最大障碍是缺乏加氢站。建造加氢站是氢燃料电池汽车发展的关键，目前各国都在加速建造加氢站。截至2013年年底，投入使用的全球加氢站总数已达到208座，计划再建造127座，加氢站的建设正逐步走向网络化。而我国目前在北京、上海、郑州、大连各建成1座加氢站，佛山、如皋都有在建设中的多座加氢站。不少城市，如武汉、盐城都已经规划了加氢站。

克拉克：在技术方面，国外氢燃料电池乘用车必须能保障5000个工作小时，按美国行业标准每小时至少行驶约48千米，商用车(巴士)则要保障1.8万个工作小时。目前，有的燃料电池商用车已经超过2万个工作小时。而据我了解，中国产氢燃料电池乘用车工作时限仅有2000个小时左右，之后必须更换电池，这往往意味着要换新车。

《能源评论》：对于我国氢燃料电池汽车的发展，有什么建议？需要政府、企业做什么？

克拉克：据绿色技术研究所的一份报告显示，到2020年，氢能产业的全球市值将达到1000亿美元，2030年将是4000亿美元，而到2050年则为近1.6万亿美元。对于中国氢燃料电池汽车的发展，首先要有顶层设计。日本在2014年发布了《氢能源白皮书》，从国家层面推动氢的运用以及对燃料电池汽车的普及进行规划，包括在2015年围绕四大商圈建设100座氢能源补给站、2020年前后实现氢能源汽车燃料耗费价格与混合动力汽车基本齐平等。由于有政府层面的总体规划，日本工业界、科研界等全社会的力量积极参与进来。其次，企业要发挥主体作用，推动商业化进程。以丰田为例，其把燃料电池汽车视为发展的新方向，全力以赴地推进商业化。而中国一直是高校等科研单位在推进，大企业作为主体一直处于缺失状态，已经参与的企业也犹豫不决。

——摘自《能源评论》

注：

毛宗强：国际氢能协会副主席，清华大学核能与新能源技术研究院教授，全国氢能标准化技术委员会主任。

衣宝廉：中国工程院院士，中国科学院大连化学物理研究所研究员，大连交通大学环境与化学工程学院特聘教授，燃料电池工程中心总工程师，大连新源动力股份有限公司董事长，国家 863 "电动汽车重大专项"专家组成员和燃料电池发动机责任专家。

伍德罗·克拉克(Woodrow Clark)：美国著名学者、社会活动家，Milken Institute 高级研究员，"联合国政府间气候变化专家小组"(IPCC)创始人，诺贝尔和平奖共同获得者，联合国政府间气候变化专门委员会特约科学家。

第2章

储氢材料

在未来的能源结构中，以氢能为代表的一批新能源将占据越来越重要的地位。作为储能领域的重要技术之一，储氢是氢能应用必须攻克的关键节点。专家预言，氢的储存技术一旦成熟，不仅将改变目前的能源结构，还将带动一批新材料产业的崛起。2006年11月13日，国际氢能界的主要科学家向八国集团领导人提交了氢能《百年备忘录》。在备忘录中，科学家们指出，21世纪初叶，人类正面临气候变化和传统化石能源日益紧张的两大危机，解决上述危机的方案中，氢能利用最优。但氢能的应用必须攻克储氢这一关。

目前，氢的储存技术主要有两种：第一种是传统的储氢方法，包括高压气态储氢和低温液态储氢；第二种是新型储氢材料储氢，包括储氢合金储氢、碳质材料储氢、有机液体氢化物储氢等。传统的高压气瓶或以液态、固态储氢都不经济也不安全。而使用储氢材料储氢能很好地解决这些问题。但是，目前常用的储氢材料还不成熟，综合考虑质量储氢密度、体积储氢密度和温度，几乎没有一种储氢系统能够满足世界能源署提出的车用氢存储系统的目标要求。固态储氢技术、液化储氢技术及高压气态储氢技术存储4kg氢时所需体积的比较如图 2-1 所示。

图 2-1　三种储氢技术存储 4kg 氢时所需体积比较

氢的储存是氢能应用的关键。一旦储氢材料成熟，制约氢能应用的桎梏将被打破，氢能在新能源汽车、新型燃料电池等领域将大有作为。

2.1 储氢材料的定义

储氢材料，顾名思义是一种能够储存氢的材料，然而，至今对此命名尚未赋予确切的定义。

从广义上讲，储氢材料的重要功能是担负能量储存、转换和输送的功能，可以简单地理解为载能体或载氢体。有了这个载能体，就可以与氢携手合作，组成各种不同的载能体系，譬如，利用储氢材料的可逆反应热，可构成载热体系，完成热能的储存、转换和输送任务；当电能与化学能相互转换时，利用储氢材料储存化学能的特性，可构成载电系统，使电能可以储存和转换（图 2-2）。储氢材料自然可构成载氢体系，实现氢的储存、输送、分离、精制以及氢同位素的回收，显然，载能体或载氢体才是此类材料更本质的反映。氢与储氢材料的组合，将是 21 世纪新能源——氢能的开发与利用的最佳搭档。

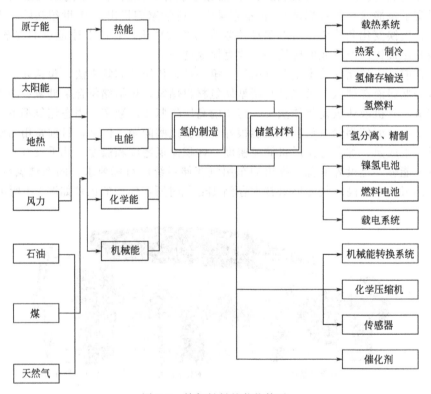

图 2-2　储氢材料的载能体系

鉴于此类材料正处于开发研制的初期，很多内在规律和本质还有待深入探讨，因此，目前大多数文献仍然以材料这一带有普遍含义的称呼来概括，而且为了映射氢的反复吸储、释放的可逆性，借用银行的储存与支取的反复性之意，采用储字。本书采用储氢材料来概括此类功能材料。

从狭义上讲，储氢材料是一种在适当条件下，能够储存氢的材料，这里所谓的储存氢既可以通过吸附储存氢，也可以通过与氢发生化学反应生成化合物形式储存氢，但是它与一般的材料有明显的差异，即储氢材料必须具有高度的可逆性（可反复地进行吸储氢和释放氢的可逆过程），而且，此可逆循环的次数（称为循环寿命）必须足够多，例如循环次数超过 5000 次。即，储氢材料是在适当的温度和压力下能大量可逆地吸收、释放氢且可逆循环的次数足够多的材料。

2.2 对储氢材料的要求

根据氢的物理化学特性研究得知，若使储氢材料具有实用价值，除了需要满足安全储存和便于运输、成本合理等基本要求外，同时对材料的储氢性能、保存需要的温度和压力、充/放氢的动力学速率等都有一定的要求。通常储氢材料应具备下列条件：

① 易活化，单位质量、单位体积储氢含量高；

② 具有高度的反应可逆性，且可在常温、常压下进行；

③ 具有良好的循环寿命，而且循环的次数足够多时，仍然能保持性能稳定；

④ 吸收、离解氢过程中的平衡氢压差小，即滞后效应小；

⑤ 具有优良的抗毒性能，在空气中稳定、安全性好，不易受 N_2、O_2、H_2S 等杂质气体毒害。

⑥ 在设计生产时还应注意要尽量使其具有价格低廉、不污染环境、制造工艺简单、容易制造等特性。

如果在电化学条件下，储氢还要考虑以下因素：

① 在氢的阳极氧化电位范围内，储氢材料应具有较强的抗氧化能力；

② 在电解液中，储氢材料应具有良好的化学稳定性；

③ 储氢材料应具有优良的导电、导热性能。

由于人类科学技术水平的限制，目前还未能发现能同时满足上述多数条件的储氢材料。近几年来，储氢材料的研究基本上围绕着汽车车载电池的应用而进行。国际能源协会（International Energy Agency，IEA）对储氢材料的期望目标是在低于 423K 的条件下，放氢量（质量分数）达到 5%，体积储氢密度大于

50kg/m³，循环寿命超过 1000 次。美国能源部（U. S. Department of Energy）在 2009 年制定的车载电池对储氢材料的各项要求和指标，如表 2-1 所列。

表 2-1　美国能源署 2009 年制定的车载电池中储氢材料的各项指标

指标	单位	2010 年	2015 年	最终目标要求
质量密度	kW·h/kg	1.5	1.8	2.5
	H₂（质量分数）/%	4.5	5.5	7.5
体积密度	kW·h/L	0.9	1.3	2.3
	g(H₂)/L	28	40	70
放氢温度	℃	−40/85	−40/85	−40/(95～105)
压强（最高/最低）	MPa	0.5/1.2	0.5/1.2	0.3/1.2
动力学速度	[g(H₂)/s]/kW	0.02	0.02	0.02

（1）质量密度和体积密度

美国能源部对 2015 年储氢材料可供车载电源实际应用的最低储氢量标准为储氢质量比不低于 5.5%（质量分数）和体积密度比不低于 40kg/L。一个充满 150 个大气压氢气的标准高压钢瓶，其储氢量仅为 1.0%（质量分数）。而低温液化储氢虽有能量密度高的优势，体积密度比达到了 70.8kg/m³，但在常压条件下需要 21K 的低温环境，以至于液化氢气所耗费的能量大于本身所存储氢能量的 1/4。由此可见，气态储氢和液态储氢应用于车载电池和便携式电池并不现实。寻找一种可实现快速、大量地吸附和释放氢气的材料是解决氢气储存的有效方案。固态储氢，特别是近几年发展起来的金属氢化物储氢材料是最有希望的新型储氢材料，金属氢化物中氢的含量高，运输和使用安全，成为研究者近年来研究最热门的储氢材料之一。

（2）温度和压强

储氢材料的温度和压强并不是各自独立，而是相互关联的，它们满足范特霍夫方程（Van't Hoff equation）：

$$\ln\left(\frac{p_{eq}}{p_{eq}^0}\right)=\frac{\Delta H}{R}\times\frac{1}{T}-\frac{\Delta S}{R} \tag{2-1}$$

式中，p_{eq} 和 p_{eq}^0 分别是氢气压强和参考压强；T 是热力学温度；R 是气体常数，$R=8.314J/(K\cdot mol)$；ΔH 和 ΔS 是体系的焓变和熵变。

目前所研究的储氢材料均没有达到美国能源部对车载电池的热力学条件的要求。例如，Zaluska 等将镁-钯合金用于吸氢，吸氢温度在 100℃，储氢量达到 6%。Liang 等在镁中加入钒，制备出镁-钒合金，在 200℃、10 个大气压的氢气氛围中，2min 内吸附的氢气质量达到了 5.5%。在 0.15 个大气压下，脱氢温度是 300℃。但由于镁表面易被氧化生成氧化膜，导致镁吸/放氢动力学较差，表现为放氢温度高（200℃以上）且吸/放氢速率慢，阻碍其应用。

从汽车车载电池的工作环境和条件出发，储氢材料的理想放氢温度应不高于 105℃，氢气压强为 12 个大气压以下最为经济、合理。

（3）吸/放氢动力学速度

储氢材料不仅需要满足于热力学条件，还需要同时满足一定的动力学条件，即氢气吸附和脱离储氢材料的速度要达到要求。普通小汽车的驱动功率为 70～90kW，如功率为 90kW 的车载电池，按照美国能源部对储氢材料动力学的指标，加 4kg 的氢气需要的时间应少于 4min。

（4）循环稳定性能

应用于汽车车载电池的储氢材料要求充/放氢循环使用次数不低于 1000 次，使用寿命长。

2.3 储氢材料的分类

储氢材料的研究始于 20 世纪 60 年代末到 70 年代初，美国布鲁克海文（Brookhaven）国家实验室和荷兰飞利浦（Philips）公司先后发现 $SmCo_5$ 与 $LaNi_5$ 的可逆储氢和释放氢的性质，引起了学术界和工业界的广泛兴趣，并很快在储氢、热泵、氢分离等技术领域得到成功应用，从此拉开了储氢材料研究的帷幕。此后数年，随着科研人员的深入研究，各种类型的储氢材料相继被发现，从金属储氢发展到碳纳米管储氢、无机化合物储氢等，并应用到氢的储存和纯化、镍-氢电池、氢燃料汽车、氢同位素分离、温度和压力传感器、有机化合物氢化反应的催化剂等各个领域。

目前已发现的储氢材料种类很多。由于分类标准的不同，有各种不同的分类方法。从目前发表的文献资料看，储氢材料尚无明确的、公认的分类方法。本书将储氢材料分为下列几类。

（1）金属储氢材料

金属储氢材料又称储氢合金，是目前研究较多而且发展较快的储氢材料。发现于 20 世纪 60 年代，但是直到 20 世纪 80 年代中期，多元稀土储氢合金的问世才使其研究与应用有了长足进展。

金属储氢材料通常是指合金氢化物材料，其储氢密度是标准状态下氢气密度的 1000 倍。其储氢原理就是用储氢合金与氢气反应生成可逆金属氢化物来储存氢气。通俗地说，即利用金属氢化物的特性，调节温度和压力，分解并放出氢气后而本身又还原到原来合金的原理。金属是固体，密度较大，在一定的温度和压力下，表面能对氢起催化作用，促使氢元素由分子态转变为原子态，从而能够钻进金属的内部，而金属就像海绵吸水那样能吸取大量的氢。需要用氢时，加热金属氢化物即可放出氢。利用金属氢化物的形式储存氢气，比压缩氢气和液化氢气两种方法方便得多。储氢合金的分类方式有很多种：按组成储氢合金金属成分的数目区分，可分为二元系、三元系和多元系；如果把构成储氢合金的金属分为吸氢类用 A 表示，不吸氢类用 B 表示，可将储氢合金分为 AB_5 型、AB_2 型、AB 型、A_2B 型，合金的性能与 A 和 B 的组合关系有关；按储氢合金材料的主要金属元素区分，可分为稀土系、镁系、锆系、钛系、钒系五大类，其性能如表 2-2 所列。

表 2-2　五类储氢合金材料的比较

合金类型	典型结构	典型代表	吸氢质量（质量分数）/%	理论电化学容量/($mA \cdot h/g$)	实际电化学容量/($mA \cdot h/g$)
稀土类	AB_5	$LaNi_5$	1.40	372	320
钛系	AB_2、AB	TiFe	1.80	536	350
锆系	AB_2	$ZrMn_2$	1.80	800	420
镁系	A_2B	Mg_2Ni	3.60	965	500
钒系	BCC 固溶体	TiV 固溶体	3.80	1018	500

当钛系结构为 AB_2 拉夫斯相结构时，其储氢材料的典型代表是 $TiMn_2$，吸氢质量约为 2.0%（质量分数）。此外，La-Mg-Ni 系合金也是作为储氢材料的主要研究对象，包括的材料主要有 $LaNi_3$ 和 $CaNi_3$ 及其替代合金，实际电化学容量可以达到 $420mA \cdot h/g$。对于储氢合金的储氢性能的改良主要是采用元素替代法，不同的元素替代会有不同的作用，对于材料的改性效果也是有所区别的。

目前对于储氢合金的研究主要有两点：一是采用元素替代法，形成多元混合稀土储氢材料；二是对一些性能优异的多元合金的制备和性能的研究，如非化学计量比合金、复合系合金、纳米合金、非晶态合金等。如 Iwakura 等发现球磨 Mg_2Ni-Ni 复合物 [70%（质量分数）Ni] 存在非晶态结构，与 Mg_2Ni 相比，其吸氢速率更快，吸氢量更高 [达 4.0%（质量分数）]，电化学容量增大，但它的热力学稳定性较差，所以在室温就可放氢，Imamural 等研究了在环己烷或 THF 存在下，用机械研磨镁和石墨形成复合材料，石墨的加入改善了镁的氢化性质，活性更大，提高了氢化率和脱氢率，储氢效率增强。高能球磨制得纳米 Mg_2Ni 合金，氢化温度降低，更易活化，纳米 $Mg_{1.9}Ti_{0.1}Ni$ 合金氢化-脱氢循环稳定，动力学性质有所改善，在 473K 时未活化就可快速吸氢，在 2000s 内吸氢量达 3%（质量分数），而同等条件下非纳米合金很难形成氢化物。非晶态合金与晶态合金相比，具有更好的耐腐蚀性和抗粉化能力，使用寿命也有所提高，Sapurk 等用磁控溅射法制备的 $Mg_{52}Ni_{48}$ 高度无序化合物和吴煌明等采用机械合金化法制出的 $Mg_{50}Ni_{50}$ 合金在 25℃时的放电容量高达 $500mA \cdot h/g$，约为晶态 Mg_2Ni 合金的 10 倍。

金属储氢材料由于其体积储氢密度高不需要高压容器和隔热容器、无污染、安全可靠没有爆炸危险、可重复使用而且制备技术和工艺成熟，所以目前应用最为广泛且受到世界各国政府的广泛关注。例如，日本的"日光-月光计划"和"千年计划"，美国的"先进技术发展计划"，欧洲的"尤里卡计划"和"创新计划"等都包括了合金储氢的研究内容。目前也有一些实际应用，如由于合金储氢比较安全，德国和俄罗斯等的燃料电池动力潜艇都使用合金储氢系统。日本丰田公司将合金储氢系统用于新型 PEMFC 电动车。特别引人注意的是，近年来以合金储氢系统用于小型 PEMFC 的储氢系统，但目前这种储氢系统的储氢容量还较低，一般不超过 2％（质量分数）。

（2）碳质储氢材料

近年来，碳质吸附材料由于其优良的储氢性能引起了研究者的极大兴趣。这类材料的储氢过程是利用吸附来实现储氢的。主要有活性炭（AC）、活性炭纤维（ACF）、富勒烯和碳纳米管（CNT）等 4 种。

活性炭储氢是典型的超临界气体吸附，是利用超高比表面积的活性炭作吸附剂的储氢技术。研究表明，在温度为 77K、压强为 2～4MPa 条件下，超级活性炭储氢质量分数可达 5.3％～7.4％。通过高硫焦制备的超级活性炭，在 93K 和 6MPa 条件下，储氢质量分数达到 9.8％。超级活性炭储氢具有经济、储氢量高、解吸快、循环使用寿命长和易实现规模化生产等优点，是一种很具潜力的储氢方法。但所需温度低，今后研究的重点将放在提高其储氢温度方面。

活性炭纤维是在碳纤维与活性炭基础上发展起来的第三代活性炭产品。与活性炭相比，活性炭纤维具有优异的结构特性，它的比表面积大、微孔结构丰富、孔径分布窄且微孔直接开孔于纤维表面，因而，具有比活性炭更为优良的吸附性能和吸附力学性能。有关活性炭纤维储氢的研究报道并不很多，但是作为一种第三代吸附剂，其储氢性能值得关注。M. A. DE LA CASA-LILLO 等研究了在较宽的压力范围内对于不同的 AC 和 ACF 的储氢性能，并未发现大的吸氢量。AC 和 ACF 最高储氢量在 10MPa 的质量分数接近 1％，氢的吸附量与 0.6nm 孔尺寸密切相关。鉴于此，研究人员受到启发，试图通过对碳纤维纳米化进而开发更为优良的储氢材料。碳纳米纤维是近年来为吸附储氢而开发的一种材料，它具有很高的比表面积，且其表面具有分子级细孔，内部具有中空管，大量氢气可以在中空管中凝聚，从而使其具有很高的储氢容量。但其循环使用寿命较短，储氢成本较高，因而在应用中受到一定限制。

富勒烯是以形成氢化物以及特有的笼内俘获氢来储存氢气的，富勒烯是一种比较有潜力的储氢材料。理论计算，仅形成富勒烯氢化物，其储氢量即可达到 7.7％（质量分数），超过了传统的储氢系统，达到美国能源部（DOE）规定的新一代储氢材料的储氢目标（6.5％）。

近年来，大量的研究集中在碳纳米管储氢方面，碳纳米管由于碳纳米材料中独特的晶格排列结构，材料尺寸非常细小，理论比表面积较大，具有储氢量大、释氢速度快、可在常温下释氢等优点，是一种有广阔发展前景的储氢材料，有人研究了在 80K、10.0MPa 下，单壁碳纳米管的储氢量可达 8.25%（质量分数），其储氢量大大超过了传统的储氢系统，但多壁碳纳米管的储氢性能就要逊色一些。应当指出的是，虽然碳纳米管具有较高的储氢量，但将其用作商业储氢材料还有一段距离，主要原因在于批量生产碳纳米管的技术尚不成熟且价格昂贵，在储氢机理、结构控制和化学改性方面还需做更深入的研究。另外，碳纳米管的储氢压力比较高，因此，安全性也有问题。

（3）无机离子型化合物储氢材料

近年来，无机储氢材料由于具有相对较高的储氢质量比和良好的吸/放氢性能而备受青睐。常用的无机化合物储氢材料包括碳酸氢盐、甲酸盐以及配位氢化物等。

一些无机物（如 N_2、CO、CO_2）能与 H_2 反应，其产物既可以作燃料又可以分解获得 H_2，是一种目前正在研究的储氢新技术。如碳酸氢盐与甲酸盐之间相互转化的储氢反应为：

$$HCO_3^- + H_2 \xrightleftharpoons[]{\text{Pd 或 PdO}} HCO_2^- + H_2O \qquad (2\text{-}2)$$

反应以 Pd 或 PdO 作催化剂，吸湿性强的活性炭作载体，在 70℃、0.1MPa 条件下发生正反应，35℃、2.0MPa 条件下发生逆反应。以 $KHCO_3$ 为代表的碳酸氢盐、甲酸盐储氢材料，储氢量可达 2%（质量分数），该类化合物的主要优点是便于大量储存和运输，安全性好，但储氢量和可逆性都不是很好。

配位氢化物储氢材料是以 $NaAlH_4$ 和 $LiBH_4$ 为代表的一系列轻金属的铝氢化物和硼氢化物，是目前储氢材料中体积和质量储氢密度最高的储氢材料。其通式为 $A(MH_4)_n$，其中，A 一般为碱金属（Li、Na、K 等）或碱土金属（Mg、Ca 等），M 则为ⅢA 族的 B 或 Al，n 视金属 A 的化合价而定（1 或 2）。由于其组成金属元素的原子量低，氢的质量分数相对较高，因此这类化合物具有很高的理论储氢容量[$LiBH_4$ 的理论储氢量为 18%（质量分数）]。

配位氢化物用来储氢是源于日本的科研人员首先开发的氢化硼钠（$NaBH_4$）和氢化硼钾（KBH_4）等材料，这些配位氢化物材料通过加水分解反应可产生比其自身含氢量还多的氢气。后来又有人研制了一种被称为 Aranate 的新型储氢材料——氢化铝配位氢化物（$NaAlH_4$），其加热分解后可放出总量高达 7.4%（质量分数）的氢气。1997 年，Bogdanovic 等发现在 $NaAlH_4$ 中掺入少量的 Ti^{4+}、Fe^{3+}，能将 $NaAlH_4$ 的分解温度降低 100℃左右，而且加氢反应能在低于材料熔点（185℃）的固态条件下实现。这使得越来越多的人目光转向以 $NaAlH_4$ 为代表的新一代配位氢化物储氢材料。Bogdanovic 以及 Kiyobayashi 等研究 $NaAlH_4$ 的吸/放氢的热力学性能和动力学性能时，发现 $NaAlH_4$ 作为储氢材料是可行的，但在室温下吸/放氢较慢，而且吸/放氢的动力学速度很大程度上取决于催化剂的活性和稳定性，因此，必须选择高效催化剂以提高其反应活性来加快吸/放氢过程。除 $NaAlH_4$ 之外，人们也正在研究 $LiAlH_4$、$Mg(AlH_4)_2$、$KAlH_4$ 及其衍生物等的储氢性能。

近年来相关研究表明，铝氢化物和硼氢化物无机储氢材料具有优良的储氢性能和广阔的发展前景。例如，$LiAlH_4$ 理论储氢量为 10.6%（质量分数），$Mg(AlH_4)_2$ 理论储氢量达到 9.3%（质量分数），但是存在以下缺点：①合成比较困难，一般采用高温、高压氢化反应或有机液相反应，且合成的产物一般纯度最高只能达到 90%～95%，存在杂质；②反应活性低，放氢动力学和可逆吸/放氢性能差；③配位氢化物放氢一般是两步或者多步进行，每步放氢条件不一样，因此，实际储氢量和理论值有较大差别。为了使该类储氢材料能得到实际应用，还需探索新的催化剂或将现有的钛、锆、铁催化剂进行优化组合以改善 $NaAlH_4$ 等材料的低温放氢性能，而且对于这类材料的回收再生循环利用也须进一步深入研究。

氨基化合物储氢体系是近年来的研究热点。Chen 等首次提出 Li_3N 可以在 $170\sim210℃$ 下吸氢后通过两步生成 $LiNH_2$ 和 LiH，其理论储氢量为 10.4%（质量分数），在约 200℃ 时脱氢量为 6.3%，温度升至 320℃ 以上后再次脱氢 3%。此后，众多学者对 Li-N-H 体系作为储氢材料进行了研究。

氨基氢化物除 Li-N-H 体系外，还有 Mg-N-H 体系、Ca-N-H 体系以及 Li-Mg-N-H 等。其中 Li-N-H 体系和 Li-Mg-N-H 体系的制备、性能、反应机理尤为受到关注。该体系储氢量高，使用条件相对温和。但该体系存在两大问题，一是低温下吸收氢的动力学性能差，再吸氢温度过高，可逆性差；二是反应过程中 NH_3 是否存在的反应机理存在争议。

（4）有机液体化合物储氢材料

1975 年，O. Sultan 和 M. Shaw 首先提出利用可循环液体化学氢载体储氢的构想，从此开辟了这种新型储氢技术的研究领域。苯和甲苯是常用的两种有机化合物储氢材料。与传统的储氢技术（深冷液化、金属氢化物、高压压缩）相比，具有以下优点：第一，储氢量大，苯和甲苯的理论储氢量分别为 7.19% 和 6.18%，比传统的金属氢化物（储氢量多为 1.5%～3.0%）的储氢量大得多。第二，储氢剂和氢载体的性质与汽油相似，储存、运输、维护、保养安全方便，特别是储存设施的简便是传统储氢技术难以比拟的。第三，可多次循环使用，寿命长（可达 20 年）。第四，加氢反应放出大量的热，可供利用。

有机物储氢是通过苯（或甲苯）反应寄存在环己烷（或甲基环己烷）载体

中，而该载体通过催化脱氢又可释放被寄存的氢来实现的。即借助不饱和液体有机物与氢的可逆反应、加氢反应实现氢的储存（化学键合），借助脱氢反应实现氢的释放。不饱和有机液体化合物作储氢剂可循环使用。图 2-3 是这种储氢技术的示意。

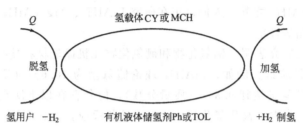

图 2-3　不饱和有机液体化合物储氢示意

CY—环己烷；MCH—甲基环己烷；Ph—苯；TOL—甲苯

　　烯烃、炔烃、芳烃等不饱和有机液体也可作储氢材料，但从储氢过程的能耗、储氢量、储氢剂、物性等方面考虑，以芳烃特别是单环芳烃作储氢剂为佳。表 2-3 列出了几种可能的有机储氢体系。可见萘（$C_{10}H_8$）的理论储氢量和储氢密度均稍高于甲苯（TOL）和苯（Ph），但在常温下呈固态，并且反应的可逆性较差；乙苯、辛烯的理论储氢量不及苯和甲苯，反应也并非完全可逆；只有苯和甲苯是比较理想的储氢材料。研究发现，利用工业三叶草形 Ni/Al_2O_3 催化剂在90～150℃条件下对甲苯的储氢反应具有良好的活性、选择性和稳定性，此氢化反应可利用低品位热源进行，为工业废热的利用开辟了一条新途径。

表 2-3　几种可能的有机储氢体系

有机储氢材料	储氢密度/(g/L)	理论储氢量(质量分数)/%	反应热/(kJ/mol)
苯	56	7.19	206.0
甲苯	47.4	6.18	204.8
萘	65.3	7.29	319.9

　　甲醇也是一种有效的有机氢载体，经分解和重整后可获得大量氢气：

$$CH_3OH \rightleftharpoons 2H_2 + CO \tag{2-3}$$

$$CO + H_2O \rightleftharpoons CO_2 + H_2 \tag{2-4}$$

　　这也是一种有效的储氢/供氢方法，美国曾将其用于电动车上。而甲醇可由空气中的 CO_2 和 H_2O 中的氢合成而得。

　　有机液体可逆储/放氢技术由于其独特的优点，作为大规模、季节性氢能储存手段或随车脱氢作汽车燃料在技术上是可行的，有很大的发展潜力，成为一项有发展前景的储氢技术。目前，瑞士、加拿大、英国正从事将有机液体储氢技术用于汽车燃料的研究工作，其中，瑞士在随车脱氢方面进行了深入的研究，并已经开发出两代试验原型汽车 MTH-1 和 MTH-2。意大利正在研究用有机液体氢化物储氢技术开发化学热泵。加拿大和欧洲一些国家正在联合研究这种储氢技术，以期作为未来洲际间长距离管道输运氢能的手段，日本等国也正在考虑应用该储氢技术作为海上运氢的有效方法。瑞士、日本等国正在研制 MCH 脱氢反应膜催化反应器，以解决脱氢催化剂失活和低温转化率低的问题。

目前，有机液体储氢技术还存在着吸/放氢工艺复杂，有机化合物循环利用率低，特别是脱氢温度偏高，脱氢困难，脱氢效率偏低，要耗去其储能的 30% 能量等问题，但是，此类材料具有储氢量大（环己烷和甲基环己烷的理论储氢量分别为 7.19% 和 6.16%）、能量密度高、储运安全方便等优点，因此被认为在未来规模化储运氢能方面有广阔的发展前景。

（5）金属有机物骨架化合物储氢材料

金属有机物骨架化合物储氢材料（metal-organic frameworks，MOFs）是近年来才被报道的一类新型储氢材料。它由金属簇和有机链组成一种多孔的结晶材料，具有统一尺寸的立方空隙，构成空隙的结构也类似，是近年来储氢材料中的一颗耀眼明星。20 世纪 90 年代以后，以新型阳离子、阴离子及中性配体形成的孔隙率高、孔结构可控、比表面积大、化学性质稳定、制备过程简单的 MOFs 材料被大量合成出来。其中，金属阳离子在 MOFs 骨架中的作用一方面是作为结点提供骨架的中枢；另一方面是在中枢中形成分支，从而增强 MOFs 的物理性质（如多孔性和手性）。而用作储氢材料的 MOFs 与通常的 MOFs 相比，最大的特点在于具有更大的比表面积。1999 年，Yaghi 等发布了具有储氢功能、由有机酸和锌离子合成的 MOFs 材料 MOFs-5，并于 2003 年首次公布了 MOFs-5 的储氢性能测试结果。MOFs-5 结构单元的直径大约为 18nm，有效比表面积为 $2500\sim3000m^2/g$，密度约为 $0.6g/cm^3$。通过改变 MOFs-5 的有机联结体可以得到一系列网状结构的 MOFs-5 的类似化合物——网状金属和有机骨架材料（isoreticular metal-organic frameworks，IRMOFs），通过同时改变 MOFs-5 的金属离子和有机联结体可以得到一系列具有与 MOFs-5 类似结构的微孔金属有机配合物（microporous metal organic materials，MMOMs）。MOFs-5、IRMOFs 和 MMOMs 因具有纯度高、结晶度高、成本低、能够大批量生产、结构可控等优点，在气体存储尤其是氢的存储方面展示出广阔的应用前景。

经过多年的努力，MOFs 材料在储氢领域的研究已取得很大的进展，不仅储氢性能有了大幅度的提高，而且用于预测 MOFs 材料储氢性能的理论模型和理论计算也在不断发展、逐步完善。但是，目前仍有许多关键问题亟待解决。比如，MOFs 材料的储氢机理尚存在争议、MOFs 材料的结构与其储氢性能之间的关系尚不明确、MOFs 材料在常温常压下的储氢性能尚待改善。这些问题的切实解决将对提高 MOFs 材料的储氢性能并将之推向实用化发挥非常重要的作用。

针对不同用途，目前发展起来的还有地下岩洞储氢、氢浆新型储氢、玻璃空心微球储氢等技术；以复合储氢材料为重点，做到吸附热互补、质量吸附量与体积吸附量互补的储氢材料已有所突破；掺杂技术也有力地促进了储氢材料性能的提高。

2.4 储氢材料的吸氢原理

储氢材料是利用固态储氢技术进行收纳氢的。所谓固态储氢技术指通过氢与固态材料之间的相互作用，将氢储存在材料中的技术。根据氢与固态材料作用机理的不同，储氢材料的吸氢可分为化学吸附储氢和物理吸附储氢（图 2-4）。

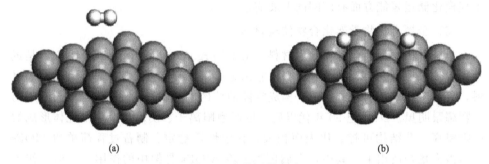

(a)   (b)

图 2-4 氢的吸附形式

(a) 物理吸附储氢；(b) 化学吸附储氢

化学吸附储氢是指首先由氢分子裂解成氢原子，而后与过渡金属、碱金属或碱土金属的单质或合金发生化学反应形成金属氢化物，或者与不饱和有机液体进行加氢反应来实现氢的储存。物理吸附储氢主要是基于非极性的氢分子与吸附剂之间的色散力作用，通过物理作用吸附在一些质量小、比表面积大、多孔的结构表面和骨架中。可见，在化学吸附储氢中，氢是与材料发生化学反应，以原子、离子的形式储存在材料中的。而物理吸附储氢中，氢分子的氢键没有断裂，是以分子形式吸附在衬底上。因此，化学吸附储氢又可称为原子式储氢，而物理吸附储氢又可称为分子式储氢。

化学吸附储氢中，金属与氢发生了化学反应，生成了作用强的金属氢化物，氢的吸附能达到了 2.0eV 以上，虽然具有很高的质量密度比和体积密度比，但是其高温的放氢条件也是制约其应用的关键。因此，化学吸附储氢中往往需要通过降低氢与材料的相互作用，来改善材料的吸/放氢性能。比较而言，物理吸附储氢材料的体积密度和质量密度小，其吸/放氢工作需要在低温或常温、高压下进行（氢吸附能小于 0.1eV）。因此与化学吸附储氢相反，往往需要增强氢与材料的相互作用，来改善材料的吸/放氢性能。

化学储氢材料所涉及的物质范畴较广，包括金属氢化物（稀土金属氢化物、过渡金属氢化物、镁基储氢等）、无机离子型化合物（铝氢化合物、硼氢化合物、氮氢化合物、氨硼烷以及相关的衍生物）等，它们的储氢特性主要由物质的物理、化学性质来决定。利用物理吸附储氢的材料有活性炭、沸石、玻璃微球、金属骨架化合物（MOFs）和自具微孔聚合物（PIMs）等高孔隙率多孔材料。对于富勒烯、碳纳米管储氢材料来说，目前大多数观点认为其储氢机理既包含化学吸附储氢又包含物理吸附储氢。

相比于气态储氢的高压、液态储氢的超低温条件，固态储氢对温度和压强的要求相对宽松，同时固态储氢具有安全、体积密度和质量密度高的优点，是一种良好的储氢方式。

近年来，美、日、欧等国家和地区从可持续发展和能源安全的战略出发，持续加大对储氢材料研发工作的投入，使得各种储氢材料的结构、性能、制备和应用等方面的研究均取得大量研究成果，商业化进程也正在迅速推进。但到目前为止，储氢材料的研究大多仍处于实验室的探索阶段，主要集中在新材料的发现，对材料的规模化或工业制备还未及考虑，对不同储氢材料的储氢机理也有待于进一步研究。到目前为止，储氢材料的总体性能仍需要提高，其中包括进一步满足关于安全、高效、体积小、质量轻、成本低、密度高等需求。

目前，金属氢化物已在电池中有广泛应用，高压轻质容器储氢和低温液氢已能满足特定场合的用氢要求，化学氢化物也是有前景的发展方向。相信随着储氢材料和技术的不断发展，经过市场介入，氢能有望在 21 世纪中叶进入商业应用，氢能将会走进千家万户，成为人类长期依靠的一种通用燃料，并和电力一起成为 21 世纪能源体系的两大支柱，从而开创人类的"氢经济"时代。

● 参考文献

［1］ 王英，唐仁衡，肖方明，等. 固体氢储存技术的研究进展与面临的挑战 ［J］. 材料研究与应用，2008, 2(4)： 503-507.

［2］ 陈加福，陈志民，许群. 绿色能源-氢气及无机材料储氢的研究进展 ［J］. 世界科技研究与发展，2007, 29(5)： 32-38.

［3］ 冯晶，陈敏超，肖冰. 金属空气电池技术研究进展 ［J］. 材料导报，2005, 19 (10)： 59-62.

［4］ 大角泰章著. 金属氢化物的性质与应用 ［M］. 吴永宽译. 北京： 化学工业出版社，1990.

［5］ Züttel A. Material for Hydrgen storage ［J］. Materials Today, 2003, 6（9）: 24-33.

［6］ 胡子龙. 贮氢材料 ［M］. 北京: 化学工业出版社, 2002.

［7］ 雷永泉, 万群, 石永康. 新能源材料 ［M］. 天津: 天津大学出版社, 2000.

［8］ 邓安强, 樊静波, 赵瑞红, 等. 储氢材料的研究进展 ［J］. 化工新型材料, 2009, 37（12）: 8-37.

［9］ 詹亮, 李开喜, 等. 超级活性炭的储氢性能研究 ［J］. 材料科学与工程, 2002, 20（1）: 31-34.

［10］ Chen P, Wu X, Lin J, et al. High H_2 uptake by alkali-doped carbon nanotubes under ambient pressure and moderate temperatures ［J］. Science, 1999, 285（5424）: 91-93.

［11］ Ye Y, Ahn C C, B Fultz, et al. Hydrogen adsorption and phase transitions in fullerite ［J］. Appied Physics Letter, 2000, 77（14）: 2171-2173.

［12］ Liu C, Fan Y Y, Liu M, et al. Hydrogen storage in single-walled carbon nanotubes at room temperature ［J］. Science, 1999, 286, 1127-1134.

［13］ Bogdanovic B, Schwickardi M. Ti-doped alkali metal aluminium hydrides as potential novel reversible hydrogen storage materials 1 Invited paper presented at the International Symposium on Metal-Hydrogen Systems, Les Diablerets, August 25-30, 1996, Switzerland ［J］. J Alloys Comp, 1997（253-254）: 1-9.

［14］ 唐朝辉, 罗永春, 阎汝煦, 等. AMH_4 型金属络合物贮氢材料（$NaAlH_4$）的研究进展 ［J］. 材料导报, 2005, 19（10）: 113-116.

［15］ Dillon A C, et al. Storage of hydrogen in single-walled carbon nanotubes ［J］. Nature, 1997, 386: 377-379.

［16］ Chambers A, Colin Park R, Baker K, et al. Hydrogen Storage in Graphite Nanofibers ［J］. PhyChe, B, 1998, 102（22）: 4253-4256.

［17］ Züttel A, Rentsch S, Fischer P, et al. Hydrogen storage properties of $LiBH_4$. ［J］ J Alloy Compd. 2003, 356-357: 515-520.

［18］ Sun D, Srinivasan SS, Kiyobayashi T, et al. Rehydrogenation of dehydrogenated $NaAlH_4$ at low temperature and pressure ［J］. Phys Chem B, 2003, 107: 10176-10185.

［19］ 姜召, 徐杰, 方涛. 新型有机液体储氢技术现状与展望 ［J］. 化工进展. 2012（1）: 315-322.

［20］ 陈进福, 陆绍信, 朱亚杰. 有机液体氢化物储氢技术 ［J］. 新能源. 1998, 20（2）: 13-15.

［21］ 蔡卫权, 陈进富. 有机液态氢化物可逆储放氢技术进展 ［J］. 现代化工. 2001, 21（11）: 21-23.

［22］ Pukazhselvan D, Kumar V, Singh S K. High capacity hydrogen storage: basic aspects, new developments and milestones ［J］. Nano Energy, 2012: 566-589.

［23］ Morioka H, Kakizaki S-C Chung A, et al. Reversible hydrogen decomposition of

KAlH$_4$ [J]. J Alloy Comp, 2003, 353: 310.

[24] Fichtner M, Fuhr O. Magnesium alanate-a material for reversible hydrogen storage? [J]. J Alloy Comp, 2003, 11(356-357): 418-422.

[25] Rosi N L, Eckert J, Eddaoudi M, et al. Hydrogen storage in microporous metal-organic frameworks [J]. Science, 2003, 300 (5622): 1127-1129.

[26] 龙沛沛, 程绍娟, 赵强, 等. 金属-有机骨架材料的合成及其研究进展 [J]. 山西化工, 2008, 28(6): 21-26.

[27] 刘靖, 毛宗强, 郝东晖. 定向多壁碳纳米管电化学储氢研究 [J]. 高等学校化学学报, 2004, 25(2): 334-337.

[28] Darkrim F L, Malbrunot P, Tartagli G P, et al. Review of hydrogen storage by adsorption in carbon nanotubes [J]. Int J Hydrogen Energy, 2002, 27: 193-202.

[29] Biniwale Rajesh B, Rayalu S, Devotta S, et al. Chemical hydrides: A solution to high capacity hydrogen storage and supply [J]. International Journal of Hydrogen Energy, 2008, 33(1): 360-365.

[30] 白朔, 侯鹏翔, 范月英, 等. 一种新型储氢材料-纳米炭纤维的制备及其储氢特性 [J]. 材料研究学报, 2001, 15(1): 77-85.

[31] 陈军, 朱敏. 高容量储氢材料的研究进展 [J]. 中国材料进展, 2009, 28(5): 2-10.

[32] Bogdanvic B, Felderhoff M, Kaskel S, et al. Improved Hydrogen Storage Properties of Ti-Doped Sodium Alanate Using Titanium Nanoparticles as Doping Agents [J]. ChemInform, 2003, 34(38): 1012-1015.

阅读资料

近年来, 大力发展清洁能源和可再生能源是各国实施能源战略转型升级的共识。 2017年9月初, 工业和信息化部副部长辛国斌在中国汽车产业发展国际论坛上表示: 全球产业生态正在重构, 许多国家纷纷调整发展战略, 在新能源、 智能网联产业加快产业布局。 目前, 我国工信部也启动了相关研究, 制订停止生产销售传统能源汽车的时间表。

中国工程院院士、 原中国工程院副院长干勇院士介绍, 向绿色能源时代的发展需要重点实现两个转变: 一是能源利用方式要从化石能源消耗型(煤+石油+天然气) 向绿色能源再生型(风能+水能+太阳能+生物质能) 转变; 二是碳氢燃料的利用方式要从高碳燃料向低碳燃料转变, 这一转变方式本质是燃料的加氢减碳过程。

近年来, 虽然以风能和太阳能为代表的可再生能源得到迅猛发展, 但是风/光能发电的间歇性和不可预测性对大规模并入主干电网是个巨大挑战, 特别是我国的风/光地理资源分布不均衡导致了发电中心与负载中心分离, 问题尤其严重, 已造成大量弃电现象。 单纯依靠电网输送通道的建设难以满足风/光发电快速发展需求，加快发展大规模储能可能会成为风、电、光伏产业发展的助推器。

氢储能具有地理环境制约少、规模适应性宽、投资成本低、环境友好等显著特征，其不仅可以大规模消纳"多余"的电力，而且还可为氢能的下游产业提供清洁的燃料，为迅猛发展的可再生能源和蓄势待发的氢能燃料电池产业插上腾飞的翅膀。

发展氢能产业是能源结构调整和产业结构转型的必由之路

首先，氢能利用将促进人类社会生产方式和生活方式的变革。作为一种绿色的二次能源，氢比电更容易分散储存，可像天然气一样利用管网进行规模化配送，并且获取方式多元化。氢既可从煤/石油/天然气等化石能源制取，也可从工业副产品中获得，更可通过可再生能源制取，更加值得一提的是，氢的制取的成本比较低。例如，用氢能核心技术制作的燃料电池比相同用途的热机能效高出 30% ~ 50%；利用来自化石能源制取的氢，可减排二氧化碳 240%以上。

其次，氢能是支撑可再生能源大规模发展和充分利用的重要途径。2011年 10 月，国家发展和改革委员会能源研究所发布的研究报告指出，规划到2020 年、2030 年和 2050 年，我国风电装机容量将分别达到 200GW、400GW 和1000GW，2050 年满足全国 17% 的电力需求。按储能比 20% 计算，2050 年需要200GW 储能设施。

当前，氢能利用产业正加速发展，受到世界发达国家政府和企业的高度重视，已成为世界经济新增长点。德国 EON 公司 2011 年开始建立了第一个 MW 级"Power-to-Gas"示范项目，使用风力发电的剩余电力电解水制氢，并注入天然气管网，年产氢规模为 317 万立方米。德国计划近期内建设十个类似项目，美国能源部也高度重视该项目，评估表明美国管网注氢容量可达 15% ~ 20%。氢能与燃料电池产业的发展已经进入关键时期。

除此之外，氢能与燃料电池技术推动了汽车、分布式发电等新兴产业的发展。在燃料电池汽车领域，氢燃料加注 3~5min 左右即可完成，一次加注续驶里程可达 500km 以上，被认为是汽车工业可持续发展的主要解决方案。

全国发展氢能与燃料电池产业已有一定基础

首先，从"十五"开始，科技部通过"973 计划"、"863 计划"和"科技支撑计划"三大计划持续对氢能与燃料电池领域进行支持，形成了以大学研究院所为主，涵盖制氢、储氢、输氢、氢安全以及燃料电池技术的初步研发体系。从 2012 年开始，我国在氢能燃料电池领域发表 SCI 论文数量超过美国，成为全球第一。我国光伏、风电规模将达到全球第一。到 2030 年我国风电装机容量将达到 400GW，光伏产业预计达到 270GW，年产氢量可高达 2680 亿立方米，能满足驱动 1.2 亿辆燃料电池车需要。

其次，我国传统汽车、家电、发电制造产业规模均居世界首位，已成为国民经济的支柱，为发展燃料电池电动汽车、分布式供能等新兴产业提供了产业基础。加之，我国煤制氢、变压吸附纯化电解水制氢技术与国外先进水平相当，制氢规模居世界首位。

但在氢能利用上，仍面临严峻挑战。与发达国家将氢能纳入国家能源体系不同，我国缺少立足长远的国家氢能与燃料电池综合规划；与国外产业巨头积极介入不同，我国仍以大学院所和小、微企业为主，几乎无 500 强企业介入，能源与制造业大型骨干企业的主导、引领不够。除此之外，我国尚无具有第三方公正地位的国家级氢能检验检测中心，基础数据匮乏，氢能与燃料电池使用及市场准入标准偏少；我国的燃料电池汽车仍处在研发和示范阶段，距离商业化应用差距大。

稀土储氢材料将实现百亿元经济效益

稀土是"21世纪的战略元素"，被誉为"现代工业的维生素"和"新材料宝库"，尤其稀土材料在固态储氢技术上的应用，发展不可限量。干勇提出，要优先发展规模储能，用低成本、长寿命合金储氢，运用固态/高压混合储氢和高容量轻质储氢等。

在国外，固态储氢装置已在潜艇、大规模储能等领域实现商业化或规模化示范应用。而国内虽处在样机研制阶段，但发展前景广阔。据估算，在规模储能、燃料电池舰船和备用电源等领域，固态储氢将实现 100 亿元以上的经济效益。

目前，中国高端能源新材料产业化核心技术正在进入重点突破的创新阶段，新型材料不断涌现、产业化空间巨大。抓住机遇，今后 5~10 年，中国在先进能源材料发展方面一定会取得令世人瞩目的成就。

——摘自《吴海明： 氢能源时代将是稀土新材料的黄金时代》

储氢材料的研究方法

3.1 简介

关于储氢材料的常用研究方法主要包括微观结构表征及储氢性能测试两个方面的内容。微观结构表征主要包括 X 射线衍射分析（XRD）、透射电镜分析（TEM）、扫描电镜分析（SEM）、主要用于研究材料在不同制备条件下微观结构的变化，用于解释结构对储氢性能的影响。储氢性能研究中的电化学储氢通常从电化学放电性能（主要包括电化学放电容量及电化学循环寿命）及电化学储氢动力学（包括高倍率放电性能、交流阻抗、动电位极化，用于研究氢扩散恒电位阶跃放电等）两个方面开展研究工作。对储氢材料的研究除了电化学储氢之外还包括气态储氢研究，通过气态吸/放氢动力学研究储氢材料吸/放氢的快慢，通过 PCT 曲线测试储氢材料在不同氢压下的吸/放氢量。另外，通过不同温度下的 PCT 曲线再结合范特霍夫方程计算储氢材料的热力学参数，进而说明材料储氢性能变化的内在机制；通过吸/放氢动力学曲线结合 JMAK 方法可以计算材料吸/放氢活化能的变化，进而解释动力学性能的变化。下面从原理、测试方法及具体应用几个方面详细讲解微观结构表征及储氢性能分析的不同方法。

3.2 表征

3.2.1 X 射线衍射分析

（1）原理简介

X 射线衍射分析是利用晶体形成的 X 射线衍射，对物质进行内部原子在空间分布状况的结构分析方法。将具有一定波长的 X 射线照射到结晶性物质上时，

X 射线因在结晶内遇到规则排列的原子或离子而发生散射，散射的 X 射线在某些方向上相位得到加强，从而显示与结晶结构相对应的特有的衍射现象。衍射 X 射线满足布拉格（W. L. Bragg）方程：$2d\sin\theta = n\lambda$。式中，λ 是 X 射线的波长；θ 是衍射角；d 是结晶面间距；n 是整数。波长 λ 可用已知的 X 射线衍射角测定，进而求得结晶面间距，即结晶内原子或离子的规则排列状态。将求出的衍射 X 射线强度和结晶面间距与已知的表对照，即可确定试样结晶的物质结构，此即定性分析。从衍射 X 射线强度的比较可进行定量分析。本法的特点在于可以获得元素存在的化合物状态、原子间相互结合的方式，从而可进行价态分析，可用于对环境固体污染物的物相鉴定，如大气颗粒物中的风沙和土壤成分、工业排放的金属及其化合物（粉尘）、汽车排气中卤化铅的组成、水体沉积物或悬浮物中金属存在的状态等。多层原子面反射如图 3-1 所示。

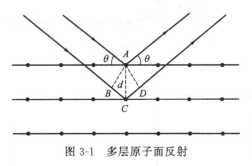

图 3-1　多层原子面反射

满足衍射条件，可应用布拉格公式：$2d\sin\theta = n\lambda$

一个是应用已知波长的 X 射线来测量 θ 角，从而计算出结晶面间距 d，这是用于 X 射线结构分析；另一个是应用已知 d 的晶体来测量 θ 角，从而计算出特征 X 射线的波长，进而可在已有资料中查出试样中所含的元素。

（2）X 射线衍射在储氢材料中研究

在储氢材料研究中，X 射线衍射研究的目的主要包括以下几个方面：

① 通过将 X 射线衍射数据导入 jade6.0 分析软件结合 PDF 粉末衍射卡片检索储氢材料的物相组成。

② 运用 X 射线衍射峰半高宽及衍射强度结合谢乐公式计算储氢材料晶粒大小。

③ 结合 RIR 值及全谱拟合定量计算储氢材料内部各物相的相对含量。

④ 读取每种物相衍射峰的晶面指数及晶格间距。

（3）应用实例

Shen 等运用 X 射线衍射分析了 $La_{0.8}L_xCe_xMg_{0.2}Ni_{3.5}$（$x = 0 \sim 0.20$）合金微观结构的变化，图 3-2 和表 3-1 是 X 射线衍射图谱及由此获得的晶体结构参数的具体数值。

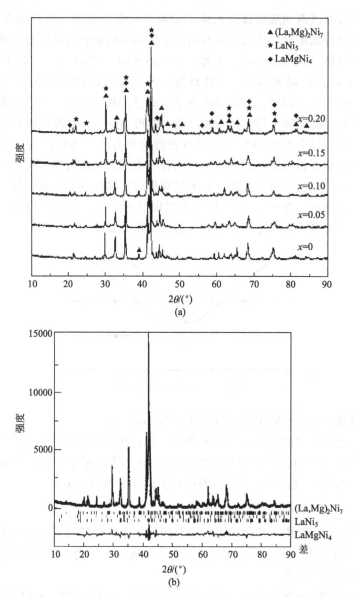

图 3-2 $La_{0.8}L_xCe_xMg_{0.2}Ni_{3.5}$（$x=0\sim0.20$）合金 X 射线衍射图谱

表 3-1 $La_{0.8}L_xCe_xMg_{0.2}Ni_{3.5}$（$x=0\sim0.20$）合金晶体结构常数

样品	物相	空间群	物相丰度/%	晶胞参数/Å		晶胞体积/Å³
				a	c	
$x=0.0$	$(La,Mg)_2Ni_7$	$P6_3/mmc(194)$	68.48	5.07318	24.3107	537.60
	$LaNi_5$	$P6/mmm(191)$	24.87	5.04465	4.01769	88.50
	$LaMgNi_4$	$\overline{F43}m(216)$	6.15	7.23184	7.23184	378.19

续表

样品	物相	空间群	物相丰度/%	晶胞参数/Å		晶胞体积/Å³
				a	c	
$x=0.05$	$(La,Mg)_2Ni_7$	$P6_3/mmc(194)$	65.56	5.06819	24.2897	536.81
	$LaNi_5$	$P6/mmm(191)$	25.51	5.04300	4.01141	88.31
	$LaMgNi_4$	$\overline{F43}m(216)$	7.14	7.20961	7.20961	374.68
$x=0.10$	$(La,Mg)_2Ni_7$	$P6_3/mmc(194)$	61.39	5.05927	24.1600	535.52
	$LaNi_5$	$P6/mmm(191)$	29.63	5.03945	4.02858	88.07
	$LaMgNi_4$	$\overline{F43}m(216)$	8.52	7.19812	7.19812	372.91
$x=0.15$	$(La,Mg)_2Ni_7$	$P6_3/mmc(194)$	54.02	5.0570\,1	24.0532	533.29
	$LaNi_5$	$P6/mmm(191)$	34.11	5.03139	4.01921	87.93
	$LaMgNi_4$	$\overline{F43}m(216)$	9.94	7.1\,8004	7.18004	370.12
$x=0.20$	$(La,Mg)_2Ni_7$	$P6_3/mmc(194)$	48.99	5.04719	24.0902	531.45
	$LaNi_5$	$P6/mmm(191)$	39.03	5.02811	4.01080	87.76
	$LaMgNi_4$	$\overline{F43}m(216)$	10.86	7.16699	7.16699	368.09

① 1Å=0.1nm。

通过由 X 射线衍射获得的晶体结构数据，可以获得储氢合金内部的物相组成、每种物相的空间群类型、晶体结构常数、晶胞体积以及每种物相的相对含量的相关信息。这些参数的变化可以用于储氢性能变化内在原因的解释。

3.2.2 透射电镜分析

（1）原理

透射电镜（图 3-3）的成像原理是由照明部分提供的有一定孔径角和强度的电子束平行地投影到处于物镜物平面处的样品上，通过样品和物镜的电子束在物镜后焦面上形成衍射振幅极大值，即第一幅衍射谱。这些衍射束在物镜的像平面上相互干涉形成第一幅反映试样为微区特征的电子图像。通过聚焦（调节物镜励磁电流），使物镜的像平面与中间镜的物平面相一致，中间镜的像平面与投影镜的物平面相一致，投影镜的像平面与荧光屏相一致，这样在荧光屏上就观察到一幅经物镜、中间镜和投影镜放大后有一定衬度和放大倍数的电子图像。由于试样各微区的厚度、原子序数、晶体结构和晶体取向不同，通过试样和物镜的电子束强度产生差异，因而在荧光屏上显现出由暗亮差别所反映出的试样微区特征的显微电子图像。电子图像的放大倍数为物镜、中间镜和投影镜的放大倍数之乘积。

从聚光镜来的电子束打到样品上。与样品发生相互作用。如果样品薄到一定程度，电子就可以透过样品。透过去的电子分成两类：一类是继续按照原来的方向前进，能量几乎没有改变，我们称之为直进电子。另一类是方向偏离原来的方向，我们称之为散射电子。这些电子中有的能量有比较大的改变，我们称之为非弹性散射电子；有的电子能量几乎没有改变，我们称之为弹性散射电子。所有这

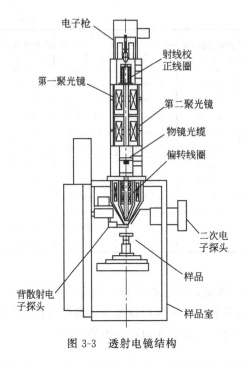

图 3-3　透射电镜结构

些电子通过物镜后在物镜的后焦面上会形成一种特殊的图像，我们称之为夫琅禾费衍射花样。如果被电子束照射的区域是非晶，则花样的特点是中央亮斑加从中央到外围越来越暗的光晕。如果被电子束照射的区域是一块单晶，则花样的特点是中央亮斑加周围其他离散分布、强弱不等的衍射斑。如果被电子束照射的区域包括许多单晶，则花样的特点是中央亮斑加周围半径不等的一圈圈亮环。至于为什么会形成这些花样，可以从入射电子的散射来解释。对非晶样品，从不同原子上散射出的同一方向上的电子波之间没有固定的相位差，且随着散射角的增大，散射的电子数量少，能量损失大，它们通过物镜后，直进的电子形成中央亮斑，散射的电子形成周围的光晕。越往外，光晕越弱。对晶体样品，由于原子排列的规律性，不同原子的同一方向的散射波之间存在固定的相位差，某些方向上相位差为 2π 的整数倍。根据波的理论，在这些方向上的散射波会发生加强干涉，我们称之为衍射。同一方向的衍射波在物镜后焦面上形成一个亮斑，我们称之为衍射斑。直进的电子形成中央的透射斑。整个后焦面的图像称之为电子衍射花样。至于哪些方向上会出现衍射波，这可由布拉格公式决定。由于电子衍射花样与晶体的结构之间存在对应关系，如果我们记录下衍射花样，就可以对晶体结构进行分析，这正是透射电子显微镜能够进行晶体结构分析的原因之一。对于多晶样品，每个单晶形成自己的衍射花样。由于各个单晶的取向不同，每个单晶上相同指数的衍射波出现在以入射电子方向为中心线的圆锥上，它们通过物镜后形成衍射圈。通过分析这些衍射圈的半径和亮度，也可以对多晶样品进行结构分析。把透射电镜的工作方式切换到衍射模式，则物镜后焦面上形成的花样在荧光屏上可以被观察到，也可以用底片或相机记录下来。透射电镜图如图 3-4 所示。

（2）TEM 在研究储氢材料中的作用

在储氢材料研究中，TEM 研究的目的主要包括以下几个方面。

① 通过 TEM 照片分析合金颗粒的形貌。

② 通过高分辨 TEM 可以分析合金内部晶面间距并结合能谱分析内部组成。

③ 结合选区电子衍射可分析合金晶态结构的变化，通过衍射环指数标定可以确定晶面指数。

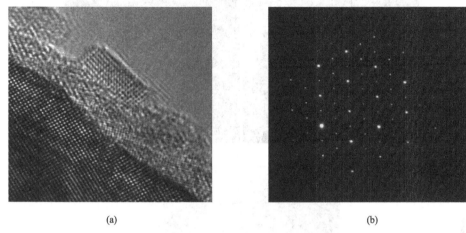

(a)　　　　　　　　　　　　　　　(b)

图 3-4　透射电镜图

(a) TEM 图；(b) 选区电子衍射花样

（3）应用实例

Jin 等运用机械球磨法制备了 $MgH_2 + NbF_5$ 复合储氢材料，通过 TEM 研究合金内部结构及组成的变化，图 3-5 分别是材料的形貌照片（a）、选区电子衍射照片（b）以及高分辨放大照片（c），可以看出合金内部有非晶和纳米晶结构，通过选区电子衍射照片可以标定晶面指数，进而确定内部组成。显然，结合高分辨 TEM 获得的晶面间距及选区电子衍射衍射指数标定可以很好地确定合金材料内部组成。

3.2.3　扫描电镜分析

（1）原理

图 3-6 为扫描电镜的结构示意。由最上边电子枪发射出来的电子束，经栅极聚焦后，在加速电压作用下，经过 2～3 个电磁透镜所组成的电子光学系统，电子束会聚成一个细的电子束聚焦在样品表面。在末级透镜上边装有扫描线圈，在它的作用下使电子束在样品表面扫描。由于高能电子束与样品物质的交互作用，结果产生了各种信息：二次电子、背散射电子、吸收电子、特征 X 射线、俄歇电子、阴极发光和透射电子等（图 3-7）。这些信号被相应的接收器接收，经放大后送到显像管的栅极上，调制显像管的亮度。由于经过扫描线圈上的电流是与显像管相应的亮度一一对应，也就是说，电子束打到样品上一点时，在显像管荧

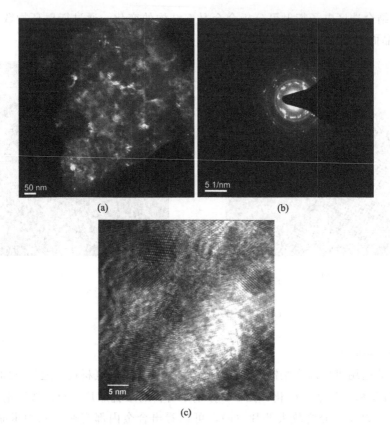

图 3-5　MgH_2 ＋ NbF_5 复合储氢材料 TEM 图谱

(a) 材料形貌图；(b) 选区电子衍射图；(c) 高分辨放大图

光屏上就出现一个亮点。扫描电镜就是这样采用逐点成像的方法，把样品表面不同的特征按顺序、成比例地转换为视频信号，完成一帧图像，从而使我们在荧光屏上观察到样品表面的各种特征图像。

背散射电子：入射电子束被固体样品中的原子核反弹回来的一部分入射电子，包括弹性背散射电子与非弹性背散射电子。

特征 X 射线：当样品原子内层电子被入射的电子激发或电离时，原子就会处于能量较高的激发状态，此时，外层电子将向内层电子跃迁以填补内层电子的空缺，从而使具有特征能量的 X 射线释放出来，进而确定响应的元素组成。

二次电子：在入射电子束作用下被轰击出来并离开样品表面原子的核外电子。二次电子的能量很低，一般不超过 50eV，且一般都是在表层 5～10nm 深度范围内发射出来的，它对样品的表面形貌十分敏感，因此可以很好地分析样品的表面形貌。

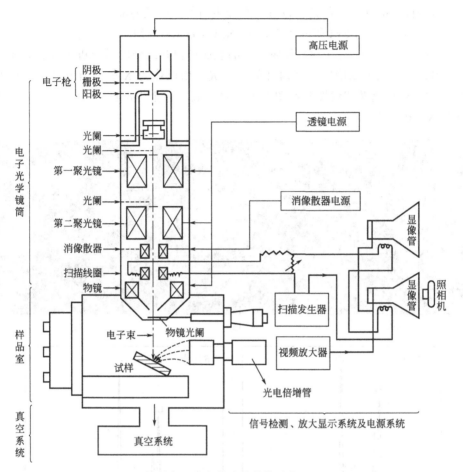

图 3-6 扫描电镜结构示意

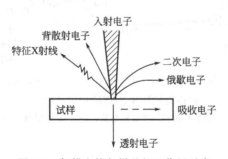

图 3-7 扫描电镜与样品相互作用示意

（2）SEM 在储氢材料研究中的作用

在储氢材料研究中，SEM 研究的目的主要包括以下几个方面。

① 通过 SEM 照片分析合金表面形貌。

② 通过 SEM 结合能谱可以分析合金表面各个区域的成分组成。

ZHANG 运用 SEM 研究了 La-Mg-Ni-Co 系 $La_{0.75}Mg_{0.25}Ni_{3.5}M_x$（M＝Ni、Co；$x＝0$、0.2、0.4、0.6）储氢合金的表面形貌并结合能谱分析了合金表面不同区域的元素组成以确定合金内部的相组成，用以作为 X 射线衍射分析结果的补充（SEM 图谱及能谱图参照图 3-8），可以确定合金内部由 $(La，Mg)_2Ni_7$ 相与 $LaNi_5$ 相组成。

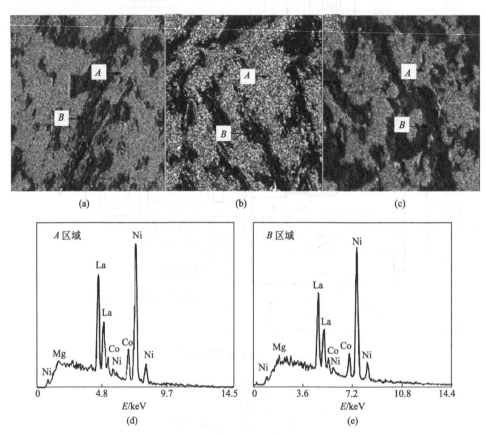

图 3-8　$La_{0.75}Mg_{0.25}Ni_{3.5}M_x$（M＝Ni、Co；$x＝0$、0.2、0.4、0.6）

扫描电镜照片、SEM 图谱及能谱

（a）～（c）合金材料的扫描电镜照片；（d）SEM 图谱；（e）能谱图

（3）应用实例

Si 等用激光烧结法制备了 $La_{0.7}Mg_{0.3}Ni_{3.5}$ 储氢合金，图 3-9 为合金材料的扫描电镜照片及能谱分析，经分析后认为 A 区域为 $LaNi_5$ 相、B 区域为 Ce_2Ni_7-type 相、C 区域为 $LaMgNi_4$ 相。而且，在不同条件下制备的储氢合金 A、B 及 C 三个区域的面积不同，这说明各种相的组成含量随制备条件在变化，这进一步说明了不同条件下制备合金储氢性能的变化。

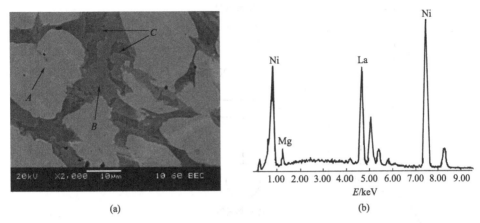

图 3-9　合金材料的扫描电镜照片（a）及能谱分析（b）

3.3　储氢性能测试

3.3.1　压力-组成-温度（PCT）曲线

（1）气态 PCT 曲线测试

① 测试方法　储氢材料的 PCT 曲线测试仪原理如图 3-10 所示。

a. 高压热天平法

原理：在氢气气氛中直接测定试料质量的变化；

优点：容易通过程序控制实现自动测试；

缺点：由于天平的精度不够高，在测量金属中的含氢量时误差较大。

b. 用 Sievelts 装置定温测定法

原理：在一定容积中使气体与恒温金属试样接触，压力达到平衡后，从气体压力的变化计算吸氢量，此时对应的压力作为平衡压数据，这样反复测量可以得出全部的；

优点：测试时操作方便，是目前最普遍使用的方法；

缺点：氢含量是由氢气的压力、温度、体积再结合状态方程计算得出的，产生误差的因素较多，减小误差是该测定技术的关键。

② PCT 曲线说明　金属-氢系理想 PCT 图如图 3-11 所示。

a. T_1、T_2、T_3 表示三个不同温度下的等温曲线。

b. 横轴表示固相中的氢原子 H 和金属原子 M 的原子比（H/M），纵轴是

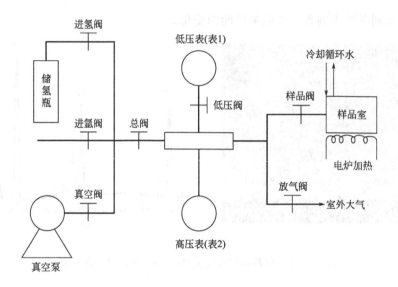

图 3-10 储氢材料的 PCT 曲线测试仪原理

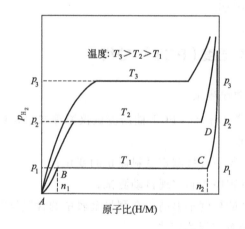

图 3-11 金属-氢系理想 PCT 图

氢压。

c. T_1 保持不动，p_{H_2} 缓慢升高时，氢溶解到金属中，H/M 应沿曲线 AB 增大。固溶了氢的金属相称为 α 相。

d. 达到 B 点时，α 相和氢气发生反应生成氢化物相，即 β 相。

e. 当变到 C 点时，所有的 α 相都变为 β 相，此后当再次逐渐升高压力时，β 相的成分就逐渐靠近化学计量成分。

f. BC 之间的等压区域（平台）的存在可用 Gibbs 相律解释。

设某体系的自由度为 f，独立成分数为 k，相数为 P，它们的关系可表示为：

$$f = k - P + 2$$

该体系中独立成分是 M 和 H，即 $k=2$，所以 $f=4-P$。

a. $A \leftrightarrow B$ 氢的固溶区域，该区存在的相是 α 相和气相，$P=2$，所以 $f=2$。因而，即使温度保持一定，压力也可发生变化。AB 表示在温度 T_1 时氢的溶解度随压力变化的情况。

b. $B \leftrightarrow C$ 平台的区域，该区存在的相是 α 相、β 相和气相，$P=3$，所以 $f=1$。在下面的反应完成之前，压力为一定值。

$$\frac{2}{n}M(\text{固}) + H_2(\text{气}, p) \underset{\text{放氢吸热}}{\overset{\text{吸氢放热}}{\rightleftharpoons}} \frac{2}{n}MH_n(\text{固}) + \Delta H \tag{3-1}$$

c. 若 α 相成分为 n，β 相成分为 m，则在温度 T_1 时等压区域的反应为：

$$\alpha - MH_n + \left(\frac{m-n}{2}\right)H_2 = \beta - MH_m \tag{3-2}$$

此时的平衡氢压，即为金属氢化物的平衡分解压。平衡分解压随温度上升呈指数函数增大。达到临界温度以前，随温度上升平台的宽度逐渐减小，即有效氢容量减小。

d. $C \leftrightarrow D$ 氢化物相的不定比区域，该区存在的相是 β 相和气相，$P=2$，所以 $f=2$，压力可再一次发生变化。

③由 PCT 曲线可以得到的信息。

a. 吸氢曲线的平台压总是比放氢曲线的平台压高。

b. 两个平台压之间的差值称为压力滞后，这种现象称为滞后效应（一般认为这与合金氢化过程中金属晶格膨胀引起的晶格应力有关）；对实际应用材料来说，压力滞后越小越好，这可以降低电池内压提高电池的电化学容量；对于能量转换材料来说，降低压力滞后可以减小能量损失。

c. 曲线平台越宽、越平坦，说明材料吸/放氢性能越好。

d. 平台的高低直接反应材料吸/放氢的难易程度。曲线吸氢过程平台越高，吸氢需要的氢压力越大，这对于吸氢过程是不利的；曲线放氢过程平台越高，说明材料越容易放氢，因此，在实际设计材料时应高综合考虑这两方面的因素。

e. 明确曲线上任意一点的物理意义为恒定温度下压力与氢含量的对应关系。

（2）电化学 PCT 曲线测试

①原理

a. 平衡氢压确定　周增林等根据电化学和热力学的基础理论，考虑了氢气的逸度、碱液中水的活度以及碱液中水蒸气的分压等影响因素，精确计算了金属氢化物电极反应的能斯特方程为式（3-3）和式（3-4）：

$$E_{MH} = E_{MH}^{\ominus} - \frac{RT}{2F}\ln\gamma_{H_2} + \frac{RT}{2F}\ln\alpha_{H_2O} - \frac{2.3026RT}{2F}\lg\frac{p_{H_2}}{p_{H_2}^{\ominus}} \quad (vs.\ Hg,\ HgO/OH^-)$$

$$(3-3)$$

$$E_{MH} = -A - B\lg\frac{p_{H_2}}{p_{H_2}^{\ominus}} \quad (vs.\ Hg,\ HgO/OH^-) \quad\quad (3-4)$$

若 $p_{H_2}^{\ominus} \approx p^{\ominus}$，则

$$E_{MH} = -M - B\lg\frac{p_{H_2}}{p_{H_2}^{\ominus}} \quad (vs.\ Hg,\ HgO/OH^-) \quad\quad (3-5)$$

若 $p_{H_2}^{\ominus} = p^{\ominus} - p_{H_2O}^{\ominus}$，则

$$E_{MH} = -N - B\lg\frac{p_{H_2}}{p_{H_2}^{\ominus}} \quad (vs.\ Hg,\ HgO/OH^-) \quad\quad (3-6)$$

同时，他们还详细给出了不同温度条件下各参数的精确数值，并列与表3-2中。

表 3-2　金属氢化物电极反应能斯特方程的相关参数

T/K	$\|E_{MH}^{\ominus}\|/V$	γ_{H_2}	α_{H_2O}	$\|E_{MH}\|/V$				
				A	B	M	N	$\|M-N\|$
298	0.92546	1.000576	0.68042	0.93042	0.02958	0.78235	0.78256	0.00021
303	0.92404	1.000571	0.68241	0.92904	0.03008	0.77849	0.77879	0.00030
308	0.92264	1.000565	0.68452	0.92768	0.03057	0.77464	0.77506	0.00042
313	0.92125	1.000560	0.68656	0.92633	0.03107	0.77081	0.77138	0.00057
318	0.91987	1.000555	0.68855	0.92499	0.03156	0.76699	0.76775	0.00075
323	0.91851	1.000549	0.69049	0.92367	0.03206	0.76319	0.76418	0.00099
328	0.91716	1.000544	0.69237	0.92237	0.03256	0.75940	0.76070	0.00130
333	0.91583	1.000539	0.69419	0.92107	0.03305	0.75562	0.75730	0.00168

由电极反应的能斯特方程可以看出：电极反应的平衡电位与电池内部的平衡氢压有关，因此，可以通过测试合金在充/放电过程中的平衡电位的变化再结合能斯特方程及计算平衡氢压的变化，故可以得到不同温度下电极的能斯特方程。

当温度为298K时：

$$E_{MH} = -0.93042 - 0.02958\lg\frac{p_{H_2}}{p_{H_2}^{\ominus}}$$
$$= -0.78256 - 0.02958\lg p_{H_2} \quad (vs.\ Hg,\ HgO/OH^-)$$

当温度为303K时：

$$E_{MH} = -0.92904 - 0.03008 \lg \frac{p_{H_2}}{p_{H_2}^{\ominus}}$$

$$= -0.77879 - 0.03008 \lg p_{H_2} \quad (vs. \ Hg, \ HgO/OH^-)$$

当温度为 313K 时：

$$E_{MH} = -0.92633 - 0.031107 \lg \frac{p_{H_2}}{p_{H_2}^{\ominus}}$$

$$= -0.77138 - 0.031107 \lg p_{H_2} \quad (vs. \ Hg, \ HgO/OH^-)$$

当温度为 323K 时：

$$E_{MH} = -0.92367 - 0.032206 \lg \frac{p_{H_2}}{p_{H_2}^{\ominus}}$$

$$= -0.76418 - 0.032206 \lg p_{H_2} \quad (vs. \ Hg, \ HgO/OH^-)$$

b. 氢含量的确定

$$X \ (H/M) = \frac{(C_{max} - C) \times 360 M_H}{N_A e} = 3.7606 \times 10^{-3} \ (C_{max} - C) \quad (3-7)$$

式中，X 为氢含量；C_{max} 为合金电极的最大放电容量，M_H 为氢的原子量，此处取 1.0079；N_A 为阿伏伽德罗常数，此处取 $6.02 \times 10^{23} \ mol^{-1}$；$e$ 为电子的电量，此处取 1.6×10^{-19}。首先，将合金电极完全活化后，从 0 开始，每个一定的容量间隔记录容量值及对应的平衡电位。对于充电过程，直到达到最大放电容量后停止记录；对于放电过程，直到达到截止电压后停止记录。其次，结合不同温度下的能斯特方程计算平衡氢压的值，结合式（3-7）计算平衡氢压下对应的氢含量。最后，根据平衡氢压与对应的氢含量绘制 PCT 曲线。

② 该方法的优缺点　优点：适合于微量试料，可以测至 $10^{-3} Pa$ 左右的低压范围；相比于气态，PCT 测量需要的测量时间相对较短；用于涉及大量实验工作的储氢电极合金的成分优化及工艺研究。缺点：测定温度受电解质制约，只限于室温附近测量。

③ 应用实例　Hou 等运用电化学方法结合能斯特方程测试了合金材料 $CeMn_{1-x}Al_{1-x}Ni_{2x}$（$x = 0$、0.25、0.50、0.75）在不同温度下的 PCT 曲线，结合范特霍夫方程计算了合金材料氢化物热力学参数的变化，从热力学角度解释了合金材料氢化物稳定性的变化。图 3-12 是 Si 等使用的能斯特方程及电化学 PCT 数据图。

当温度为 293K 时：

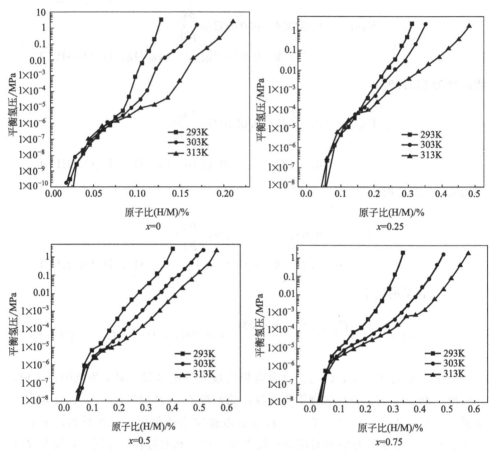

图 3-12 $CeMn_{1-x}Al_{1-x}Ni_{2x}$ ($x=0$、0.25、0.50、0.75)
合金氢化物在 293K、303K、313K 温度的脱氢 PCT 曲线

$$E_{eq} = -0.9324 - 0.0291 \lg p_{H_2}$$

当温度为 303K 时：

$$E_{eq} = -0.9291 - 0.0300 \lg p_{H_2}$$

当温度为 313K 时：

$$E_{eq} = -0.9270 - 0.0311 \lg p_{H_2}$$

使用电化学方法测试储氢材料 PCT 曲线在其他文献中也多有报道，都很好地从热力学角度解释了储氢材料电化学放电容量的变化。

3.3.2 电化学放电容量测试

放电容量是单位质量负极材料在恒定的电流密度下所能释放的最大电能，单位是 mA·h/g。显然，放电容量与放电电流密度相关，放电电流密度越大，放电容量越小。氢化物电极的电化学容量取决于余属氢化物 MH_x 中的氢含量 X（$=H/M$，原子比）。根据法拉第电解定律，对于吸氢量为 x 的 AB_n 型储氢电极材料的理论电化学容量为：

$$C = XF/3.6M_w \ (mA \cdot h/g) \tag{3-8}$$

式中，F 为法拉第常数，$F=96484.56C/mol$；M_w 为储氢材料的分子量。

对于 Mg_2Ni 来说，最大吸氢量 $X=4$（氢化物组成 Mg_2NiH_4），计算出的理论电化学容量为 999mA·h/g。

对于 $LaNi_5H_6$ 来说，$X=6$，$F=96484.56C/mol$，$M_w=432.3725$，所以得到 $LaNi_5H_6$ 的理论电化学容量为：

$$C_{th} = 6 \times 96484.56/(3.6 \times 432.3275) = 372mA \cdot h/g$$

在知道了储氢材料理论储氢的前提下，如果已知充/放电电流密度为 i（单位：mA/g），则可以应用下式计算充电时间：

$$t = C_{th}/i \tag{3-9}$$

在对合金电极放电过程设置中，通常以预期设置的放电截止电压为放电过程的终止条件。电化学放电容量图谱是以放电容量和充/放电循环次数绘制的图谱，如图 3-13 和图 3-14 所示。

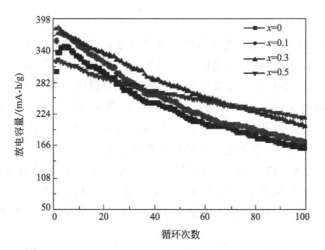

图 3-13　$La_{0.55}Pr_{0.05}Nd_{0.15}Mg_{0.25}Ni_{3.5}(Co_{0.5}Al_{0.5})_x$
（$x=0$、0.1、0.3、0.5）合金放电容量

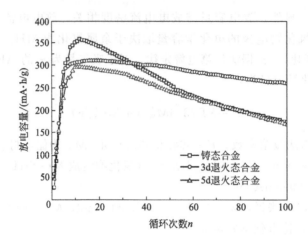

图 3-14　$La_{0.55}Pr_{0.05}Nd_{0.15}Mg_{0.25}Ni_{3.5}(Co_{0.5}Al_{0.5})_x$
（$x=0$、0.1、0.3、0.5）合金充/放电循环次数

3.3.3　电化学循环寿命测试

循环寿命（电化学循环稳定性）是电极材料最主要的性能指标之一。在电化学循环过程中，放电容量会随循环次数的增加而降低。一般将容量保持率达到60％时对应的循环次数定义为合金的循环寿命。通常，容量保持率用下式表示：

$$S_n = \frac{C_n}{C_{max}} \times 100\%　\qquad (3-10)$$

式中，C_n 为第 n 次充/放电循环的放电容量；C_{max} 为最大放电容量。

对于储氢合金用于电池负极时，以反复充/放电循环次数来衡量合金的循环寿命。具体来说，是指在一定充电制度下，电池容量降至某一特定值之前，电池能承受的充/放电循环次数同样可以用容量保持率来表征。所以，寿命越长，电池性能越好。铸态及退火态 $La_{0.8-x}Pr_xMg_{0.2}Ni_{3.15}Co_{0.2}Al_{0.1}Si_{0.05}$（$x=0$、0.1、0.2、0.3、0.4）合金电化学循环寿命图谱如图 3-15 所示。

对于气态吸氢材料来说，一般用反复吸/放氢次数来衡量合金的循环寿命。即吸/放氢循环至吸氢量小于最大吸/放氢量的 10％ 时的次数。也可以用循环 n 次后的吸氢量 $H_{abs}(n)$ 与最大吸氢量 $H_{abs}(max)$ 的比值百分数来衡量：

$$S_n = \frac{H_{abs(n)}}{H_{abs(max)}} \times 100\%　\qquad (3-11)$$

或者可以通过吸/放氢量与吸/放氢循环次数关系曲线的斜率来衡量，如图 3-16 所示。

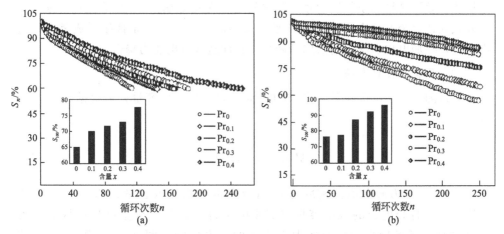

图 3-15 铸态及退火态 $La_{0.8-x}Pr_xMg_{0.2}Ni_{3.15}Co_{0.2}Al_{0.1}Si_{0.05}$
($x=0$、0.1、0.2、0.3、0.4)合金电化学循环寿命图谱
（a）铸态；（b）退火态

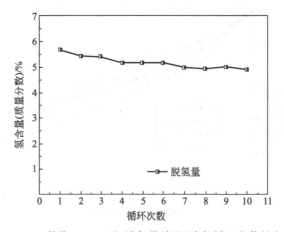

图 3-16 NbF_5 催化 MgH_2 吸/放氢量随吸/放氢循环次数的变化关系

3.3.4 高倍率放电性能测试

（1）图谱物理意义

高倍率放电性能表征了合金的动力学性能。动力电池要求合金具有很好的动力学性能。一般来说，合金的放电容量随放电电流密度的增加而减小，减小的幅度越小，合金的倍率放电性能越好。合金的高倍率放电性能与合金的晶粒大小及表面状态相关。凡降低氢扩散系数的因素，均使合金的倍率放电性能下降。

随着放电电流密度的增加，合金的高倍率放电能力逐渐降低，符合正常的实验规律。导致这种现象的原因是：随着放电电流密度的增加，由合金内部通过扩散方式到达合金颗粒表面的氢原子来不及参加电化学反应而直接形成氢分子逸出，使得参加电化学反应的氢原子减少，进而造成放电能力降低。

（2）测试及计算方法

通过测试合金电极在不同充/放电电流密度下的放电容量，再根据式（3-12）计算：

$$H_{rdd}=\frac{C_d}{C_i}\times 100\%$$

(3-12)

式中，C_d 为放电电流密度为 i_d 时合金电极的放电容量；C_i 为放电电流密度为 i 时合金电极的放电容量（截止电压为 0.5V）。合金高倍率放电能力的测试是为了衡量合金电极在大电流下的放电性能。图 3-17 和图 3-18 为储氢材料电化学高倍率放电的实际图谱，表征了高倍率放电随电流密度增大的变化关系。

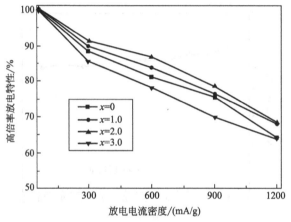

图 3-17　$La_2MgMn_{0.3}Ni_{8.7-x}(Co_{0.5}Al_{0.5})_x$
（$x=0$、1.0、2.0、3.0）合金高倍率放电图谱

3.3.5　交流阻抗测试

（1）原理

交流阻抗测试是以小振幅的正弦波电压信号（或电流信号），使电极系统产生近似线性关系的响应，测量电极系统在很宽频率范围内阻抗变化曲线的方法。

通常人们是通过研究实部和虚部构成的复阻抗平面图以及频率与模的关系图

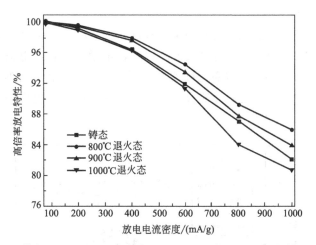

图 3-18　铸态及退火态 $La_{1.8}Ti_{0.2}MgNi_{8.9}Al_{0.1}$ 合金电极高倍率放电图谱

和频率与相角的关系图（即 bode 图）来获得研究体系内部的有用的信息。

　　所有合金电极的电化学阻抗谱（electrochemical impedance spectrum，EIS）均由高频区的小半圆、中频区的大半圆以及低频的韦伯斜线组成。合金电极高频区的小半圆主要对应于电极片与集流体之间的接触阻抗，中频区的容抗弧则与合金电极表面形成的双电层所具有的阻抗与容抗有关，低频区的韦伯斜线是与氢原子在合金内部扩散所引起的韦伯阻抗有关。从图 3-19 可以看出，随着 Zr 替代量的增加，高频区的小半圆的半径基本保持不变，这说明合金电极由于制备方法和过程相同，其接触阻抗基本相同。而中频区的大半圆的半径逐渐增大，反映出合金电极表面的电化学阻抗 R_{ct} 随着 Zr 替代量 x 的增加而提高。这与合金高倍率放电趋势完全吻合。

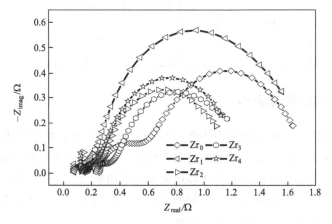

图 3-19　合金电极 bode 图谱

（2）应用实例

Dong 测试了（La$_{0.7}$Mg$_{0.3}$)$_{1-x}$Ce$_x$Ni$_{2.8}$Co$_{0.5}$（$x=0\sim0.20$）合金电极的交流阻抗图谱（图 3-20），并通过等效电路拟合，定量得到合金电极表面的电荷传递电阻 R_{ct}值（表 3-3），可以看出随着 Ce 含量的增加 R_{ct} 出现先减小后增加的趋势，说明 Ce 含量超过一定值会使合金电极表面的电荷传递电阻增大，降低合金表面的电荷传递反应速率。

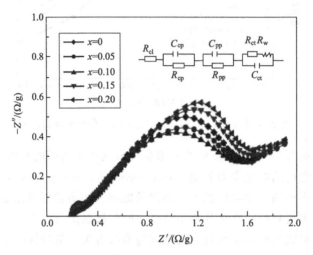

图 3-20　(La$_{0.7}$Mg$_{0.3}$)$_{1-x}$Ce$_x$Ni$_{2.8}$Co$_{0.5}$（$x=0\sim0.20$）合金电极的交流阻抗谱

表 3-3　(La$_{0.7}$Mg$_{0.3}$)$_{1-x}$Ce$_x$Ni$_{2.8}$Co$_{0.5}$（$x=0\sim0.20$）合金电化学动力学参数

x	R_p/mΩ	I_0/(mA/g)	D/(cm²/s)	R_{ct}/mΩ
$x=0$	113.0	227.3	$11.7×10^{-11}$	103.8
$x=0.05$	107.8	238.7	$12.7×10^{-11}$	97.1
$x=0.10$	103.3	248.5	$12.9×10^{-11}$	94.4
$x=0.15$	118.9	216.0	$12.6×10^{-11}$	108.5
$x=0.20$	128.8	199.4	$12.2×10^{-11}$	117.5

3.3.6　动电位极化测试

每条动电位极化曲线都是由阴极极化与阳极极化两个部分组成，Ni-MH 电池放电时，作为负极的储氢合金电极充当阳极。随着极化过电位逐渐增加，合金电极表面的电荷迁移加快，电荷迁移速率超过了电极反应速率，致使合金电极表面电荷积聚，合金电极的电极电位偏离平衡电位而且向正电位方向移动，这种电极电位偏离平衡电位的现象被称为极化。

随着极化过电位的增加，阳极电流密度逐渐增加，这一过程成为电极的活化过程，当过电位达到一定值时，电流密度便达到一个峰值，即为极限电流密度 I_L。继续增大过电位，电极进入钝化状态不利于氢的扩散，因此，阳极电流密度开始减小。

极限电流密度直接反映氢在合金内部的扩散能力。对储氢材料动电位极化曲线的分析多集中在两个方面：一是极限电流密度大小的对比；二是动电位极化曲线阴、阳极交叉部分对应的纵坐标过电位大小。

图 3-21 为 $La_{5-x}Ca_xMg_2Ni_{23}$（$x=0$、1、2、3）合金的动电位极化曲线，可以看出：阴、阳极交汇处对应的过电位随着 Ca 含量的增加向负电位方向移动，说明 Ca 的加入有助于增强合金的抗腐蚀性能。

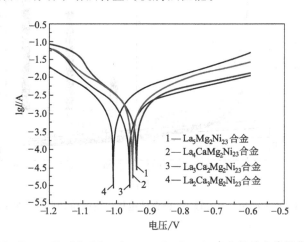

图 3-21　$La_{5-x}Ca_xMg_2Ni_{23}$（$x=0$、1、2、3）合金的动电位极化曲线

3.3.7　恒电位阶跃放电测试

利用电位阶跃法，在电极放电后期，电极放电电流主要受到合金内部氢原子的扩散速率控制。通过测量电极放电电流和时间的关系，可以推算出合金电极内部氢原子的扩散系数。电位阶跃进行后期电流 i 和时间 t 之间存在如下关系：

$$\lg i = \lg\left[\pm\frac{6FD}{da^2}(C_0-C_s)\right]\frac{\pi^2}{-2.303}\times\frac{D}{a^2}t \tag{3-13}$$

$$D = -\frac{2.303a^2}{\pi^2}\times\frac{d\lg i}{dt} \tag{3-14}$$

式中，i 为电流密度，A/g；F 为法拉第常数，C/mol；D 为扩散系数，cm^2/s；C_0 为合金中氢起始浓度，mol/cm^3；C_s 为合金表面氢起始浓度，mol/cm^3；t 为放电时间，s；a 为合金颗粒粒径，cm；d 为合金密度，g/cm^3。

恒电位阶跃曲线是以 $\lg i$ 为横坐标，时间 t 为纵坐标绘制的图谱。对其分析通常是在阶跃曲线的后期线性部分求得直线部分斜率 $d\lg i / dt$，并结合式（3-14）计算氢在合金内部的扩散系数，通过扩散系数的变化解释氢在合金内部的扩散能力，进而解释动力学性能的变化。图 3-22 是文献报道的典型恒电位阶跃曲线，通过曲线线性部分斜率的大小便可以解释氢在合金内部的扩散性能，斜率越大、氢在合金内部的扩散能力越强。

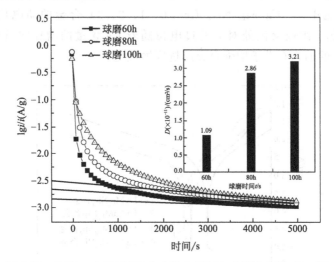

图 3-22　CeMg$_{12}$＋100％Ni 合金的电极恒电位阶跃曲线（333K）

3.4　吸/放氢反应的热力学和动力学

3.4.1　吸/放氢反应热力学研究

（1）原理

储氢材料热力学性能的研究主要是研究材料吸氢生成产物氢化物的形成焓及熵值的大小。由下式可以看出储氢材料的吸/放氢过程伴随着热量的吸收和释放，正向反应是吸氢放热反应，而逆向过程是放氢吸热反应。

通过吉布斯自由能与其他热力学参数的关系式可以得到以下关系式：

$$\Delta G^- = \Delta H^- - T \Delta S^- \tag{3-15}$$

$$\Delta G^- = -RT\ln K_p = RT\ln p_{H_2} \tag{3-16}$$

$$\ln p_{H_2} = \frac{\Delta H^-}{RT} - \frac{\Delta S^-}{R} \tag{3-17}$$

式中，ΔH 为金属氢化物的生成焓；ΔS 为熵变量；R 为气体常数。利用式 (3-17) 可作 $\ln p_{H_2}$ 与 $1/T$ 的关系图，即范特霍夫曲线。

研究认为：热力学参数可以为合金吸/放氢的难易程度作出解释，生成焓 ΔH 越大，合金氢化物越稳定，放氢反应越困难，反之，生成焓 ΔH 越小，储氢材料形成氢化物的热稳定性越差，材料的吸/放氢性能越好。生成熵 ΔS 的大小则反映合金氢化物体系的稳定程度（通常用微观状态数的多少来衡量），吉布斯自由能 ΔG 则从另一个侧面反映合金氢化反应以及放氢反应的自发进行程度。

在定量研究储氢材料热力学性能的过程中，如图 3-23（a）所示，通过测试不同温度下的 PCT 曲线建立平衡氢压与温度的对数关系曲线（即 $\ln p_{H_2}$ 与 $1/T$ 的关系曲线），则应得到如图 3-23（b）所示的一条直线。通过 $\ln p_{H_2}$ 与 $1/T$ 的关系曲线可以得到直线的斜率与截距，合金吸氢过程的热力学参数 ΔG_f、ΔH_f、ΔS_f 以及放氢过程的热力学参数 $\Delta G'_f$、$\Delta H'_f$、$\Delta S'_f$，并能直观地反映氢化物的性能。生成焓的大小与合金吸/放氢 PCT 曲线的平台压有直接的关系：生成焓大，则平台压高，有利于合金的放氢而不利于吸氢；反之，生成焓小，则会导致平台压降低，这有利于合金吸氢而不利于放氢。

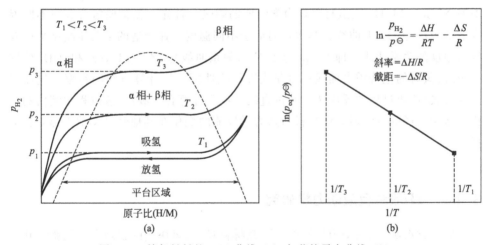

图 3-23　储氢材料的 PCT 曲线（a）与范特霍夫曲线（b）

（2）影响平台压的因素

平台压的高低与合金的晶胞体积大小相关，凡使晶胞体积增大的因素，均使氢化物的稳定性增加，平台压降低；反之，使氢化物的稳定性下降，平台压升高。

a. 合金成分：以 $LaNi_5$ 为例。以任何元素替代 A 侧的 La，均使晶胞体积减小，使氢化物的稳定性降低，平台压升高。因为在所有的吸氢元素中，La 原子半径最大；以金属 Mn、Al、Co、Fe、Cr 等元素替代 B 侧的 Ni，均使氢化物的稳定性增加，平台压降低。因为这些元素的原子半径均大于 Ni 的原子半径。

b. 温度：温度对平台压的影响很大。因为吸氢形成氢化物是一个放热反应，所以提高温度可以降低氢化物的稳定性，提高平台压。反之，合金的稳定性增加，平台压降低。依据这一原理，可以设计高温和低温下使用的储氢材料，也就是通过调节合金的成分，使合金在使用温度下有适中的平台压力。

成分、温度对平台压影响的物理本质是：凡能使体系的内能增加的因素均使氢化物的稳定性下降，平台压升高。①对于合金成分而言，A 侧替代元素使晶胞体积减小，氢原子进入晶胞间隙的体积膨胀率增加，使体系的内能增加，氢化物的稳定性降低；B 侧替代元素使晶胞体积增大，氢原子进入间隙时的膨胀率降低，降低内能，氢化物的稳定性增加。②对于温度而言，升高温度显然使氢化物的内能升高，稳定性降低，平台压升高。

$$M（s）+x/2H_2（g）\Longrightarrow MH_x（s）+\Delta H \tag{3-18}$$

（3）应用实例

El-Eskandarany 在机械球磨 MgH_2 过程中添加 Ni 粉形成复合材料，并研究添加 Ni 粉对 MgH_2 储氢材料热力学性能的影响。首先，测试储氢合金在不同温度下的吸/放氢 PCT 曲线；其次，对应于不同温度选择合适的平台压绘制平衡氢压与温度的关系曲线（即 $\ln p_{H_2}$ 与 $1/T$ 的关系曲线），图 3-24（c）和（d）分别为吸/放氢时的范特霍夫曲线；对曲线进行线性拟合后计算直线的斜率，进而得到合金吸/放氢过程的反应热，通过直线的截距计算合金吸/放氢过程中熵值的变化。运用同样的方法研究储氢材料热力学性能的变化在其他众多文献中都有相关报道。

3.4.2 吸/放氢反应动力学研究

储氢材料吸/放氢动力学性能是研究材料吸/放氢快慢的物理量，是衡量其实际应用的重要指标。合金的吸氢反应实际是固相和气相的化学反应，反应过程可以分为三个阶段：①表面活化；②初始氢化物的形核与长大，并伴随晶格膨胀；③大量氢化物的生成，直至吸氢饱和。对于放氢反应而言，反应过程可以分为两个阶段：①表层氢化物的分解及合金相晶核的形成与长大；②氢化物持续分解，合金相逐渐形成直至完全放氢。对于储氢材料动力学性能的研究常常集中在研究材料的组成、制备工艺以及催化剂添加等因素对其氢化/放氢反应速率的影响。通过大量的文献报道可以看出，储氢材料在实际吸/放氢过程中的动力学模型可

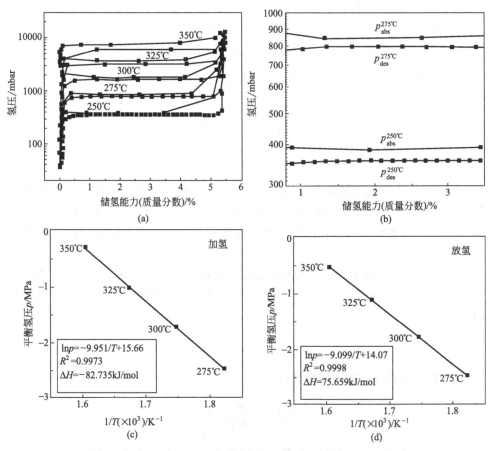

图 3-24　加 Ni 球磨 25hMgH₂ 储氢材料不同温度下的 PCT 曲线[(a)、(b)] 及吸/放氢范特霍夫曲线[(c)、(d)]

以归纳为表 3-4 中的几种，根据不同的材料可以选择不同的模型对其吸/放氢过程中的动力学机理进行分析。

表 3-4　适用于吸/放氢过程的常见动力学方程模型

模型方程	方程描述
$\alpha = kt$	
$[-\ln(1-\alpha)]^{1/n} = kt$	Johnson-Mehl-Avrami-Kolmogorov(JMAK)方程： $n=3$ 时，三维形核和长大方式； $n=2$ 时，二维形核和长大方式
$1 - \ln(1-\alpha)^{1/n} = kt$	缩核模型： $n=3$ 时，三维形核和长大方式； $n=2$ 时，二维形核和长大方式
$1 - (2\alpha/3) - (1-\alpha)^{1/3} = kt$	缩核模型： 晶核三维生长过程由扩散控制； 晶界界面生长速率减慢影响晶核生长速率

其中，多数储氢材料的吸/放氢过程可以用形核和长大的动力学机制（即 JMAK 模型）来描述，下面详细讲解该模型的原理及具体使用。

(1) Johnson-Mehl-Avrami-Kolmogorov（JMAK）方法

① 原理　JMAK 模型的具体表达式如下：

$$[-\ln(1-\alpha)]^{1/n}=kt \tag{3-19}$$

两边取对数后，可以得出如下结果：

$$\ln[-\ln(1-\alpha)]=n\ln k+n\ln t \tag{3-20}$$

式中，k 为氢化或脱氢反应的速率常数；α 为时间 t 对应的转化为氢化物的储氢材料的反应分数；n 为决定抽象模型的维数。由（3-20）可以建立 $\ln[-\ln(1-\alpha)]$ 与 $\ln t$ 的线性关系，由斜率可以得到 n 的值，结合截距值可以计算得到反应速率常数 k 值。

众所周知，储氢材料在氢化或放氢过程中都要克服一定的能垒方能发生吸/放氢反应，这个能垒把它称为活化能（用 E_a 表示）可通过阿伦尼乌斯方程（3-21）求得：

$$k=Ae^{-\frac{E_a}{RT}} \tag{3-21}$$

将式（3-21）两端取对数可得：

$$\ln k=-\frac{E_a}{RT}+B \tag{3-22}$$

可见，$\ln k$ 与 $1/T$ 呈线性关系，其斜率为 $-E_a/R$。由式（3-20）可计算不同温度下的吸/放氢反应速率常数 k，再结合式（3-22）绘制 $\ln k$ 与 $1/T$ 的关系曲线，通过对曲线进行线性拟合可以求得活化能 E_a 的大小，进而从活化能角度解释材料吸/放氢动力学性能变化的内在机制。

② 应用实例

a. 图 3-25（b）为球磨 20h 后 $PrMg_{11}Ni+100\%$（质量分数）Ni 合金不同温度下的放氢动力学曲线，图（b）中的插图是合金在不同温度下的 $\ln[-\ln(1-\alpha)]$ 与 $\ln t$ 的关系（JMAK）曲线。对于图（b）中的每条动力学曲线上不同时间对应的 α 的计算方法是用每个时间点对应的放氢量除以最大放氢量，其值是一个大于 0 而小于 1 的数。这样便可以作出如图（b）插图所示的关系曲线，由这一曲线通过 origin 软件进行线性拟合可以得到每条直线的斜率，进而计算得到不同温度下合金材料的 $\ln k$ 值，这样就可以绘制出如图 3-25 所示的 $\ln k$ 和 $1/T$ 的关系曲线，结合曲线线性拟合可以得到曲线的斜率，再结合式（3-22）计算合金材料的放氢活化能 E_a。

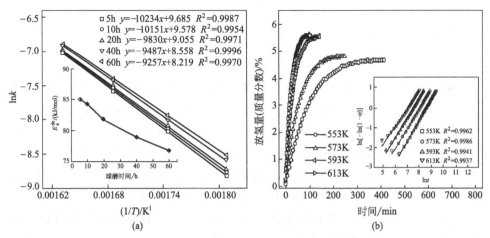

图 3-25 球磨 20h 后 $PrMg_{11}Ni+100\%$（质量分数）Ni 合金放氢

（a）阿伦尼乌斯关系；（b）放氢曲线及 JMAK 关系

b. 图 3-26 为球磨 $La_2Mg_{16}Ni$ 合金的吸氢动力学曲线及由 JMAK 模型和阿伦尼乌斯方程绘制的 lnk 与 $1/T$ 的关系曲线。同样，这里 $\ln[-\ln(1-\alpha)]=\eta lnk+\eta lnt$ 中的 α 为在时间 t 时合金转化为氢化物的分数；k 为动力学参数；η 是指数或者反应级数。以 $\ln[-\ln(1-\alpha)]$ 为纵坐标，lnt 为横坐标作图，并用 origin 作图软件对曲线进行线性拟合，拟合后的直线如下所示。

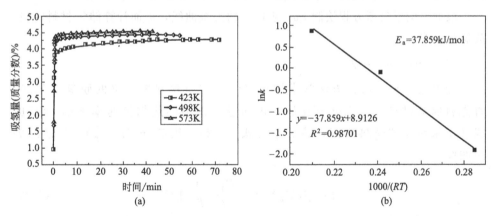

图 3-26 球磨 $La_2Mg_{16}Ni$ 合金不同温度下的吸/放氢曲线和活化能拟合图

（a）不同温度的吸氢曲线；（b）吸氢曲线 lnk 与 $1000/RT$ 坐标图

当温度为 423K 时：

$$y=0.262x-0.501$$

当温度为 498K 时：

$$y = 0.237x - 0.024$$

当温度为 573K 时：

$$y = 0.219x - 0.195$$

和 JMAK 模型对比可知，所得每条线的斜率为 η，截距为 $\eta\ln k$，用截距 $\eta\ln k$ 除以斜率 η，可计算出三个 $\ln k$ 的值，并结合阿伦尼乌斯公式：$\ln k = \ln k_0 - E_a/(RT)$，其中，$E_a$ 为活化能；R 为气态常数；T 为所测样品的开尔文温度；k_0 为一个独立的温度系数。由上述拟合出的三个直线方程得到的三个 $\ln k$ 值，作出以 $\ln k$ 为纵坐标，$1000/RT$ 为横坐标的 $\ln k$ 与 $1000/RT$ 的坐标图，如图 3-26（b）所示，将图中三个点用 origin 软件进行线性拟合，得到的方程为 $y = -37.859x + 8.9126$，拟合度达到了 98.701%，由阿伦尼乌斯公式可以得出所拟合得到的方程的斜率的绝对值，即为所求的活化能，即 $La_2Mg_{16}Ni$ 的吸氢活化能 E_a 为 37.859kJ/mol。

③ 步骤总结　绘制不同温度下的吸/放氢动力学曲线，这里的曲线只需取 $0 \sim t_{终}$（对应于储氢量近似等于最大值）时间部分的曲线；

用每个时间点 t 对应的吸/放氢量除以 $t_{终}$ 对应的最大吸/放氢量计算合金转化为氢化物的反应分数 α；

利用每个时间对应的 α 绘制 $\ln[-\ln(1-\alpha)] = \eta\ln k + \eta\ln t$ 关系曲线，对曲线进行线性拟合计算直线的斜率和截距，从而得到不同温度下的 $\ln k$ 值；

根据阿伦尼乌斯方程绘制 $\ln k$ 与 $1/R$ 的关系曲线，进而计算储氢材料的吸/放氢活化能。

（2）Kissinger 方法

① 原理　Kissinger 方法常常被用来计算储氢材料氢化物的脱氢活化能。首先将储氢材料进行充分氢化后，再通过测试不同热扫描速率下的 DSC 曲线并记录对应的吸热峰值，最后结合式（3-23）绘制 $\ln(\beta/T_p^2)$ 与 $1/T_p$ 关系曲线：

$$\ln(\beta/T_p^2) = -\frac{E_k^{de}}{R} \times \frac{1}{T_p} + C \tag{3-23}$$

式中，β 为热扫描速率；E_k^{de} 为脱氢活化能；R 为理想气体常数，这里取 8.31J/(mol/K)；T_p 为 DSC 曲线的吸热峰值对应的热力学温度。通过对 $\ln(\beta/T_p^2)$ 与 $1/T_p$ 的关系曲线进行线性拟合可以求得直线斜率，进而计算合金氢化物的脱氢活化能。具体做法在下面的应用实例中详细说明。

② 应用实例　图 3-27 是杨泰运用 Kissinger 方法计算 $Mg_{88}Y_{12}$ 合金脱氢活

化能的过程。首先，他测试了合金在不同加热速率下合金的 DSC 曲线，如图 3-27（a）所示；其次，运用 Kissinger 方法建立了 $\ln(\beta/T_p^2)$ 与 $1/T_p$ 的关系并绘制曲线，如图 3-27（b）所示；最后通过求解直线的斜率计算脱氢活化能 E_k^{de}。运用同样的方法研究储氢合金氢化物放氢活化能的方法在其他文献综述也有许多报道。

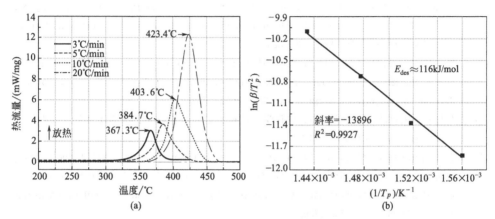

图 3-27 Mg$_{88}$Y$_{12}$ 合金 DSC 曲线和 Kissinger 拟合关系图谱

（a）DSC 曲线；（b）Kissinger 拟合关系

③ 步骤总结　将储氢材料充分氢化。

测试储氢材料氢化物在不同扫描加热速率下的 DSC 曲线。

读取不同 DSC 曲线上吸热峰对应的温度值，绘制 $\ln(\beta/T_p^2)$ 与 $1/T_p$ 的关系曲线，通过计算直线斜率获得储氢材料氢化物的脱氢活化能值，进一步为合金氢化物释氢动力学的变化提供解释。

参考文献

［1］ Shen Xiangqian, Chen Yungui, Tao Mingda, et al. The structure and high- temperature （333K） electrochemical performance of La$_{0.8-x}$Ce$_x$Mg$_{0.2}$Ni$_{3.5}$（x = 0.00- 0.20） hydrogen storage alloys ［J］. International Journal of Hydrogen Energy, 2009, 34: 3395- 3403.

［2］ Seon-Ah Jin, Jae-Hyeok Shim, Jae- Pyoung Ahn, et al. Improvement in hydrogen sorption kinetics of MgH with Nb hydride catalyst [J]. Acta Materialia, 2007, 55 (15): 5073-5079.

[3] Zeming Yuan, Yanghuan Zhang, Tai Yang, et al. Microstructure and enhanced gaseous hydrogen storage behavior of CoS_2-catalyzed Sm_5Mg_{41} alloy [J]. Renewable Energy, 2018, 116: 878-891.

[4] Zhang Yang-huan, Dong Xiao-ping, Zhao Dong-liang, et al. Influences of stoichiometric ratio B/A on structures and electrochemical behaviors of $La_{0.75}Mg_{0.25}Ni_{3.5}M_x$ (M = Ni, Co; x = 0 − 0.6) hydrogen storage alloys [J]. Trans. Nonferrous Met. Soc. China, 2008, 18: 857-864.

[5] Si T Z, Zhang Q A, Liu N. Investigation on the structure and electrochemical properties of the laser sintered $La_{0.7}Mg_{0.3}Ni_{3.5}$ hydrogen storage alloys [J]. International Journal of Hydrogen Energy, 2008, 33: 1729-1734.

[6] 周增林, 宋月清, 黄长庚, 等. 电化学方法研究贮氢电极合金的 P-C-T 曲线 [J]. 分析试验室, 2008, 27(7): 13-17.

[7] Chun-ping Hou, Min-shou Zhao, Jia Li, et al. Enthalpy change (ΔH^o) and entropy change (ΔS^o) measurement of $CeMn_{1-x}Al_{1-x}Ni_{2x}$ (x = 0.00, 0.25, 0.50 and 0.75) hydrides by electrochemical P-C-T curve [J]. International Journal of Hydrogen Energy, 2008, 33: 3762-3766.

[8] 胡锋, 张羊换, 张胤, 等. 球磨 $CeMg_{12}$+ 100% Ni 合金热力学及电化学贮氢性能 [J]. 功能材料, 2012, 43(17): 2319-2322.

[9] 胡锋, 张羊换, 张胤, 等. 球磨 $CeMg_{12}$+ 100% Ni+ Ywt. % TiF_3 (Y= 0, 3, 5) 合金微观结构及电化学储氢性能 [J]. 无机材料学报, 2013, 28(2): 218-223.

[10] 熊义富, 敬文勇, 张义涛. 纳米 Mg-Ni 合金吸/放氢过程的热力学性能研究. 稀有金属材料与工程, 2007, 36(1): 138-140.

[11] Qin Ming, Lan Zhiqiang, Ding Yang, et al. A study on hydrogen storage and electrochemical properties of $La_{0.55}Pr_{0.05}Nd_{0.15}Mg_{0.25}Ni_{3.5}(Co_{0.5}Al_{0.5})_x$ (x= 0.0, 0.1, 0.3, 0.5) alloys [J]. JOURNAL OF RARE EARTHS, 2012, 30(3): 222-227.

[12] Gao J, Yan X L, Zhao Z Y, et al. Effect of annealed treatment on microstructure and cyclic stability for La-Mg-Ni hydrogen storage alloys [J]. Journal of Power Sources, 2012, 209: 257- 261.

[13] Zhang Yang-huan, Hou Zhong-hui, Yang Tai, et al. Structure and electrochemical hydrogen storage characteristics of $La_{0.8-x}Pr_xMg_{0.2}Ni_{3.15}Co_{0.2}Al_{0.1}Si_{0.05}$ (x= 0− 0.4) electrode alloys [J]. J. Cent. South Univ, 2013, 20: 1142-1150.

[14] Seon-Ah Jin, Jae-Hyeok Shim, Jae-Pyoung Ahn, et al. Improvement in hydrogen sorption kinetics of MgH_2 with Nb hydride catalyst [J]. Acta Materialia, 2007, 55: 5073-5079.

[15] Zhenwei Dong, Liqun Ma, Xiaodong Shen, et al. Cooperative effect of Co and Al on the microstructure and electrochemical properties of AB_3-type hydrogen storage electrode alloys for advanced MH/Ni secondary battery [J]. International Journal

of Hydrogen Energy, 2011, 36: 893-900.

[16] Weiqing Jiang, Xiaohua Mo, Jin Guo, et al. Effect of annealing on the structure and electrochemical properties of $La_{1.8}Ti_{0.2}MgNi_{8.9}Al_{0.1}$ hydrogen storage alloy [J]. Journal of Power Sources, 2013, 221: 84-89.

[17] Zhenwei Dong, Liqun Ma, Yaoming Wu, et al. Microstructure and electrochemical hydrogen storage characteristics of $(La_{0.7}Mg_{0.3})_{1-x}Ce_xNi_{2.8}Co_{0.5}$ (x= 0- 0.20) electrode alloys [J]. International Journal of Hydrogen Energy, 2011, 36: 3016-3021.

[18] Si T Z, Pang G, Liu D M, et al. Structural investigation and electrochemical properties of $La_{5-x}Ca_xMg_2Ni_{23}$ (x= 0, 1, 2 and3) hydrogen storage alloys [J]. Journal of Alloys and Compounds, 2009, 480: 756 - 760.

[19] Hu F, Zhang Y H, Zhang Y, et al. Effect of ball milling time on microstructure and electrochemical properties of $CeMg_{12}+$ 100% Ni hydrogen storage alloy [J]. Materials Science and Technology, 2013, 29(1): 121-128.

[20] Wang Wei, Chen Yungui, Li Qiang, et al. Microstructures and electrochemical properties of $LaNi_{3.8-x}Al_x$ hydrogen storage alloys [J]. JOURNAL OF RARE EARTHS, 2013, 31(5): 497-501.

[21] M. Sherif El- Eskandarany, Ehab Shaban, Naser Ali, et al. In- situ catalyzation approach for enhancing the hydrogenation/dehydrogenation kinetics of MgH_2 powders with Ni particles [J]. Sci. Rep. 2016, 6: 37335-37348.

[22] Sanjay Kumar, Ankur Jain, S. Yamaguchi, et al. Surface modification of MgH_2 by ZrC_{14} to tailor the reversible hydrogen storage performance [J]. International Journal of Hydrogen Energy, 2017, 42: 6152-6259.

[23] Eric A. Lass. Hydrogen storage measurements in novel Mg- based nanostructured alloys produced via rapid solidification and devitrification [J]. International Journal of Hydrogen Energy, 2011, 36: 10787-10796.

[24] Vons V A, Leegwater H, Legerstee W J, et al. Schmidt- Ott. Hydrogen storage properties of spark generated palladium nanoparticles [J]. International Journal of Hydrogen Energy, 2010, 35: 5479-5489.

[25] Barkhordarian G, Klassen T, Bormann R. Effect of Nb_2O_5 content on hydrogen reaction kinetics of Mg [J]. Journal of Alloys and Compounds, 2004, 364: 242-246.

[26] Minz M H, Zeiri Y. Hrdriding kinetics of powders [J]. Journal of Alloys and Compounds, 1994, 216: 159-175.

[27] Pang Y P, Li Q. A review on kinetic model and corresponding analysis methods for hydrogen storage materials. International Journal of Hydrogen Energy [J]. In Press, Available online 21 August 2016.

[28] Pourabdoli M, Raygan S, Abdizadeh H, et al. Determination of kinetic parameter and hydrogen desorption characteristics of MgH_2- 10wt. % (9Ni-2Mg-Y) nano- com-

posite ［J］. International Journal of Hydrogen Energy, 2013, 38: 11910-11919.

［29］ Rudman PS. Hydriding and dehydriding kinetics. Journal of the Less Common Metals, 1983, 89: 93-110.

［30］ Yanghuan Zhang, Zeming Yuan, Tai Yang, et al. An investigation on hydrogen storage thermodynamics and kinetics of Pr－Mg－Ni－based $PrMg_{12}$－type alloys synthesized by mechanical milling ［J］. Journal of Alloys and Compounds, 2016, 688: 585-593.

［31］ 李鹏欣. 铸态及球磨态合金 $La_{2-x}Ce_xMg_{16}Ni$（x＝0.1, 0.2, 0.3, 0.4）储氢性能研究［D］. 包头. 内蒙古科技大学. 2015.

［32］ Tai Yang, Zeming Yuan, Wengang Bu, et al. Evolution of the phase structure and hydrogen storage thermodynamics and kinetics of $Mg_{88}Y_{12}$ binary alloy ［J］. International Journal of Hydrogen Energy, 2016, 41: 2689-2699.

［33］ Haizhen Liu, Xinhua Wang, Yongan Liu, et al. Hydrogen Desorption Properties of the MgH_2-AlH_3 Composites ［J］. J. Phys. Chem. C, 2014, 118: 37-45.

［34］ Sanjay Kumar, Anamika Singhc, Gyanendra Prasad Tiwari, Y, et al. Thermodynamics and kinetics of nano－engineered Mg－MgH_2 system for reversible hydrogen storage application ［J］. Thermochimica Acta, 2017, 652: 103－108.

≡第 4 章≡

储氢合金

4.1 金属储氢原理

金属储氢的原理在于金属（M）与氢生成金属氢化物（MH_x）：

$$M + xH_2 \longrightarrow MH_x + xH \text{（生成热）} \tag{4-1}$$

元素周期表中，除惰性气体以外，几乎所有元素都能与氢反应生成氢化物。但并不是所有金属氢化物都能作为储氢材料，只有那些能在温和条件下大量可逆吸/放氢的金属或合金氢化物才能作为储氢材料使用。金属与氢的反应，是一个可逆过程。正向反应吸氢、放热；逆向反应释氢、吸热。改变温度与压力条件可使反应按正向、逆向反复进行，实现材料的吸/放氢功能。金属可与氢形成以下几种类型的金属氢化物。

4.1.1 离子型或类盐型氢化物

碱金属和碱土金属（Be 和 Mg 除外）的电负性较低，可将电子转移给氢而生成类盐型氢化物。碱金属和碱土金属的氢化物具有离子键，故称为离子型氢化物。离子型氢化物的结构和物理性质与盐类相似。它们的通式为 MH 或 MH_2，其中含有 H^-，如 LiH、NaH、KH、RbH、CsH、CaH_2、SrH_2、BaH_2 等。当由元素化合生成这类氢化物时都放出大量的热。这类化合物一般为白色晶体，熔点、沸点高，熔融时能导电。它们的化学性质很活泼，能与水剧烈反应放出氢气。

$$NaH + H_2O \text{ (g)} === H_2 + NaOH \tag{4-2}$$

$$CaH_2 + 2H_2O \text{ (g)} === 2H_2 + Ca \text{ (OH)}_2 \tag{4-3}$$

电正性较强的镧系和锕系元素的氢化物也有离子型晶体结构和离子型氢化物

的物理性质。

4.1.2　金属型氢化物

当氢与ⅢB、ⅣB、ⅤB族的过渡金属化合而生成金属氢化物时，氢的特性介于 H^- 和 H^+ 之间，形成氢原子进入母体金属晶格内的间隙型化合物。如 Sc、Y、La 系、Ac 系，这些元素在 300℃时都同氢发生反应生成化学式为 MH_x（$x<3$）的氢化物。反应时吸收大量的氢，同时放出大量的热（$\Delta H<0$，称为放热型金属），这种特征与离子型氢化物相似。但是这些金属氢化物没有固定的组成，氢的吸收量随着温度的升高而递减，氢进入金属晶格内，这些特征又与金属型氢化物相似，称为过渡型氢化物。

Ti、Zr、Hf 同氢发生反应生成组成为 MH_2 的间隙氢化物，该氢化物在空气中是稳定的，且不与水反应。V、Nb、Ta 同氢发生反应生成非整比氢化物。这两族元素所吸收的氢气的量都取决于温度和压力。当氢原子进入间隙位置时，金属晶格发生膨胀。因此氢化物的密度小于金属的密度。吸氢过程是可逆的，加热或减压条件下，迅速放出氢，随着温度升高，氢含量逐渐降低。

金属氢化物有金属光泽，其电导率与金属大致相同。性脆，粉碎后呈银灰色或黑色。粒度越细，颜色越黑。其生成热与离子型氢化物基本相同。

氢与ⅥB、ⅧB族过渡金属反应，一般以 H^+ 形成固溶体。氢原子也进入基体金属晶格中生成间隙型化合物。氢的含量不固定，在一定条件下，氢含量随温度的升高而增大。氢溶于该族金属时为吸热反应（$\Delta H>0$），称为吸热型金属，氢在这些元素中的溶解度较小。常用它们与ⅠA～ⅡA、ⅢB～ⅤB族金属配制一定生成热的合金，以满足一定性能储氢材料的要求。

4.1.3　共价型或分子型氢化物

氢与ⅢA～ⅦA族元素反应，生成分子型或共价型氢化合物。其中与ⅦA族元素生成的氢化物为非金属氢化物。共价型氢化物是由高电负性元素生成的，因为在原子间的电负性差值小时有利于共用电子从而生成共价键。ⅢA～ⅦA族元素同氢共用电子对而生成共价键，这些氢化物具有分子型晶体。其熔点和沸点均较低，有挥发性，没有导电性。

储氢合金与氢的反应机理如图 4-1 所示，氢分子被吸附到合金表面后离解成氢原子，氢原子进入到金属晶格内部在原子空隙间形成固溶体，固溶于晶格间隙中的氢原子进一步向合金内部扩散，最后形成氢化物。金属晶格可看作是储氢容器，可容纳的氢原子数目一定，当晶格内氢原子数达到饱和时，则形成金属氢化物相。储氢合金与氢的反应为多相反应，主要步骤如下：①H_2 的传质；②化学吸附的 H_2 解离成 2H；③H 的表面迁移；④吸附态氢 H_{ad} 转化为吸收态氢 H_{ab}；⑤氢在 α 相中扩散；⑥α 相

转化为 β 相；⑦氢在 β 相中扩散。储氢合金的放氢过程为吸氢过程的逆过程。

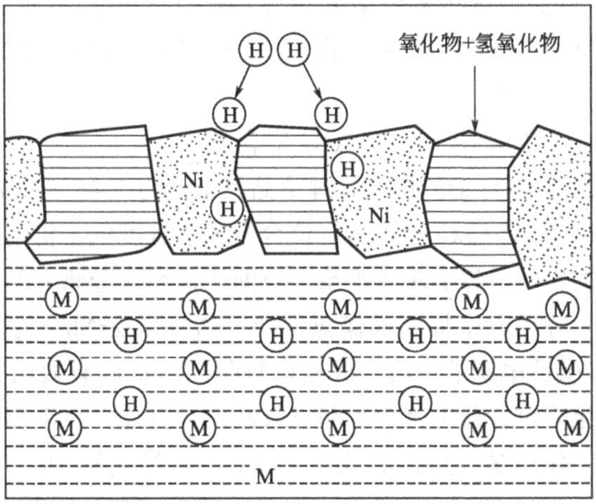

图 4-1 储氢合金的吸氢反应机理

4.2 储氢合金的分类

4.2.1 简介

储氢合金是由易生成稳定氢化物金属元素 A（主要是ⅠA～ⅡA、ⅢB～ⅤB 族金属，如 La、Ce、Zr、Mg、Ti、V 等）与对氢亲和力较小的过渡金属元素 B（如 Fe、Co、Ni、Cu、Al、Cr、Mn 等）组成的金属间化合物。其中，金属元素 A 易与氢反应，放出大量的热，吸氢量大，可形成稳定的氢化物，为放热反应（$\Delta H < 0$），称为放热型金属；金属元素 B 与氢的亲和力小，氢在这些元素中溶解度较小，通常条件下不生成氢化物，反应为吸热反应（$\Delta H > 0$），称为吸热型金属。A 金属氢化物为强键合氢化物，B 金属氢化物为弱键合氢化物。前者决定储氢量，后者决定吸/放氢的可逆性，起着调节生成热与分解压力的作用。

目前研究和开发的储氢合金包括稀土系 AB_5 型合金、钛系（Ti-）和锆系（Zr-）AB_2 型合金、钛-镍（Ti-Ni）系合金、镁系（Mg-）合金、钒系固溶体合金以及稀土-镁-镍系（RE-Mg-Ni）合金等。

（1）稀土系 AB_5 型合金

AB_5 型合金是研究开发较早，并且在中国和日本等国已经实现了大规模产业化的 Ni/MH 电池负极材料的一类储氢合金。AB_5 型合金晶体结构为 $CaCu_5$ 型结构，A 侧由 La 一种或者包含 Ce、Pr 或 Nd 的多种稀土元素组成，B 侧由 Ni、Co、Mn 和 Al 等不吸氢金属组成。AB_5 型合金具有易活化、吸/放氢动力学性能好的特点。但是由于 AB_5 型储氢合金的一个 AB_5 单元吸收的氢原子数目有限，导致其电化学容量低，且合金元素组成中 Co 等元素价格昂贵，造成合金生产成本高等问题。目前，国内外学者对该体系电化学容量衰减机理和如何提高电化学稳定性两方面做了大量的研究工作。研究工作主要包括组分优化、热处理、表面处理和复合合金化等。

（2）钛系（Ti-）和锆系（Zr-）AB_2 型合金

TiFe 合金是钛系储氢合金的代表，理论储氢密度为 1.86%（质量分数），室温下平衡氢压为 0.3MPa，具有 CsCl 型结构。该合金放氢温度低、价格适中，但是不易活化，易受杂质气体的影响，滞后现象严重。目前该体系合金研究的重点主要是通过元素合金化、表面处理等手段来提高其储氢性能。锆系以 $ZrMn_2$ 为代表。该合金具有吸/放氢含量大，在碱性电解液中可形成致密氧化膜，从而有效阻止电极的进一步氧化，但存在初期活化困难、放电平台不明显等缺点。目前，该系列合金研究的重点主要也是元素合金化，如用 Zr 替代 Ti，用 Fe、Co、Ni 等代替 Mn。

（3）Mg 系（Mg-）合金

Mg 系储氢合金是一种轻质、高能储氢合金，它具有储氢量大、价格低和环境友好等特点，被认为是一种很有潜力的储氢介质，以 MgNi 合金和 Mg_2Ni 合金为典型代表是目前最具应用前景的储氢材料。

① 一种常见的 Mg 系合金为 MgNi 储氢合金。Mg 吸氢后形成 MgH_2，其理论电化学放电容量可达 2200mA·h/g，Mg_2Ni 形成 Mg_2NiH_4 的储氢量则相当于 1080mA·h/g。但是，Mg 系合金也存在着吸/放氢动力学性能差和在碱性电解液中循环稳定性差的缺点，所以一直没有用于实际生产。国内外研究人员主要通过元素取代、表面处理、多相复合等途径来改善合金电极的综合吸/放氢和电化学性能，并取得了很大进展。为了能够满足电池在室温条件下应用的条件，在 Mg 系合金中 Mg 和 Ni 的比例应接近 1:1。但是在 Mg - Ni 二元相图中，MgNi 金属间化合物并不存在，因此常采用非平衡制备方法制备 MgNi 合金，如机械球磨法、射频溅射法、激光烧蚀法和熔体快淬法等。通过上述方法制备的 Mg 系合金通常为晶态和非晶态结构的混合体。

② 另一种常见的 Mg 系合金为 Mg_2Ni 储氢合金，其储氢量可以达到 3.6%（质量分数），理论放电容量高达 999mA·h/g。与 MgNi 合金相比，Mg_2Ni 合金的储氢容量大大增加，但是其放电动力学和抗腐蚀性能较差。虽然 Mg 系合金与 AB_5 型和 AB_2 型储氢合金相比，具有很高的储氢容量，但总的来说，由于 Mg 在碱性电解液中不稳定，生成 $Mg(OH)_2$ 钝化膜，现存的 Mg 系合金电极材料的衰减仍然十分严重，如何防止 Mg 在碱性电解液中的氧化和腐蚀，仍然是一个至关重要的问题。同时，镁系储氢合金在吸/放氢反应时对环境温度要求过高，吸/放氢动力学性能差，很难满足实际需要。因此，人们在改善合金电极的吸/放氢动力学和循环稳定性方面进行了大量的研究。

（4）钒系固溶体合金

钒与氢反应可生成 VH 及 VH_2 两种类型氢化物，VH_2 的理论储氢密度为 3.8%，VH 由于平衡压太低（10^{-9} MPa），室温时 VH 放氢不能实现，而 VH_2 要向 VH 转化，因此实际室温储氢密度只有 1.9%，但钒系固溶体的储氢密度仍高于现有稀土系和钛系储氢合金。目前，日本先进产业研究院（NIAIST）的 AkibaE 和 IbaH 等是国际上最活跃的钒系固溶体储氢性能的研究小组。钒系固溶体合金具有储氢密度较大、平衡压适中等优点，但其氢化物的分解压受合金化元素的影响很大，且合金熔点高、价格昂贵、制备相对比较困难、对环境不太友好，所以不适合大规模应用。

4.2.2 稀土系 AB_5 型储氢合金

AB_5 型储氢合金具有 $CaCu_5$ 型六方晶体结构，其典型代表为 $LaNi_5$，如图 4-2 所示。空间群为 $P6/mmm$。$LaNi_5$ 在室温和几个大气压下即与氢反应，生成 $LaNi_5H_6$ 金属氢化物，其结构类型未发生改变，仍为 $CaCu_5$ 六方晶体结构。氢化反应可用下式表示：

$$LaNi_5 + 3H_2 \Longleftrightarrow LaNi_5H_6 \tag{4-4}$$

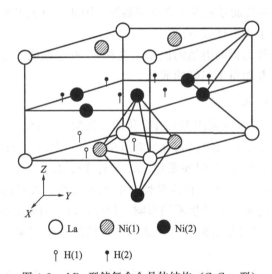

○ La　◍ Ni(1)　● Ni(2)

🍴 H(1)　🍶 H(2)

图 4-2　AB_5 型储氢合金晶体结构（$CaCu_5$ 型）

$LaNi_5$ 吸氢产物为 $LaNi_5H_6$，储氢量约为 1.4%（质量分数），室温下的放氢平衡压力约为 0.2MPa，分解热 -30.1kJ/mol，十分适合室温环境操作。

早在 1969 年，Philips 公司就发现了 $LaNi_5$ 合金具有较高的储氢能力[1.4%（质量分数）]，合适的吸/放氢平台压力，良好的动力学反应性能，且易活化、不易中毒。但该合金致命的缺点是由于 $LaNi_5$ 合金在吸/放氢前后晶胞体积变化达

25％，在反复吸/放氢过程中，引起合金持续粉化、比表面积增大、表面能升高，从而增大了合金在碱性介质中的氧化腐蚀速率，使合金电极放电容量在充/放电循环过程中迅速衰减，无法满足 Ni/MH 电池的工作要求。

1984 年，荷兰 Philips 实验室 Willems 采用多元合金化的方法以 Co 元素部分替代合金 B 侧的 Ni，使 $LaNi_5$ 基合金在充/放电循环稳定性方面取得突破，储氢合金为电极材料的 MH/Ni 电池终于开始进入实用化阶段。

为了进一步改善储氢电极合金的综合电化学性能，日本及我国采用廉价的混合稀土 MI（富镧）或 Mm（富铈）代替 $LaNi_5$ 合金中成本较高的纯 La，同时对合金 B 侧实行多元合金化，相继开发了多种 AB_5 型混合稀土系合金，其中比较典型的合金有 Mm $(NiCoMnAl)_5$ 和 Ml $(NiCoMnTi)_5$ 等，其最大放电容量可达 $280 \sim 320 mA \cdot h/g$，并具有较好的循环稳定性和综合电化学性能，现已在国内外 MH/Ni 电池中得到广泛的应用。

虽然 AB_5 型稀土系储氢电极合金已在 MH/Ni 电池生产中得到广泛应用，但目前 AB_5 型合金的综合电化学性能（包括电化学容量、循环稳定性、动力学性能等）距 MH/Ni 电池的发展需求仍有较大差距，同时 AB_5 型合金由于受到单一 $CaCu_5$ 型结构的限制，合金的本征储氢量 [约 1.4％（质量分数）] 偏低，使 MH/Ni 电池在提高能量密度方面受到制约。因此，研究开发新型稀土系储氢合金成为当前的一个重要研究方向。

近年来，国内外为提高电池的能量密度和充/放电性能，主要从以下方面进行了大量的试验，并取得了很好的成果。

（1）合金成分优化

自从 1984 年 Willems 采用多元合金化的方法提高 $LaNi_5$ 合金的循环稳定性以来，合金成分优化已经成为国内外学者运用最为广泛的一种改善储氢合金性能的方法。一般来说，合金 A 侧通常用 La、Ce、Pr、Nd 等稀土元素；B 侧可以用 Al、Co、Fe、Mn、Sn 等一种或多种合金元素代替。大量的研究表明，不同元素替代后对合金电极性能产生不同影响。但是，取代后合金晶体结构一般保持不变，仍为 $CaCu_5$ 型六方结构，但其晶胞参数值随合金元素替代后有不同程度的变化。

① A 侧优化　具有不同物理和化学性质的 La、Ce、Pr、Nd_4 种元素将对合金的电化学性能产生复杂的影响。由于 Ce、Pr、Nd 元素的原子半径均小于 Ni 原子半径，单独替代 La 时会使合金晶胞体积减小；当以多种稀土元素（混合稀土）同时替代时，由于各元素之间的交互作用，合金晶胞体积变化比较复杂。对于 La 元素在合金中的作用，人们普遍认同其有助于提高合金的电化学容量，但当 La 元素含量较高时，合金的耐蚀性差，对循环寿命不利。少量 Ce 元素的存

在可以降低合金的腐蚀速率，从而改善合金循环使用寿命，但其最大放电容量以及高倍率放电性能有所降低。例如，Reilly 将 $La_{1-x}Ce_xB_5$ 电极循环寿命改善归因于 Ce 的表面效应与晶胞体积的下降，从而使得合金电极腐蚀被抑制。Pr 对高容量有利，也可改善合金的循环稳定性，但应含量适当。Nd 适当加入也可降低电台平压，但过多对性能不利。如，郭靖洪等对于 ML（NiCoMnAl）$_5$ 中的 Ce 和 Nd 对电池性能影响进行了研究。结果表明，随 Nd 含量的增加，Ce 含量下降，合金电化学容量上升；随 Ce 和 Nd 含量的增加，晶胞体积下降，合金电化学容量下降，Ce 含量增加 Nd 含量下降可提高高倍率放电能力，但氢平衡压上升。马建新通过对 Re（NiCoMnAl）$_5$ 电极合金的研究发现，元素替代没有改变合金的晶胞结构，但其晶胞体积随着 Ce、Pr、Nd 等稀土元素替代 La 含量的增加而减小，其电化学性能也有一定的影响。当 A 侧为纯 La 时，Re（NiCoMnAl）$_5$ 合金的电化学容量最大，为 329.3mA·h/g，倍率放电性能和充/放电循环寿命较差；用少量的 Ce、Pr、Nd 等元素替代 La 后，合金电化学容量降低，高倍率放电性能和循环寿命改善，作者认为这与替代后导致合金的晶胞结构变化有关。

除此之外，还采用 Ti、Zr 取代部分稀土元素，研究表明，Ti、Zr 的加入都能改善合金的循环寿命，提高合金的高倍率放电能力。Zr 元素能够改善合金循环稳定性是由于产生了具有网状分布的第二相 $ZrNi_5$，在出现晶界处起包覆作用，增强了合金抗粉化和氧化的能力，从而极大地降低了合金的循环容量衰减率，但 Zr 的加入也降低了吸/放氢速率，而 Ti 的加入使合金表面形成致密的钛氧化膜，改善了电极的循环稳定性。如加入 Ti 后，$La_{0.7}Nd_{0.2}Ti_{0.1}Ni_{2.5}Co_{2.5-x}Al_x$ 合金电极的循环稳定性增加，但放电容量降低。

② B 侧优化　B 侧元素的主要替代元素为 Al、Co、Mn、Cu、Fe 等。由于 B 侧替代元素的原子半径均大于 Ni 原子，所以替代后会引起合金晶胞体积膨胀，减缓合金的氢化、粉化，改善其储氢性能。Al 的加入，能有效降低氢平衡压力，提高氢化物稳定性和减少合金的吸氢膨胀及粉化速率，同时 Al 的加入会使合金在电解液中形成致密的 Al_2O_3 薄膜，合金的腐蚀明显被抑制，从而改善合金的循环寿命，但随着 Al 含量的增加，会导致储氢电极合金容量显著下降，高倍率放电性能降低。Co 是减少吸氢时体积膨胀、提高抗粉化能力、改善循环寿命的最有效元素。Co 的加入能够降低合金的硬度，增强合金韧性，减少体积膨胀，从而抑制合金粉化，防止合金元素的分解和溶出，保持合金成分稳定，降低合金腐蚀速率，明显改善合金的循环寿命，但合金活化性能、最大放电容量和高倍率放电性能却有所降低。同时，Co 价格昂贵，无疑使得合金成本显著提高。Mn 是调整平衡氢压的有效元素，它可以调整合金吸/放氢平台压力，降低滞后，减小密封 MH/Ni 电池的内压，Mn 的加入使合金最大放电容量和高倍率放电性能

略有提高，有效改善合金的动力学性能，但其循环性能受到负面影响。Fe 替代可使合金的点阵常数和晶胞体积增大，吸氢后体积膨胀比降低，平台氢压下降，循环稳定性增强，但是随着替代量的增加，储氢容量下降。另有研究表明，Fe 替代会使合金的活化性能显著下降，Fe 的存在不同程度地降低了合金的高倍率放电性能。加入 Cu 主要是为了取代高价的 Co，在合金中加适量的 Cu 能降低合金的显微硬度和吸氢体积膨胀，并增大合金的点阵常数和晶胞体积，能有效地改善和提高合金的循环寿命，但其活化时间长，且在大电流放电条件下放电容量小。Sn 是改善循环寿命的有效元素之一，而且用其替代可降低合金成本。Sn 部分替代能降低合金的平衡氢压，提高合金的吸/放氢速率，改善动力学性能，并能减小合金氢化时的体积膨胀，使合金的循环稳定性得到改善，但不同程度地降低了合金的放电容量。Si 的加入可以加快活化并获得较好的稳定性，但同时提高了自放电速率并降低了高倍率放电性能。人们还常常采用 Cr 元素来替代合金 B 端的 Ni 元素，研究发现少量的 Cr 元素能改善合金的循环寿命，但随着合金中 Cr 含量的增加，合金的循环寿命及容量均随之大幅度降低。

目前研究比较成熟并商品化的合金是 Mm（NiCoMnAl）$_5$ 系合金和 Ml（NiCoMnAl）$_5$ 系合金，现已在国内外 MH-Ni 电池中得到广泛的应用，但是其合金成分中都含有 Co，虽仅占 10%（质量分数）。但因 Co 价格昂贵，所以成本占合金原材料总价格的 40%～50%，因此，开发低 Co 和无 Co 的合金，降低合金成本是目前储氢电极合金研究方向的重要内容之一。

目前开发低 Co、无 Co 储氢合金主要有以下几种思路：a. 调节 B 侧元素的比例，使构成元素的组成比、稀土成分的配比最优化，从而部分或完全替代 Co；b. 化学计量比制备低 Co、无 Co 储氢合金；c. 采用快速凝固、结合热处理及表面处理等制备技术控制合金组织及相结构。例如，厉海艳等采用多元合金和单一 Cu 元素部分取代 Co 时发现，采用单一 Cu 取代 Co 时，合金的放电容量下降、循环稳定性差，而采用 Cu、Cr、Fe、Zn 同时取代 Co 时，4 种稀土系储氢合金的放电容量下降不明显，且循环稳定性好，说明用多元合金联合替代 Co 很有效。罗永春等采用退火＋淬火处理和快凝非平衡方法制备无 Co 稀土系储氢合金 La（NiM）$_{5+x}$ 时发现，合金化元素、退火温度及合金化学计量比对获得单相组织合金具有重要影响。退火＋淬火处理得到的单相组织合金具有电化学容量高、活化容易、电极寿命长的特点。快凝合金具有良好的电极稳定性，但其活化性能和电极容量不太理想。郭靖洪等研究了不同生产工艺制造的低钴非化学计量储氢合金对 Ni/MH 电池性能的影响，并与高 Co 合金进行了比较。结果认为，普通浇铸的低 Co 热处理合金电化学放电容量高于快淬低 Co 储氢合金，低于高 Co 合金；冷却速度越快，容量越低，高倍率放电性能越差；采用低 Co 合金的 Ni/MH 电池高倍率放电能力和荷电保持率均优于高 Co 合金电池，而采用普通浇铸的低 Co 热处理合金的 Ni/MH 电池高倍率放电能力和荷电保持率均优于快淬低 Co 合金电池。快淬工艺可提高低 Co 合金的化学组成的均一性，改善合金的循环寿命。

上述表明，综合运用多元合金化替代 Co 元素、调整制备工艺、合理设计热处理工艺、选择适当表面处理工艺是开发长寿命、高容量、价格低廉电极用低 Co 储氢合金的有效途径。但目前低 Co 或无 Co 稀土系储氢电极合金材料研究开发还存在明显的不足，其主要问题仍然是如何兼顾放电容量、高倍放电率和循环寿命这三方面的性能。对低 Co 或者无 Co 系 AB_5 型合金来说，虽然目前离工业化应用尚有一定距离，但从国内外的研究进展来看，开发商业用低 Co 或无 Co 储氢合金是极有希望的。

（2）控制合金的组织结构

合金的组织结构（凝固组织、晶粒尺寸及晶界偏析）对合金的电极性能有较大的影响。研究发现，合金慢速冷却得到的等轴结构的结晶颗粒较大（约为 $50\mu m$），其循环寿命较差。而快速凝固得到的柱状晶组织的合金，具有较好的循环寿命。同时发现，采用快速凝固所得到纳米晶晶胞结构与其合金表现出来的优异高倍率放电性能有很大的关系。如黄莉丽等对快淬法制备 Mm（NiCoAlMn）$_x$（$4.6 < x < 5.5$）储氢合金的高倍率放电性能进行了研究，结果表明，该储氢合金呈均匀的单一 $CaCu_5$ 型相结构，晶粒尺寸小于 $50nm$，为柱状晶结构，7C 放电比容量不低于 $260mA \cdot h/g$，高倍率放电率不低于 90%，循环寿命大于 600次。李传健等采用快淬法制备 $MLNi_{3.8}Co_{0.6}Mn_{0.5}Ti_{0.1}$ 和 $MLNi_{3.5}Co_{0.75}Mn_{0.55}Al_{0.2}$ 储氢合金，其电化学循环稳定性明显优于铸态合金，放电电压平台性能也较好，但快淬导致起始活化速率慢，放电容量也有所降低（详细数据如图 4-3 所

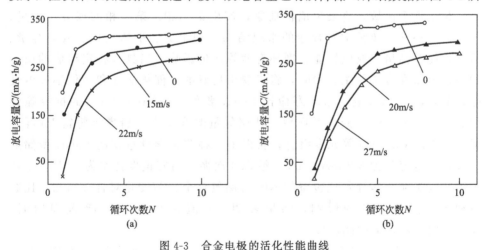

图 4-3 合金电极的活化性能曲线

（a）$MLNi_{3.8}Co_{0.6}Mn_{0.5}Ti_{0.1}$ 合金电极；（b）$MLNi_{3.5}Co_{0.75}Mn_{0.55}Al_{0.2}$ 合金电极

示）。张羊换等在研究快淬工艺对无钴 AB_5 型储氢合金循环稳定性的影响中发现，与真空熔炼相比，快淬处理显著改善合金的成分均匀性，使晶粒细化，并显著提高合金的循环稳定性。

合金快速凝固制备方法目前主要有单辊快淬法和气体雾化法，其中，气体雾化快凝合金的制备因将合金熔炼和制粉过程二者合一而特别引人注目。目前研究工作的重点是使快速凝固形成均匀细小的柱状晶，提高合金循环寿命。如快淬法制备 $MLNi_{3.8}Co_{0.6}Mn_{0.5}Ti_{0.1}$ 和 $MLNi_{3.5}Co_{0.75}Mn_{0.55}Al_{0.2}$ 储氢合金，其电化学循环稳定性明显优于铸态合金，放电电压平台性能也较好，但快淬导致起始活化速率慢，放电容量也有所降低。王国清等在研究制备工艺对 AB_5 型储氢合金的相结构和电化学性能的影响中发现，与真空熔炼相比，采用快淬工艺制备使合金的放电容量降低，但提高了合金的循环稳定性。

可见，采用快速凝固制备合金可以细化合金的晶粒，抑制第二相析出，使合金元素分布均匀化，合金成分偏析则得到抑制，从而改善储氢电极合金的电化学性能，尤其是循环稳定性。但快速凝固过程提高了合金中晶格缺陷的密度，同时也可能生成储氢性能较差的非晶相，对合金的电化学性能不利，使合金的最大放电容量降低，活化性能和高倍率放电性能变差。

（3）非化学计量比的研究

非化学计量比 $LaNi_{5\pm x}$ 合金一般由双相组成，其第二相起主要作用。在 La-Ni 二元体系相图中，$LaNi_5$ 在高温区存在相当大的均相区域，当 x 偏差不大时，AB_5 型合金仍能保持 $CaCu_5$ 的六方结构，但当 Ni 含量过贫或过富时，超出这个区域，将发生偏析现象，产生第二相。第二相的成分、数量、形态、大小和分布常常对合金的组织结构、相组成、平衡氢压、放电容量、活化性能及高倍率放电性能、循环寿命等产生影响。当具有特定组成的第二相均匀分布在合金的主相中时，将表现出良好的电催化活性和高倍率放电性能。如，$LaNi_{5.2}$ 合金的循环寿命比 $LaNi_5$ 要好，$LaNi_{4.27}Sn_{0.24}$ 的抗氢脆性很好，经 1000 次吸/脱氢循环后，其储氢量改变不大。唐睿等将富 La 混合稀土与 Ni、Co、Mg 等元素组合，获得了一种非化学计量比的 $LaNi_5$ 型储氢合金，放电容量为 $380mA \cdot h/g$，经 300 次循环后容量保持率为 55%。王建军等研究了非化学计量比包覆的 AB_{5-x} 储氢合金 x 值变化对合金结构、比容量和放电温度特性的影响，结果表明，x 值在 $0.06 \sim 0.48$ 范围内时，AB_{5-x} 型储氢合金性能较好。

非化学计量合金的非化学计量比可明显改善合金的比容量及其氢化物的稳定性，同时改善合金的低温放电效率。所以目前人们对各类合金的非化学计量比研究颇多。

（4）合金纳米化

纳米材料由于其特殊的表面效应、小尺寸效应、宏观量子隧道效应和量子尺寸效应等微观机制，具有良好的力学和热学性能，易形成氢化物，用作储氢材料可取得好的效果。储氢合金纳米化是一种新技术，目前纳米储氢合金制备方法的研究还没有完全展开，出现较多的是碳质纳米材料的制备及其性能的研究。加强纳米储氢合金材料的制备技术的研究，并将纳米复合材料的制备思想用于纳米复合储氢合金的制备，可以开拓储氢合金研究的新领域，实用化的、低温下储氢量更大的储氢材料将会问世，便捷的利用氢能的设想将会很快变为现实。化学与电化学制备纳米储氢合金的方法由于具有成本低、操作简单、易于大规模生产、成分易控制等特点而值得加强研究。L. Smardz 等用机械合金化法得到了几种纳米级合金。发现 $LaNi_{4.2}Al_{0.8}$ 合金粉末在 800℃下加热 1h，可转变成具有 $CaCu_2$ 六方晶形的纳米合金，其平均粒径小于 80nm，从微观结构上具有较宽的共价键长度范围，他们认为纳米化对合金结构的影响可引起储氢性能的极大改善。他们还通过研究认为，不纯物质的引入会影响其合金化过程及其纳米合金的性能，会使其性能降低。

（5）复合合金的研究

复合系合金是指一些完全不同的储氢金属元素以一定比例再化合所得的合金产物，性能往往高于本系储氢金属合金本身。通过人为的控制，使不同类型的储氢合金进行复合，利用其优点克服其缺点，或者通过复合处理使其优良性能产生协同效应，从而制备出优于单一类型合金的综合性能的负极材料，比如吸/放氢动力学性能、吸氢量、吸氢速率和电化学性能都有了明显的提高。目前有关复合储氢合金的研究相对较少，目前主要集中在 AB_5-AB_2 型复合储氢合金和镁基-AB_5 型复合储氢合金两种复合合金上，多采用机械合金法、熔炼法、粉末烧结法和机械混合法制备。

① AB_5-AB_2 型复合储氢合金 主要是根据 AB_2 型 laves 相合金电极的理论放电容量和循环寿命优于 AB_5 型稀土合金，而 AB_2 型合金的活化性能和高倍率放电性能却不如 AB_5 合金的性质，同时注意到稀土系合金不仅本身具有储氢性能，而且也对氢化和氢化物分解过程具有催化作用。通过这两种不同类型合金的复合，力图达到优点互相补充以克服单一合金的固有缺点。这一构想首先是被 Seo 等提出，研究表明，制备出来的合金不但提高了吸氢速率，而且表现出比单相 AB_5 合金更特异的电极性能。韩树民等采用机械球磨将 AB_2 型 laves 相合金 $Zr_{0.9}Ti_{0.1}(Mn_{0.35}Ni_{0.65})_2$ 与 AB_5 型混合稀土合金复合，结果表明：在 AB_5-AB_2 复合合金中，AB_5 粒子与 AB_2 粒子在表面处相互镶嵌在一起，并仍保持原

来的晶体结构。复合合金电极的活化周期从 AB_2 合金的 11 周减少到 4 周，最大放电容量从 141mA·h/g 增加到 218mA·h/g，而且在活化初期表现出协同效应（如图 4-4 所示）。

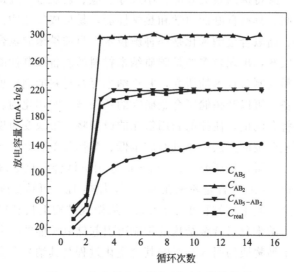

图 4-4　合金放电容量与循环次数的关系

② 镁基-AB_5 型复合储氢合金　主要利用镁及某些镁基储氢合金如 Mg_2Ni、La_2Mg_{17} 等储氢量大、质量小、资源丰富、价格合理等优点，而其脱氢温度较高、动力学性能以及电循环寿命远不如 AB_5 合金的性质，通过适当的制备工艺在是纯镁或镁系储氢合金中掺入动力学性能良好、循环寿命优良的 $LaNi_5$ 型储氢合金，在实际的吸/放氢过程中起到催化剂的作用，通过这两种不同类型合金的复合，打破了 AB_5 型合金理论最大放电容量的限制，明显改善了镁系储氢材料的动力学性能较差以及充/放电循环中容量衰减快等缺点。该类合金因具有 $PuNi_3$ 型结构，故也称其为稀土镁系 AB_3 型储氢合金或 La-Mg-Ni 系合金。由于其高储氢量以及相对较低的成本，显示出良好的应用前景，引起了国内外学者的广泛关注，并取得了大量的研究成果。如，印度的 Pall 制得 $La_2Mg_{17}-x$ 与 $LaNi_5$ 复合物，具有高的储氢量和好的动力学性能，当 $x=10$ 时，在 0.33MPa（33kg/cm²）氢压、360℃下活化 6h 储氢量达 5.3%（质量分数），吸氢率为 20cm³/（g·min）。

另外，也有人用一些催化剂如 CoO、MoO_3、Bi_2O_3 等进行复合制成混合合金电极，如，Liu J 等将 AB_5 型合金 $MLNi_{3.75}Co_{0.55}Mn_{0.42}Al_{0.27}$ 与催化剂 $Bi_2(MoO_4)_3$ 或 P_2O_5-MoO_3-Bi_2O_3-SiO_2 制成混合合金电极。电化学测试表明，合金电极的放电容量提高了约 40mA·h/g，且高倍率放电性能也得到了明显改善。此外，通过表面处理技术改善合金性能也是一种常用方法，本章 4.6 节中将进行详细介绍。

4.2.3　AB$_2$ 型 laves 相合金

AB$_2$ 型 laves 相合金由于具有较高的能量密度，一直以来被作为第二代类 Ni/MH 电池负极材料活性物质进行研究。laves 相为拓扑密堆相，为紧密堆积结构，其中，A 侧原子和 B 侧原子的半径比为 1.225。AB$_2$ 型 laves 相合金包括三种结构类型，即六角形 C14（MgZn$_2$，$P6_3/mmc$）、立方体 C15（MgCu$_2$，$Fd/3m$）和六角形 C36（MgNi$_2$，$P6_3/mmc$）。其中，C14 型和 C15 型合金都是较好的储氢材料，但是 C36 型 laves 相合金的储氢性能较差。在 C14 和 C15 相中，氢原子主要占据晶格的四面体间隙。虽然可以用来储氢的 AB$_2$ 型合金种类较多，但是 Ti 系和 Zr 系 AB$_2$ 型合金应用最为广泛。早期对于 AB$_2$ 型合金的研究主要集中在二元晶体和玻璃体合金，但是作为 Ni/MH 电池负极材料的研究重点很快就转向了多元素二元金属间化合物。AB$_2$ 型 laves 相合金中常见的元素主要有 Ti、Zr、V、Fe、Cu、Al、Cr、Mn、Co 等，其中，一般采用 Ti、Mg 和一些稀土元素对合金 A 侧进行替代，而 B 侧主要替代元素有 V、Mn、Cr、Fe、Co、Al、Cu 等。其中，Mg、Ti、Zr、Nb 一般认为有利于合金的容量；V、Mn、Cr 等则可以调整金属氢化物的稳定性；Al、Mn、Co、Fe、Ni 等元素则可以增强合金的催化活性；而 Mo、Cr、W 等元素的加入会使得合金的导电性增强。除了元素替代之外，快速冷凝、退火处理、表面处理等也是用来改善 AB$_2$ 型 laves 相合金电极的常用方法。其中，快速冷凝是通过使合金熔体在很短的时间内迅速冷却来抑制合金的偏析，并使合金组织均匀、晶粒细化从而改善合金特性；退火处理是将合金锭放入高温炉中，在惰性气体保护下将合金加热到一定温度并保温，目的是使合金均质化，从而减小合金内部的应力，使合金均匀化，该方法对于改善合金的吸氢量和循环寿命尤为有效；表面处理主要是通过改善合金的表面状态，从而加速合金表面电荷传输或提高催化活性。

目前，AB$_2$ 型 laves 相合金电极的容量在 370～450mA·h/g 之间，虽然明显地高于 AB$_5$ 型储氢合金电极的容量，但是与 AB$_5$ 型合金电极相比，AB$_2$ 型 laves 相合金的活化性能和倍率放电性能较差，用作高功率 Ni/MH 电池的电极材料，依然需要更高的能量密度、更快的活化、更好的倍率放电性能以及更低的成本。

4.2.4　Mg 系储氢合金

镁系储氢材料由于其具有高的储氢容量［如 Mg$_2$NiH$_4$ 理论储氢量达 3.6%（质量分数），Mg$_2$CoH$_5$ 理论储氢量达 4.5%（质量分数），Mg$_2$FeH$_6$ 理论储氢量达 5.5%（质量分数），MgH_2 理论储氢量达 7.6%（质量分数）〕、在地壳中丰富的储量以及低廉的价格而受到全世界科研工作者的关注，有望成为下一代氢燃料电池载体。到目前为止，Mg 系储氢材料已经发展为多个系列，包括纯 Mg 系、Mg-Ni 系（如 Mg_2Ni）、稀土镁系（如 $LaMg_{12}$、La_2Mg_{17} 等）以及 Mg 系复合储氢材料。

（1）纯 Mg 系储氢材料的研究进展

Mg 是地壳中含量最丰富的金属元素之一、质量最小的金属储氢材料。Mg 具有高储氢量、优异循环性能和环境友好等突出优点，被认为是最有发展前途的储氢材料之一，关于 Mg 系储氢合金的研究一直是国内外科研工作者研究的热点。美国 Brukhaven 国家实验室最早研究了镁的吸氢，发现在 $300\sim400℃$ 和较高的氢压下才能发生氢化反应。图 4-5 为 Mg 与氢反应的二元相图，可以看出：在适当氢压和温度下，Mg 与 H 形成 $\beta\text{-}MgH_2$ 相。如图 4-6 所示，Mg 为六方密排晶体结构，MgH_2 为四方晶体结构。

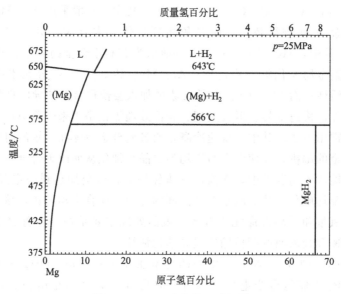

图 4-5　Mg-H 反应的二元相图

Mg 吸氢后形成的氢化物 MgH_2 的理论储氢量达到 7.6%（质量分数），在氢燃料利用方面具有很广阔的应用前景。然而，该类氢化物具有较高的形成热（$\Delta H=-74.5kJ/mol$），使得其具有高的热稳定性，需要在比较高的温度下才能脱氢，1atm（1atm＝101325Pa）氢压下的脱氢温度约为 278℃。MgH_2 较强的热稳定性与较差的放氢动力学性能，严重制约了其实际应用。通过国内外学者长期的研究发现：通过改进制备工艺可以促使金属 Mg 内部形成非晶纳米晶结构，

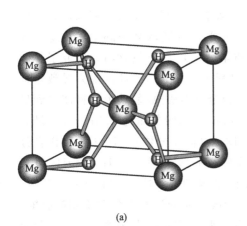 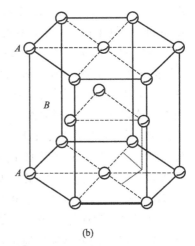

(a)   (b)

图 4-6 Mg 及镁的氢化物晶体结构

(a) MgH_2；(b) Mg

进而改善吸/放氢性能；另外，在制备超细结构 Mg 储氢材料的过程中添加过渡金属、过渡金属氧化物、过渡金属卤化物、过渡金属氟化物、过渡金属硫化物、稀土元素以及碳质材料也可以很大程度降低金属氢化物的热稳定性，改善其吸/放氢性能。在合成非晶纳米晶结构 Mg 储氢材料的众多方法中，机械合金化法是非常有效的方法之一。

通常来说，在纯 Mg 储氢的过程中使得氢分子在其表面离解成氢原子需要较高的离解能（1.15eV），导致纯 Mg 具有较差的吸氢动力学性能。科研工作者研究发现，在制备纯 Mg 储氢材料的过程中添加过渡金属及其化合物可以降低氢分子在金属表面的离解能，进而改善吸氢动力学性能。理论研究表明：H 的价电子与过渡金属的不饱和 d/f 电子相互作用可以削弱 MgH_2 中的 Mg—H 键的结合强度，因此可以改善 MgH_2 的放氢性能。

Liang 等通过球磨法将 Ti、V、Mn、Fe 和 Ni 与 Mg 制备得到纳米级储氢复合材料，并对其储氢性能进行了系统研究。结果表明，这 5 种过渡金属对 MgH_2 的吸/放氢性能都具有很好的催化效果，制备的纳米复合材料的性能均优于球磨处理后的纯 MgH_2。其中，Ti 能够显著提高 Mg 在 30～200℃下的吸氢动力学性能，而 V 对 MgH_2 放氢性能的改善最为明显。这些添加物是氢吸附的优良催化剂，降低了氢化物的形成能垒，同时也显著降低了 MgH_2 的放氢活化能，但是没有改变其热力学性能。与纯 MgH_2 相比，掺杂 V 后的 MgH_2 放氢反应活化能降低了 58kJ/mol。此外，添加的过渡金属元素与 Mg 在合金球磨和吸/放氢过程中能够生成过渡金属氢化物，这些化合物可以为氢的扩散提供通道，从而达到催化的作用。将 MgH_2＋5%（摩尔分数）Nb 混合物经 20h 机械球磨后进行脱氢处

理生成亚稳的 $NbH_{0.6}$，这种亚稳氢化物大约存在 200s 后分解为金属 Nb。这种亚稳的 Nb 氢化物可看作是具有氢空位的有序结构，在纳米复合物脱氢时，这些空位为氢的扩散提供通道。Sung Nam Kwon 采用机械球磨法制备了 Mg-10%（质量分数）Ni-5%（质量分数）Fe-5%（质量分数）Ti 储氢材料，研究了其微观结构和吸/放氢动力学性能的变化。球磨过程中 Ti、Fe 及 Ni 的加入导致合金内部形成多相结构的同时细化了合金颗粒，合金材料吸/放氢动力学性能得到显著改善，在 573K 温度、12bar 氢压下，在 5min 中内吸氢量达 5.31%（质量分数），同样温度 1bar 氢压 1h 的放氢量达 5.18%（质量分数）（图 4-7）。作者分析认为这与三个方面的因素有关：一是合金吸氢后形成 Mg_2NiH_4、MgH_2 以及 $TiH_{1.924}$ 氢化物，Mg_2NiH_4 相具有较快的吸/放氢动力学性能，在 MgH_2 的吸/放氢过程中起到催化作用；二是 Mg_2NiH_4 分解放氢的过程中会发生相的收缩，可以为 MgH_2 的分解提供通道，进而改善氢化物的放氢动力学性能；三是合金在 573K 吸/放氢过程中，Fe 和 $TiH_{1.924}$ 保持较好的稳定性，为 Mg 的固溶氢化与离解放氢提供催化作用。

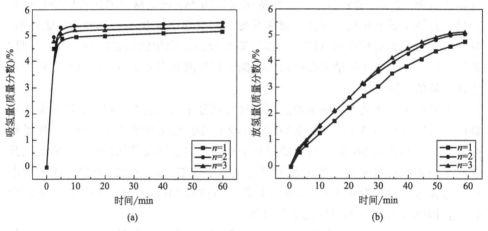

图 4-7　Mg-10Ni-5Fe-5Ti 在 573K 时的吸/放氢曲线
(a) 12bar；(b) 1bar

在用机械球磨法制备 Mg 储氢材料的过程中除了添加过渡金属作为催化剂以改善其吸/放氢动力学性能之外，添加适量稀土金属及其氧化物在改善 Mg 系储氢材料储氢性能方面也会取得非常好的效果。Sadhasivam 等研究球磨 MgH_2 过程中添加少量 Mm 氧化物作为催化剂对其释氢动力学影响，认为添加混合稀土氧化物作为催化剂可以显著降低 MgH_2 放氢温度，当 Mm 氧化物添加量为 5%（质量分数）时放氢温度低到 578K。大量研究表明在改善 MgH_2 吸/放氢动力学方面添加过渡金属化合物作为催化剂同样取得良好效果。Hanada 等报道在机械

球磨 MgH_2 过程中加入少量 Nb_2O_5 可以有效改善吸氢性能，在室温下 15s 吸氢量达到 4.5%（质量分数）。Ma 研究了 TiF_3 对 MgH_2 的催化放氢机制后认为，TiF_3 能够很好地催化 MgH_2 放氢与 TiF_3 加入后在材料内部形成由 Mg、过渡金属以及 F 离子组成的多组分亚稳相有关。Recham 比较球磨 MgH_2 过程中添加少量 Nb_2O_5、$NbCl_5$ 以及 NbF_5 对其储氢性能的影响发现，NbF_5 的添加效果最好（图 4-8）。作者分析认为与这两个方面的因素有关：一是与球磨过程中形成的 Mg-Nb-F 中间化合物有关；二是与材料内部形成了 $H^{\delta+}$-$Nb^{\delta+}$ 能带结构、削弱了 $H^{\delta+}$-$Mg^{\delta+}$ 能带结构有关，这是因为 F 电负性要比 O 的强。

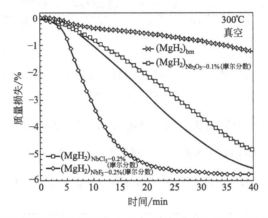

图 4-8 2.0MPa 氢压下球磨 MgH_2＋4%（摩尔分数）TiF_3 和 MgH_2 吸氢曲线

Ma 详细研究了钛化合物 TiF_3、$TiCl_3$、TiO_2、TiN 及 TiH_2 对 MgH_2 吸/放氢动力学的影响，结果表明添加 TiF_3 在改善 MgH_2 吸/放氢动力学方面的效果最佳（图 4-9）。作者分析认为由于 TiF_3 加入诱导原位形成的 TiH_2 和 MgF_2 并不能很好解释 TiF_3 的催化作用，随后通过比较 TiF_3 和 $TiCl_3$ 的作用并结合 XPS 分析得出，F 离子的参与导致了 TiF_3 的添加对 MgH_2 吸/放氢动力学性能具有最佳的催化作用。

Mao 研究了 $NiCl_2$ 和 $CoCl_2$ 掺杂对 MgH_2 吸/放氢动力学及放氢温度的影响，发现添加 $NiCl_2$ 对 MgH_2 吸/放氢动力学性能的改善最显著（图 4-10），球磨 $MgH_2/NiCl_2$ 样品能够在 300℃ 温度下 60s 内的储氢量达 5.17%（质量分数），而球磨 MgH_2 在同样温度下 400s 内储氢量仅为 3.51%（质量分数）。作者还运用 Johnson - Mehl - Avrami（JMA）方法计算了球磨纯 MgH_2、$MgH_2/NiCl_2$ 及 $MgH_2/CoCl_2$ 样品的放氢活化能分别为 158.5kJ/mol、121.3kJ/mol 及 102.6kJ/mol。另外，作者还通过球磨合金样品吸/放氢前后的微观结构分析认为，在球磨 MgH_2 过程中添加 $NiCl_2$ 和 $CoCl_2$ 能够改善其放氢动力学性能的原因可能与 MgH_2 在球磨过程中与 $NiCl_2$ 和 $CoCl_2$ 发生以下两个反应形成新的中间相

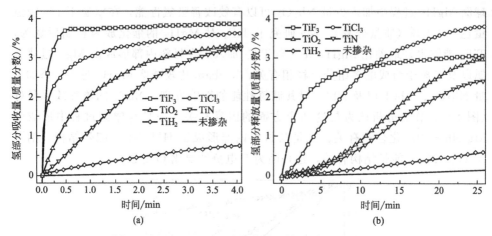

图 4-9 MgH_2 + 4%（质量分数）催化剂吸/放氢曲线

（a）150℃；（b）280℃

$MgCl_2$、Mg_2Ni 及 Mg_2Co 有关，而且 $MgCl_2$ 起到主要作用。

$$3MgH_2 + NiCl_2 =\!\!\!=\!\!\!= MgCl_2 + Mg_2Ni + 3H_2 \qquad (4-5)$$

$$2MgH_2 + CoCl_2 =\!\!\!=\!\!\!= MgCl_2 + Mg - Co + 2H_2 \qquad (4-6)$$

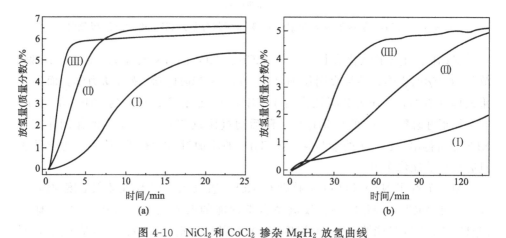

图 4-10 $NiCl_2$ 和 $CoCl_2$ 掺杂 MgH_2 放氢曲线

（Ⅰ）MgH_2；（Ⅱ）MgH_2 + 10%（质量分数）$CoCl_2$；（Ⅲ）MgH_2 + 10%（质量分数）

$NiCl_2$ （a）350℃；（b）300℃

Malka 在球磨 MgH_2 过程中加入 ZrF_4、TaF_5、NbF_5 及 $TiCl_3$ 不同过渡金属卤化物以研究其对 MgH_2 吸/放氢动力学的影响，结果表明 ZrF_4 和 NbF_5 效果最佳；PCT 曲线结果说明，添加 ZrF_4、TaF_5、NbF_5 及 $TiCl_3$ 卤化物作为催化剂虽然可以降低 MgH_2 的吸氢平台、提升放氢平台（图 4-11），但是总体上对

Mg 金属氢化物的形成热影响不明显，却显著降低了其离解活化能，这也正是 MgH_2 放氢动力学得到改善的内在原因之一；XPS 分析表明 ZrF_4、TaF_5 及 NbF_5 三种氟化物对动力学性能的影响归因于 F 离子的参与可以削弱 Mg—H 键的结合强度形成 MgF_2 以及改变了过渡金属离子的电子结构，进而达到改善 MgH_2 吸/放氢动力学性能的目的；研究还发现只有 NbF_5、TaF_5 及 $TiCl_3$ 参与了歧化反应，为改善吸/放氢动力学性能提供了大量内部结构缺陷，而 ZrF_4 在球磨及吸/放氢循环过程中保持稳定，作者认为其催化吸/放氢是通过 Zr 离子及 F 离子的协同催化作用来完成的。Sabitu 研究了在球磨 MgH_2 过程中添加 NbF_5 对氢化物放氢动力学性能的影响，并与 TiH_2、Mg_2Ni 以及 Nb_2O_5 催化作用进行比较，结果发现 NbF_5 的添加对放氢动力学的影响最为显著，作者计算了放氢活化能的变化，进一步说明了 NbF_5 的添加可以降低活化能、加速相界面的化学反应速率。

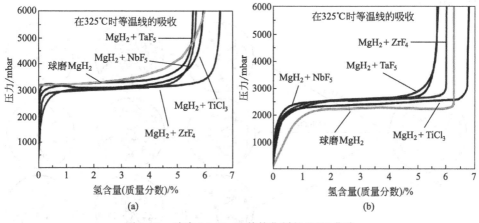

图 4-11　球磨 MgH_2 及其催化剂的 PCT 曲线

(a) 吸氢；(b) 放氢

Grzech 用机械球磨法制备了 MgH_2-TiF_3 复合材料，通过 X 射线衍射、高分辨透射电镜及魔角旋转固体核磁共振，详细分析了 MgH_2 在添加 TiF_3 后微观结构的变化，探究了 TiF_3 的添加对 MgH_2 吸/放氢动力学性能改善的内在机理，结论表明在放氢材料内部有少量的 Mg-Ti-F 存在，在再次氢化的材料内部有 $β$-$MgF_{2-x}H_x$ 存在，形成的氟化物（如 MgF_2）存在于 Mg/MgH_2 表面，Ti 氢化物以 TiH_2 的形式被包裹在 Mg/MgH_2 内部，这些因素促使 MgH_2 吸/放氢动力学性能得到显著改善。Daryani 研究发现在球磨 MgH_2 过程中添加 TiO_2 作为催化剂可以显著改进 MgH_2 的吸/放氢动力学性能，当 TiO_2 添加量为 6%（摩尔分数）时 MgH_2 的放氢温度降低约 100K。Zhang 在球磨 MgH_2 的过程中加入 TiF_3 和 Nb_2O_5，研究了两者单独掺杂以及共同掺杂对 MgH_2 放氢行为的影响，认为 TiF$_3$ 或 Nb$_2$O$_5$ 单独掺杂都可以有效改善球磨 MgH$_2$ 的放氢动力学性能，其中掺杂 TiF$_3$ 可以使得 MgH$_2$ 的放氢温度从 417K 降低到 341K，掺杂 Nb$_2$O$_5$ 使得 MgH$_2$ 的放氢温度从 417K 降低到 336K，这归因于 TiF$_3$ 或 Nb$_2$O$_5$ 单独掺杂后会被分散在合金表面及晶界处，这样氢原子可以很容易通过晶界扩散，同时在 MgH$_2$ 放氢时氢原子能够在合金表面或晶界处与催化剂相互作用，从而更容易复合为氢分子；通过 Kissinger 方法计算，TiF$_3$ 或 Nb$_2$O$_5$ 的单独添加在降低氢原子扩散与再复合的能量障碍的同时也为氢原子扩散提供通道，从而改善 MgH$_2$ 的动力学性能；掺杂两种催化剂诱导 γ-MgH$_2$ 产生，在催化 α-MgH$_2$ 过程中起到重要作用。此外，作者将 TiF$_3$ 和 Nb$_2$O$_5$ 共同掺杂用于改善球磨 MgH$_2$ 的放氢动力学性能，结果可以说是起到超级催化作用，MgH$_2$ 的放氢温度从 417K 降低到 310K，这归因于两种催化剂与氢分子的电子交换作用，从而产生协同效应。作者设计了两种催化剂分别掺杂与共同掺杂对 MgH$_2$ 催化放氢具体过程（图 4-12）。

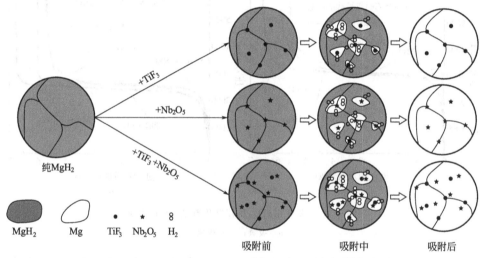

图 4-12 TiF$_3$ 和 Nb$_2$O$_5$ 两种催化剂分别掺杂与共同掺杂对 MgH$_2$ 催化放氢过程

Kumar 研究了 ZrCl$_4$ 对 MgH$_2$-Mg 系统储氢性能的影响，研究结果表明，在球磨 MgH$_2$ 过程中添加 ZrCl$_4$ 可以显著降低表观活化能，进而改善其放氢及再氢化动力学性能性能，而且放氢温度也显著降低。作者通过 XPS 及扫描电镜分析后认为，在球磨过程中 ZrCl$_4$ 向 ZrCl$_3$ 及金属 Zr 转化使得原位形成的 ZrCl$_3$ 及金属 Zr 发挥了显著的催化作用，降低了 MgH$_2$-Mg 系统的放氢及再氢化温度；扫描电镜分析表明，催化剂的催化作用在很大程度上细化了晶粒增加活性面积，缩短了氢扩散距离，从而增强了 MgH$_2$ 的放氢及再氢化动力学性能。

（2）Mg-Ni 系储氢材料的研究进展

① 机械合金化对 Mg-Ni 系储氢合金微观结构及储氢性能的影响　Mg₂Ni 储氢合金是 Mg-Ni 系储氢材料的典型代表，是 20 世纪初由美国 Brookhaven 国家实验室的研究人员首次发现，其理论储氢量达 3.6%（质量分数），理论电化学容量达 999mA·h/g，这吸引了全世界科研工作者的研究兴趣。通过元素替代结合机械球磨工艺可以促使合金内部形成非晶纳米晶多项结构，这可以显著改善其储氢性能。因此，在之后的时间里，科研工作者投入大量的人力和材料通过各种方法对其微观结构及储氢性能进行改进研究，取得了许多卓有成效的理论及实践研究成果。

高能机械球磨是促使 Mg-Ni 合金内部非晶纳米晶化的非常有效方法之一，特别是在机械球磨过程中，合金材料的微观结构不断细化的同时还有亚稳相的产生，这对于改善合金材料的吸/放氢动力学性能是有利的。Tessier 在一定氢压力下运用机械球磨法对 Mg₂Ni 合金进行处理，发现在合金材料微观结构被细化的同时有低温和高温状态的 Mg₂NiH₄ 相产生，有效地改善了合金的动力学性能及活化性能。在机械球磨 Mg-Ni 系合金的过程中添加适量的过渡金属可以显著降低合金颗粒及晶粒的尺度，甚至会促使合金内部形成大量的非晶纳米晶结构，缩短氢在合金内部的扩散距离，增加扩散通道，进而改善吸/放氢容量及其动力学性能，改善合金的微观结构。Lei 和 Nohara 运用机械球磨法处理 Mg₂Ni 后发现合金能够在低温及室温下充/放电，其中，后者研究表明：经过加 Ni 球磨的 Mg₂Ni 合金材料在 30℃下的电化学放电最大容量达 870mA·h/g，这与合金内部形成大量的非晶纳米晶结构有关。

理论研究表明：在机械球磨 Mg₂Ni 的过程中用过渡金属部分替代 Mg₂Ni 中的 Ni 元素，一方面可以加速晶粒的细化及非晶纳米晶的形成，另一方面可以改变金属氢化物形成热，进而改变其热稳定性，从而达到改善合金吸/放氢动力学性能的目的。Nam Hoon Goo 在机械球磨 Mg₂Ni 的过程中添加 Zr 元素以形成三元合金材料，对其微观结构及电化学放电性能进行研究，认为：随着球磨过程中 Zr 含量的增加，合金的非晶形成能力增强的同时，合金表面形成大量的富 Zr 层，可以有效地降低电解液对 Mg 元素的腐蚀和氧化，改善电化学循环稳定性，然而却降低了放电容量。

Zhang 等研究了在球磨 $Mg_{2-x}Zr_xNi$（$x=0$、0.15、0.3、0.45、0.6）合金过程中 Zr 替代量对合金微观结构及储氢性能的影响。Zr 的加入有利于合金内部非晶相的形成，而且非晶相的形成能力随着 Zr 含量的增加而增强。形成这样特殊的微观结构促使了合金电化学放电容量及循环稳定性的改善（图 4-13）。

Mn 对 Mg₂Ni 中 Ni 的部分替代对其储氢性能的影响在许多文献中得以报

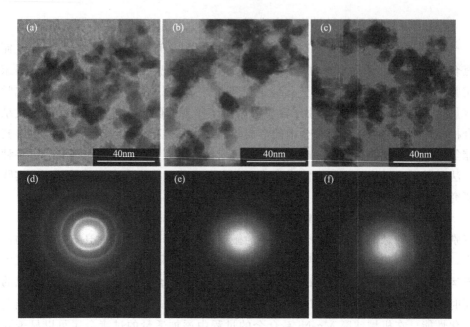

图 4-13　球磨 $Mg_{2-x}Zr_xNi$（$x=0$、0.15、0.3、0.45、0.6）合金 TEM 图谱
(a) ～ (c) 分别为 Zr_0、Zr_2、Zr_4 形貌；
(d) ～ (f) 分别为 Zr_0、Zr_2、Zr_4 衍射花样

道。Woo 等研究认为，在机械球磨过程中 Mn 对 Mg_2Ni 中 Ni 的部分替代可以显著改善合金的电化学性能。Yang 等在机械球磨 Mg_2Ni 合金过程中发现，用 Mn 部分替代 Ni 可以显著降低合金氢化物的放氢平台压。Huang 等运用机械合金化法制备了 $Mg_2Ni_{1-x}Mn_x$（$x=0$、0.125、0.25、0.375）合金，对其微观结构及电化学性能进行了研究，认为增加球磨时间可以显著增强合金内部的非晶纳米晶形成能力，最终增加合金的放电容量。作者同时研究了在固定球磨时间下 Mn 替代量对合金微观结构及电化学性能的影响，发现随着 Mn 替代量的增加，合金的电化学循环稳定性得到改善却是以牺牲放电容量为代价，这与 Mn 替代量的增加促使合金内部非晶纳米晶形成有关。众所周知，纳米晶具有很大的比表面积，这可以在增加吸氢量的同时改善合金的吸/放氢动力学性能，而非晶结构具有较强的抗腐蚀性能，可以有效改善合金的电化学循环稳定性。通过微观结构分析可以发现，Mn 替代量的增加还可以诱导新相 Mg_3MnNi_2 的产生，其在电化学充/放电过程中具有较好的稳定性，是使得 $Mg_2Ni_{0.625}Mn_{0.375}$ 合金具有最好电化学循环稳定性的另一重要原因。

Bobet 等运用机械球磨法制备了 90%（质量分数）Mg_2Ni+10%（质量分数）V 复合储氢合金，发现添加 V 可以改善合金的储氢性能，经氢气活化后的合金在室温且 1MPa 氢压下的储氢量达 2.3%（质量分数），可以与 $Mg_2Ni_{0.9}$

$V_{0.1}$ 合金相比拟。作者分析认为，加 V 合金储氢性能改善的原因与合金活化时形成的 VH_x 的催化作用有关。

大量研究表明，在机械球磨 Mg 系储氢合金的过程中添加过渡金属 Ti 及其化合物形成的复合储氢材料，在吸/放氢过程中会形成过渡金属氢化物，可以起到有效的催化作用，改善合金材料的吸/放氢动力学性能。Rongeat 等研究者在用机械合金法制备非晶 MgNi 合金的过程中先后加入 Ti 和 Al 元素并对其电化学放电性能进行研究，结果发现添加 Ti 和 Al 后合金的电化学循环稳定性得到显著改善（如图 4-14 所示），这与合金在充/放电循环过程中在合金电极表面形成 Ti 及 Al 的钝化氧化层有关。

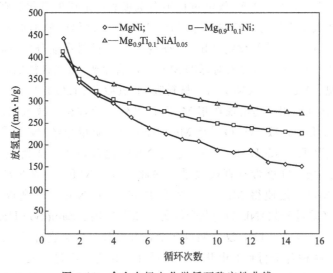

图 4-14　合金电极电化学循环稳定性曲线

Grigorova 等采用机械球磨法制备了 85%（质量分数）Mg_2Ni + 10%（质量分数）V + 5%（质量分数）Ti 储氢合金，并与文献中 90%（质量分数）Mg_2Ni + 10%（质量分数）V 球磨合金微观结构及储氢性能进行比较，认为在添加 V 的基础上再次添加 Ti 形成复合储氢合金，活化后在合金内部存在 VH_x 及 TiH_x 两种氢化物，在合金吸/放氢过程中起到有效催化作用，从而改善了合金吸/放氢容量及动力学性能。Mustafa Anik 用 Ti 元素部分替代 Mg_2Ni 中的 Mg，并结合机械合金法制备 Mg-Ni-Ti 三元非晶纳米晶储氢合金，对其电化学储氢性能进行研究后发现，Ti 的加入显著地改善了合金电化学循环稳定性，究其原因：其一是 Ti 的加入有利于合金内部形成非晶结构；其二是 Ti 在合金电化学充/放电过程中容易在合金电极表面形成氧化层，从而阻碍了电解液对合金的进一步腐蚀。Huang 等用机械合金法成功制备出 $Mg_{2-x}Ti_xNi$（$x = 0$、0.5）电极合金并对其微观结构及电化学性能进行了研究。作者对数据分析后认为增加球磨时间可以显著增强合金的非晶纳米晶形成能力。对于含 Ti 合金来说，在球磨过程中有 TiNi 及 $TiNi_3$ 相形成，而且 TiNi 相随着球磨时间的增加会捕捉 Ni 元素形成 $TiNi_3$ 相，从而引起相的转变。对于 Mg_2Ni 合金来说，增加球磨时间可以在增加放电容量的同时改善循环寿命；相反，对于 $Mg_{1.5}Ti_{0.5}Ni$ 合金来说，增加球磨时间在改善电化学循环稳定性的同时却以牺牲放电容量为代价，这可能与合金内部形成的非晶纳米晶结构及相转变有关。Lee 在机械球磨 Mg_3MnNi_2 合金过程中加入一定量的 Ti 金属粉，发现 Ti 的加入有利于合金内部非晶的形成，并且加 Ti 球磨后的合金电化学放电容量和循环稳定性得到显著改善，这与合金内部形成的非晶纳米晶以及 Ti 在合金充/放电过程中在电极表面形成的氧化层有关。

南京科技大学朱浩等在机械球磨 $Mg_{95}Ni_5$ 合金过程中分别加入过渡金属铌的氧化物 Nb_2O_5 及铌的氟化物 NbF_5，研究了复合材料在吸/放氢前后相结构的变化及 Nb_2O_5 与 NbF_5 的加入对球磨 $Mg_{95}Ni_5$ 合金吸/放氢性能的影响及内部机理。结果发现，$Mg_{95}Ni_5$（Nb_2O_5）材料吸/放氢后有 MgO 相出现，而 $Mg_{95}Ni_5$（NbF_5）吸/放氢后相结构出现新相 MgF_2；另外对两种材料放氢温度分析发现，$Mg_{95}Ni_5$［2%（质量分数）Nb_2O_5］及 $Mg_{95}Ni_5$［2%（质量分数）NbF_5］两种材料的放氢温度分别降低至 450K 和 410K，这与 Nb 的化合物在合金吸/放氢过程中与 Mg 反应削弱 Mg—H 能带有直接关系。除此之外，NbF_5 中的 F 离子与 Mg 强烈作用形成 MgF_2 是使得 $Mg_{95}Ni_5$［2%（质量分数）NbF_5］合金放氢温度低于 $Mg_{95}Ni_5$［2%（质量分数）Nb_2O_5］合金的另一重要原因。Sang Soo Hana 运用机械合金法制备了 Mg_2Ni＋TiNi 复合储氢合金，并对部分合金进行了一定的热处理，研究中比较了两种合金材料的电化学放电性能，认为：经过热处理，合金虽然在最大放电容量上有所降低，但其循环稳定性得到了显著改善。作者对合金材料在电化学储氢过程的微观机理进行了分析，认为：经过球磨处理的合金材料内部 Mg_2Ni 与 TiNi 颗粒之间并没有充分结合，因此在充电时在 TiNi 颗粒表面发生电化学反应形成的氢原子扩散停留在 TiNi 合金颗粒晶格内部，从而在 Mg_2Ni 与 TiNi 颗粒之间没有发生氢原子的传递，如图 4-15（a）所示。经过热处理后的 Mg_2Ni＋TiNi 复合储氢合金内部的 Mg_2Ni 与 TiNi 颗粒得到了充分扩散结合，致使充电时进入 TiNi 合金颗粒内部的氢原子能顺利扩散到 Mg_2Ni 颗粒内部，如图 4-15（b）所示。这时，TiNi 合金颗粒起到表面修饰作用，减少了 Mg_2Ni 与电解液接触机会，降低腐蚀损耗进而改善电化学循环稳定性。

研究发现，机械球磨法制备 Mg-Ni 型合金的过程中添加稀土元素可以改善其微观结构，进而改善储氢性能。Wang 等运用机械球磨法制备 $Mg_{2-x}Nd_xNi$（x＝0、0.05、0.1、0.2、0.3）储氢合金研究了 Nd 替代对合金微观结构及储氢性能的影响，结果认为：随着 Nd 含量的增加合金形成多相结构，电化学放电容

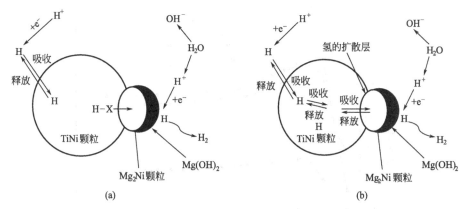

图 4-15　Mg₂Ni 与 TiNi 相在合金吸/放氢过程中作用

(a) 球磨合金；(b) 烧结合金

量得到显著提高。究其原因归于晶粒的细化与 Mg_2Ni、$NdNi$ 以及 $NdMgNi_4$ 多相结构的形成，这除了提供大量活性位置改善放电容量，还为氢扩散提供通道增强电化学储氢动力学。当 $x=0.3$ 时，合金的电化学循环稳定性得到改善，经过比较研究认为：Nd 的替代使得合金内部的主相结构改变为 $NdMgNi_4$，其对球磨 Mg_2Ni 型合金电化学寿命的改进是有利的。

② 快速凝固处理对 Mg-Ni 系储氢合金微观结构及储氢性能的影响　机械球磨法可以有效地促使 Mg 系合金内部形成大量的非晶纳米晶结构，降低合金氢化物的热力学稳定性，进而显著改善合金的吸/放氢动力学性能。然而，经过机械球磨处理的 Mg 系合金内部形成的亚稳态结构在吸/放氢循环过程中不能较好的稳定存在，致使其表现出较差的吸/放氢循环稳定性。研究人员发现，经过快速凝固处理，在增加吸/放氢动力学性能的同时可以有效抑制 Mg 系储氢合金吸/放氢循环性能的快速衰退。

大量的研究发现：在用速凝技术处理 Mg-Ni 储氢合金的过程中，用稀土金属部分替代合金中的 Mg 元素可以显著改变合金内部的微观结构，进而改善吸/放氢性能。Spassov 等运用速凝技术制备 $Mg_{63}Ni_{30}Y_7$ 储氢合金，相比于晶态 Mg_2Ni 合金，其储氢容量和动力学性能得到显著改善，可以与球磨态合金的储氢性能相比拟。Huang 课题组通过快淬工艺制备了 $(Mg_{60}Ni_{25})_{90}Nd_{10}$ 储氢合金，其表现出较好的电化学放电（最大放电容量为 580mA·h/g）及气态储氢性能 [4.2%（质量分数）H]，如图 4-16 和图 4-17 所示。

Kazuhide Tanaka 采用快淬工艺对 $Mg_{85}Ni_{10}La_5$ 和 $Mg_{90}Ni_{10}$ 合金进行处理并运用压力-组成-温度曲线（PCT 曲线）及热脱附曲线（TDS 曲线）对两种合金的热力学及放氢动力学进行比较研究，探索稀土 La 的部分替代对合金储氢性能

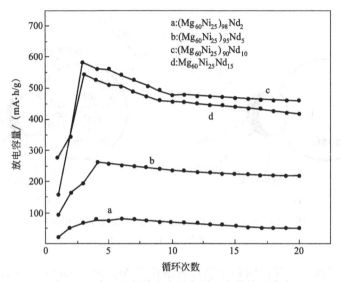

图 4-16 合金电极放电容量与循环次数关系曲线

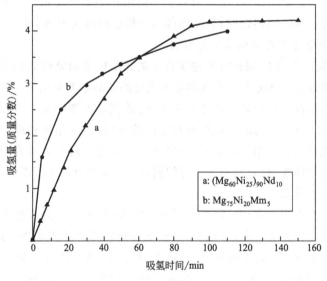

图 4-17 快淬 $(Mg_{60}Ni_{25})_{90}Nd_{10}$ 和 $Mg_{75}Ni_{20}Mm_5$ 合金气态吸氢曲线

的影响，结果发现稀土元素的替代降低了合金氢化物的热稳定性，进而改善了合金的吸/放氢容量（图 4-18），另外稀土的替代也改变了合金放氢活化能，加速了氢气在合金表面的离解的同时也促使合金内部形成非晶纳米晶结构（含有大量晶界），进而改善了放氢动力学性能。

速凝状态富镁 Mg-Ni-Y 型 $Mg_{80}Ni_{10}Y_{10}$ 及 $Mg_{90}Ni_5Y_5$ 合金被 Siarhei

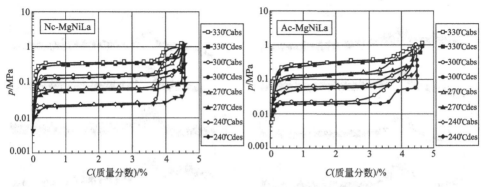

图 4-18　合金 PCT 曲线

Kalinichenka 等研究者成功制备，其微观结构研究表明，两种合金内部均由非晶纳米晶的混合结构组成。$Mg_{80}Ni_{10}Y_{10}$ 合金比 $Mg_{90}Ni_5Y_5$ 合金具有较强的热稳定性，而且完全活化后的合金前者具有较强的吸/放氢容量及动力学性能，在多次吸/放氢循环后仍然保持结构及储氢性能的稳定性。张羊换等运用快速凝固技术制备了 Mg_2Ni 型 $(Mg_{24}Ni_{10}Cu_2)_{100-x}Nd_x$ $(x=0\sim20)$储氢合金，目的是研究稀土元素 Nd 的添加对合金电化学储氢性能的影响，并从微观结构的变化解释储氢性能变化的内在原因。作者研究发现含 Nd 合金经过快淬处理，合金内部包含大量的非晶纳米晶结构，而且随着 Nd 含量的增加合金内部的非晶纳米晶形成能力逐渐增强；含 Nd 的快淬态合金的电化学放电容量得到显著增强（图 4-19），这与合金内部形成多相结构及纳米晶有关，多相结构中的第二相可以起到催化放氢的作用，纳米晶结构可以提供储氢所需的大量晶界；Nd 的添加在很大程度上改善了快淬态合金电化学循环稳定性（图 4-20），这与合金内部形成非晶相结构有关，因为非晶材料具有较强的抗腐蚀抗氧化性能。

　　Song 等研究了 Y 替代量对速凝态 $Mg_{67}Ni_{33-x}Y_x$ $(x=0、1、3、6)$ 合金微观结构和吸/放氢动力学性能的影响，结果发现：随着 Y 含量的增加，合金的微观结构发生显著变化，合金内部有 Mg_2Ni 和 Mg 相组成，当 $x=3$、6，合金还出现新的 $YMgNi_4$ 相，同时合金的衍射峰逐渐宽化，意味着合金内部形成非晶纳米晶结构（图 4-21）。对合金吸/放氢动力学性能研究发现，$Mg_{67}Ni_{33-x}Y_x$ $(x=3、6)$ 合金具有较快的储氢速率和储氢容量（图 4-22），作者分析认为这与合金内部晶粒细化、非晶的形成以及 $YMgNi_4$ 相的形成有关，因为 $YMgNi_4$ $(-35.8kJ/mol)$ 的氢化物形成焓低于 MgH_2 $(-74kJ/mol)$ 和 Mg_2NiH_4 $(-65kJ/mol)$。作者还运用 Avrami-Erofeev 等式$[\alpha=1-\exp(-Bt^m)$，t 为时间；α 为 t 时物质已反应的分数；B 为指前因子；m 为系数，

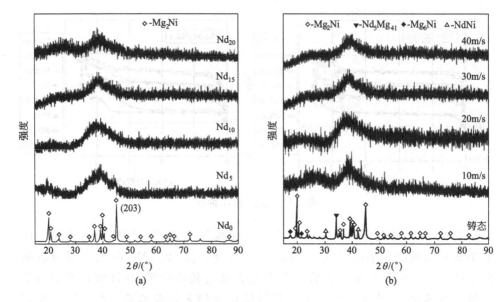

图 4-19　快凝 $(Mg_{24}Ni_{10}Cu_2)_{100-x}Nd_x$ 合金 XRD 图谱

(a) 30m/s 快凝下不同 Nd 含量合金；(b) Nd_{15} 在不同快凝速度下的合金

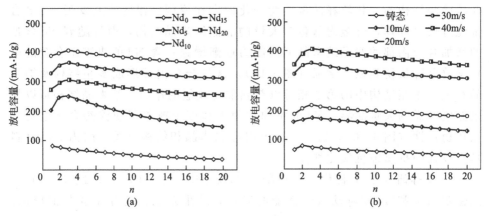

图 4-20　$(Mg_{24}Ni_{10}Cu_2)_{100-x}Nd_x$ 合金电极电化学放电容量

(a) 30m/s 快凝下不同 Nd 含量合金；(b) Nd_{15} 在不同快凝速度下的合金

是成核过程中所对应的空间维度与成核步骤的综合]对合金的氢化机制进行研究，认为快淬态 $Mg_{67}Ni_{33-x}Y_x$（$x=3$、6）合金的氢化过程是由氢化物扩散形核与长大过程共同控制，合金内部的缺陷（包括晶界、晶格畸变等）提供氢化物形核位置及扩散通道，Y 的含量不同会引起合金内部成分及相结构不同，进而影响合金内部晶体缺陷数量，因此不同含量的合金显示出不同的吸/放氢动力学性能。

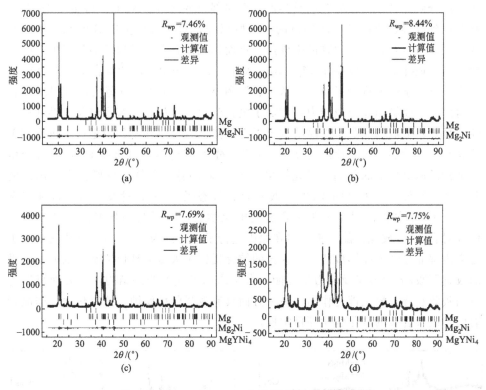

图 4-21 $Mg_{67}Ni_{33-x}Y_x$ 合金 XRD 拟合精修图谱

(a) $x=0$；(b) $x=1$；(c) $x=3$；(d) $x=6$

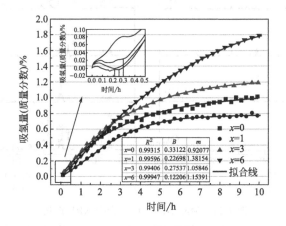

图 4-22 $Mg_{67}Ni_{33-x}Y_x$ 合金初始吸氢曲线 （30bar、627K）

在用速凝技术处理 Mg-Ni 储氢合金的过程中，除了用稀土金属部分替代合金中的 Mg 元素可以显著改变合金内部的微观结构，进而改善吸/放氢性能外，还有部分研究者运用过渡金属或其他轻金属部分替代 Mg-Ni 储氢合金中的 Ni 元素以达到改善合金储氢性能的目的。众所周知，对储氢合金中 B 侧元素的部分替代可以调节合金中氢化物的生成热，进而达到改善合金储氢性能的目的。张羊换运用快速冷凝工艺制备了 $Mg_2Ni_{1-x}Mn_x$ （$x=0\sim0.4$）储氢合金并对其微观结构及电化学性能进行了研究，认为：随着 Mn 对 Ni 的部分替代，可以增强合金内部的非晶纳米晶形成能力，增加了电化学放电容量，改善了电化学循环稳定性。另外，形成的非晶纳米晶结构可以有效降低合金氢化物的稳定性，进而改善放氢动力学性能。张羊换还研究了 Co 部分替代 $Mg_{20}Ni_{10}$ 合金中的 Ni 对合金微观结构及储氢性能的影响，研究结果发现，Co 的替代同样可以增强合金内部的非晶纳米晶形成能力（图 4-23），改善合金气态吸/放氢容量及动力学性能（图 4-24），Co 的替代同时也改善了合金的电化学放电容量与循环寿命（图 4-25）。作者对合金吸/放氢性能改善的内在原因进行了分析认为：Co 的部分替代增强了合金内部非晶纳米晶形成能力，为氢的储存提供了大量活性位置及扩散通道，进而改善了吸/放氢容量及动力学性能；合金内部形成的非晶结构，一方面可以为氢的吸收和释放提供催化作用，另一方面具有较强的抗腐蚀、抗氧化性，非晶相有助于改善合金的电化学循环稳定性。

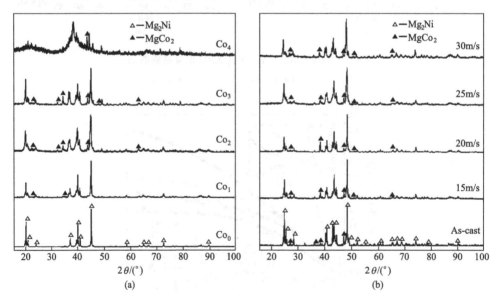

图 4-23　$Mg_{20}Ni_{10-x}Co_x$ 合金 XRD 图谱

（a）快凝速度 25m/s 下不同 Co 含量；（b）Co 含量为 2% 时不同快凝速度

Palade 等研究了快淬态富镁 Mg-Ni-Fe 合金的储氢性能，发现所有合金都具有较好的吸/放氢性能，在 579K 温度 2.5MPa 压力下吸氢量超过 5%（质量分

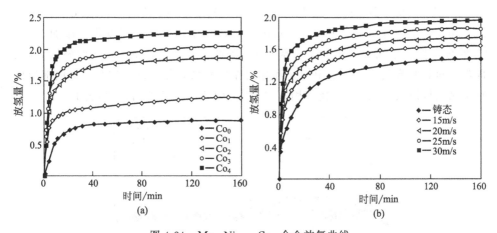

图 4-24　$Mg_{20}Ni_{10-x}Co_x$ 合金放氢曲线

（a）快凝速度 25m/s 下不同 Co 含量；（b）Co 含量为 2% 时不同快凝速度

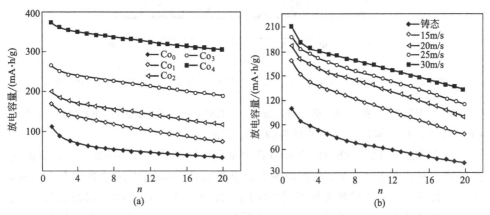

图 4-25　$Mg_{20}Ni_{10-x}Co_x$ 合金放电容量与循环次数关系曲线

（a）快凝速度 25m/s 下不同 Co 含量；（b）Co 含量为 2% 时不同快凝速度

数），并能在同样温度 0.02MPa 压力下 120s 内完全释放。作者分析认为：Fe 的加入可以诱导合金内部 Mg_2Ni 相含量的增加，同时 Fe 易偏析在 Mg_2Ni 相的晶界内部，为合金的氢化及放氢提供催化作用。Myoung Youp Song 运用快淬工艺制备了 Mg-23.5Ni 和 Mg-23.5Ni-5Cu 合金并在后期进行一定程度的热处理后发现两种合金内部都具有纳米晶结构，而且加 Cu 会增强合金内部的非晶纳米晶的形成能力（数据如图 4-26 所示）；加 Cu 合金具有较强的吸/放氢容量及动力学性能，分析认为，部分 Cu 原子占据了 Mg_2Ni 相的 Ni 位置，起到了催化吸/放氢的作用以及 Cu 的加入增强了合金内部非晶纳米晶形成能力是使得加 Cu 合金具有较强吸/放氢性能的内在原因。Yamaura 等用快淬工艺合成了 $Mg_{67-x}Ni_{33}Ca_x$

（$x=5$、10、20）、$Mg_{67-x}Ni_{33}La_x$（$x=5$、10、15）及 $Mg_{67-x}Ni_{33}Pd_x$（$x=5$、10、20）合金，并对三者的电化学放电性能进行了研究，结果发现，添加 La 和 Ca 的合金拥有较低的电化学放电容量及极差的电化学循环寿命，从而添加 Pd 的合金材料具有高的电化学放电容量和强的循环寿命，作者认为这与合金内部形成的非晶结构以及 Pd 的电催化作用有关，因为 Pd 的电负性与 Ni 相类似。

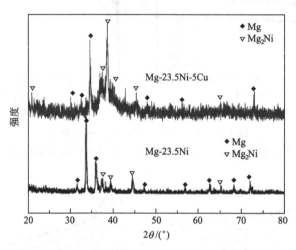

图 4-26　热处理 1h、523K 温度下 Mg-23.5Ni 和 Mg-23.5Ni-5Cu 合金 XRD 图谱

（3）RE-Mg 系［包括 $REMg_{12}$、$REMg_{17}$、RE_5Mg_{41}、$REMg_{12-x}Ni_x$（$x=1$、2、3）储氢合金］储氢材料的研究进展

① 机械合金化对 RE-Mg 系储氢合金微观结构及储氢性能的影响　大量的文献研究表明：关于 RE-Mg 系镁系储氢合金的合成多采用机械球磨的方式完成，在这一过程中，多数科研工作者采用添加过渡金属及其化合物的办法促使合金内部形成非晶纳米晶多相结构以及在合金吸氢后形成过渡金属氢化物进行催化吸/放氢以达到改善 RE-Mg 系镁系储氢合金吸/放氢性能的目的。

在实际球磨 RE-Mg 系镁系储氢合金的过程中添加过渡金属 Ni 是最常见的选择之一，其可以有效促使合金内部形成大量非晶纳米晶结构，Ni 对合金表面也起到修饰作用，可以有效促进氢分子在合金表面的解离以及加速合金表面的电化学反应速率。Gao 在机械球磨 La_2Mg_{17} 的过程中添加一定量的 Ni 粉使得金属镍颗粒均匀分散在纳米晶的母相中，显著改善了合金的电化学放电性能，添加 200%（质量分数）Ni 的 La_2Mg_{17} 合金电化学放电容量达 999mA·h/g，这与 Ni 较强的电催化作用有关。Wang 详细研究了球磨时间对 $LaMg_{11}Ni+200\%$（质量分数）Ni 复合储氢材料微观结构及电化学储氢性能的影响后认为，球磨时间的增加可以增强合金内部非晶的形成能力，特别是球磨时间达到 120h 时 Ni 的衍射峰完全宽化消失，表明了合金内部已形成均匀的非晶化结构（图 4-27）。另外，增加球磨时间为 90h 时合金的电化学放电容量得到显著改善，继续增加球磨时间、增加合金内部的非晶相含量反而使放电容量下降（图 4-28）；然而，对合金动力学性能研究发现，增加球磨时间可以改善合金的动力学性能，这与增加球磨时间改善合金内部氢扩散能力有关。

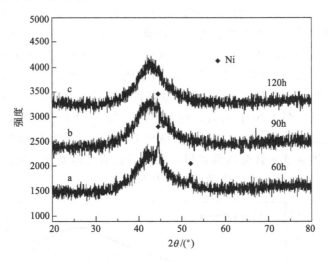

图 4-27　不同球磨时间 $LaMg_{11}Ni+200\%$（质量分数）Ni 合金 XRD 图谱

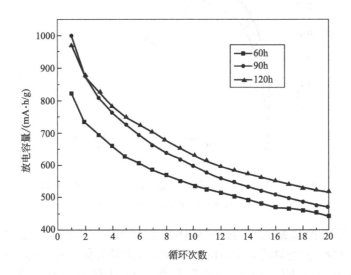

图 4-28　不同球磨时间 $LaMg_{11}Ni+200\%$（质量分数）
Ni 合金放电容量与循环次数关系曲线

Gao 等研究了球磨时间对 $La_{1.8}Ca_{0.2}Mg_{14}Ni_3$ 合金吸/放氢动力学性能的影响，增加球磨时间可以显著改善合金的吸/放氢容量及动力学性能。这与球磨后合金内部性能大量的纳米晶结构有关，其可以增加比表面积，进而增加储氢活性位置；另外，非晶结构分布于纳米晶晶界处，在合金吸/放氢过程中起到催化作用，同时其多缺陷性的特征也为氢在合金内部的扩散提供通道。Lu 在机械球磨 Nd_5Mg_{41} 合金的过程中添加不同含量的 Ni 粉研究其对合金微观结构及电化学性能的影响后发现，随着 Ni 加入量的增加合金衍射峰逐渐宽化，表明合金内部形成大量非晶纳米晶形成能力被增强。作者通过循环伏安及电化学充/放电对合金的放电性能进行分析，认为 $Nd_5Mg_{41}+200\%$（质量分数）Ni 具有最佳的电化学放电性能（图 4-29），这与合金内部形成大量的非晶纳米晶有关，纳米晶的多晶界性（提供活性位置）与非晶合金的多缺陷性（提供扩散通道和催化作用）有助于改善放电容量（图 4-30）；另外，纳米颗粒的 Ni 在合金表面形成富 Ni 层，降低合金电极表面的电荷传递电阻，增强电化学反应，纳米颗粒的 Ni 被分散在非晶母合金相中增强氢在合金内部扩散，这两者说明在球磨 Nd_5Mg_{41} 合金过程中添加 Ni 粉可以改善合金的电化学反应动力学性能。

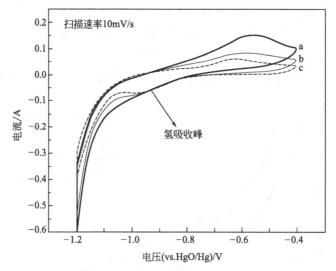

图 4-29　$Nd_5Mg_{41}+x\%$（质量分数）Ni 循环伏安曲线

a—$x=200$；b—$x=150$；c—$x=100$

　　Wang 运用机械球磨法制备了 $PrMg_{12-x}Ni_x+150\%$（质量分数）Ni（$x=1$、2）合金，并与球磨态 $PrMg_{12}+150\%$（质量分数）Ni 合金进行了比较性研究，发现 $PrMg_{11}Ni+150\%$（质量分数）Ni 具有最好的电化学放电容量（973mA·h/g）和高倍率放电性能，作者分析这可能与该合金内部形成的最佳非晶纳米晶配比有关。虽然随着 Ni 含量的增加合金的放电容量和高倍率放电有最值存在，但是合金的电化学循环稳定性却是单调增加的，作者分析认为这与合金在充/放电循环过程中表面形成 $Mg(OH)_2$ 钝化层以及合金表面的富 Ni 层有关。

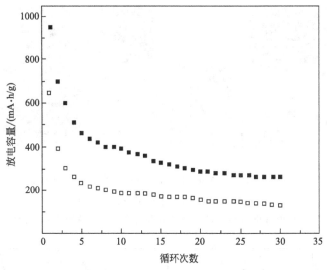

图 4-30　$Nd_5Mg_{41}+x\%$（质量分数）Ni 合金放电容量与循环次数关系曲线

□—$x=150$；■—$x=200$

胡锋研究了球磨时间 $CeMg_{12}+100\%$ Ni 合金微观结构及电化学性能影响，发现随着球磨时间的增加合金非晶纳米晶形成能力增强（图 4-31），合金电化学放电性能随着 Ni 的增加得到显著改善，利用能斯特方程从热力学角度分析合金电化学容量变化的内在原因（图 4-32 及图 4-33）。在对合金电化学动力学性能进行研究时，发现在不同温度下的交流阻抗谱结合如公式（4-7）所示：

$$\lg\left(\frac{T}{R_{ct}}\right)=-\frac{E_a}{2.303RT}+C \tag{4-7}$$

计算了不同球磨时间制备合金的表面活化能，进一步解释了球磨时间对合金电化学动力学性能影响的内在原因。

Zhang 采用机械合金法制备了具有非晶纳米晶结构的 $NdMg_{11}Ni+x\%$（质量分数）Ni（$x=100$、200）储氢合金并从微观结构、吸/放氢热力学以及动力学方面研究了合金储氢性能受 Ni 含量及球磨时间变化的影响。作者通过测试不同温度下合金吸/放氢 PCT 曲线并结合 Van'tHoff 方程计算不同 Ni 添加量下合金吸/放氢过程中的热力学参数发现，Ni 的添加量对合金热力学参数没有产生显著影响。作者还运用 Arrhenius 方法和 Kissinger 方法对合金的放氢过程中的活化能进行计算后认为，Ni 添加量的增加与球磨时间的延长显著降低合金的表面活化能，这成为改进合金吸/放氢动力学的内在动力。

科研工作者在球磨 RE-Mg 系镁系储氢合金过程中除了添加过渡金属 Ni 之外，还研究了添加其他过渡金属对合金微观结构及储氢性能的影响。Wang 在球

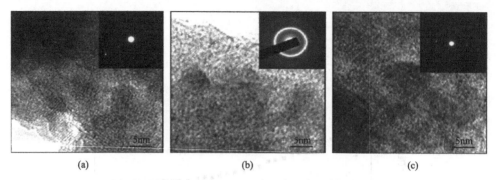

图 4-31　球磨 CeMg$_{12}$＋100％Ni 合金高分辨透射电镜
（HRTEM）及电子衍射花样（ED）
（a）球磨 60h 合金；（b）球磨 80h 合金；（c）球磨 100h 合金

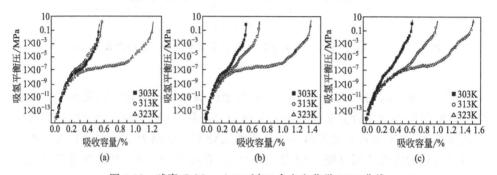

图 4-32　球磨 CeMg$_{12}$＋100％Ni 合金电化学 PCT 曲线
（a）球磨 60h 合金；（b）球磨 80h 合金；（c）球磨 100h 合金

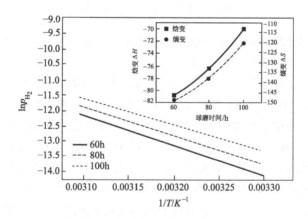

图 4-33　球磨 CeMg$_{12}$＋100％Ni 合金 Van't Hoff 曲线

磨 La$_2$Mg$_{17}$ 合金的过程中添加 Co 粉并对复合材料储氢性能的研究中发现，随着 Co 添加量从 50％（质量分数）增加到 200％（质量分数）合金内部的非晶纳米晶形成能力逐渐增强。Co 添加量的增加虽然增加了合金的电化学放电容量，却使合金电化学循环稳定性恶化，作者研究认为，这与 Co 添加量的增加致使合金颗粒减小，从而增加合金与电解液的接触机会有关。尽管 Co 添加量的增加恶化了电化学循环寿命，但却显著改善了合金的电化学动力学性能，作者分析认为，这与合金内部形成非晶纳米晶结构以及金属 Co 的表明修饰作用有关。

在球磨制备 RE-Mg 系镁系储氢合金过程中除了加入 Ni 及 Co 等过渡金属改善合金储氢性能外，科研工作者还加入金属氧化物、金属卤化物、金属氟化物以及金属硫化物等用以改善该类合金的吸/放氢容量及动力学性能。Wang 在用球磨法制备 $La_2Mg_{17}+200\%$（质量分数）Ni 储氢合金的过程中加入少量的 Bi_2O_3 研究其对合金材料储氢性能的影响，发现 Bi 氧化物的添加削弱了合金的放电容量和循环寿命。作者分析：这首先与合金中 Mg 在电解液中被氧化导致吸氢有效物质被减少有关；其次，Bi_2O_3 被分散在合金颗粒表面，减少了颗粒团聚，增加了合金颗粒与碱溶液的接触，从而加剧了 La、Mg 元素的腐蚀；Bi 氧化物不会在合金颗粒表面形成钝化层而达到保护内部易被腐蚀元素的目的。Gao 等在球磨 $LaMg_{12}+Ni$ 复合材料的过程中加入少量金属氧化物（TiO_2、Fe_3O_4、La_2O_3、CuO）发现，复合材料电化学放电容量得到显著改善，但是材料的电化学循环稳定性较差。

胡锋在球磨制备 $CeMg_{12}+100\%$（质量分数）Ni 复合储氢材料的过程中加入不同含量的 TiF_3，研究其对复合材料微观结构及储氢性能的影响，结果表明：TiF_3 的加入在增强了合金内部非晶纳米晶形成能力的同时也促使合金内部形成少量的 TiNi 及 MgF_2 相（图 4-34），这在一定程度上降低了氢化物的热稳定性增强了合金的电化学放电容量，形成的非晶纳米晶结构有助于改善合金的循环稳定性及电化学动力学性能（图 4-35）。作者还运用电化学 PCT 研究了合金热力学性能随 TiF_3 含量的变化，从热力学角度解释了复合材料电化学性能变化的内在原因。

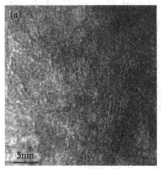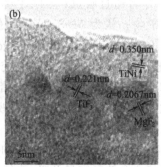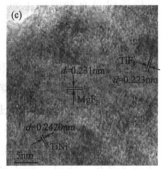

图 4-34　球磨态合金高分辨率透射电镜（HRTEM）照片

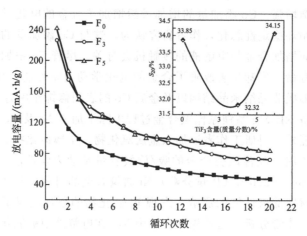

图 4-35 经过 60h 球磨制备的 F_0、F_3、F_5 合
金放电容量与循环次数的关系图谱

Yuan 研究了在球磨 Sm_5Mg_{41} 合金的过程中加入 MoS_2 作为催化剂对合金
微观结构及其吸/放氢性能的影响后得出结论：合金吸氢之前由 Sm_5Mg_{41} 和
$SmMg_3$ 组成，吸氢之后合金内部出现 MgH_2 和 Sm_3H_7，放氢后 MgH_2 转化为
纯 Mg 相而 Sm_3H_7 在吸/放氢前后保持稳定性（图 4-36）。作者研究发现，
MoS_2 在吸/放氢前后并没有发生分解转化，而是被包覆在合金表面降低了合
金表面的活化能，进而改善了合金的吸/放氢反应动力学性能。作者通过测试
不同温度吸/放氢 PCT 曲线，记录合金材料热力学参数变化，进一步说明了添
加 MoS_2 可以在一定程度上降低合金氢化物的热稳定性。Zhang 在球磨
$SmMg_{11}Ni$ 合金的过程中添加了一定量的 MoS_2 作为催化剂，研究了其对合金
材料微观结构及储氢性能的影响。通过对合金吸/放氢前后相的变化分析认为，
合金在吸/放氢前后发生氢化物相 MgH_2、Mg_2NiH_4 与合金相 Mg、Mg_2Ni 相
的相互转化，Sm_3H_7 在吸/放氢前后保持较好的稳定性，MoS_2 在吸/放氢前后
保持稳定没有分解的迹象。作者通过吸/放氢 PCT 测试，计算了添加 MoS_2 对
合金吸/放氢热力学参数的影响，认为 MoS_2 的催化作用降低了氢化物的热稳
定性，有助于改善吸/放氢性能。作者还运用 Kissinger 方法记录了不同条件下
制备合金放氢活化能的变化，进而说明放氢动力学变化的内在机制。

总之，在运用机械合球磨法促使 RE-Mg 系镁系储氢合金形成非晶纳米晶结
构的过程中，不论是添加过渡金属还是其化合物，在改善合金储氢性能方面都起
到极其重要的作用。

a. 添加过渡金属除可以在合金内部形成多相结构之外，还可以促使合金非
晶纳米晶化，这可以有效促使合金储氢容量及吸/放氢动力学的改善；

b. 添加过渡金属的化合物一方面可以形成少量的第二相在合金吸/放氢过程

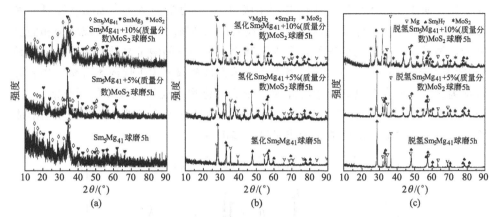

图 4-36　$Sm_5Mg_{41}+x\%$（质量分数）MoS_2 XRD 图谱

(a) 吸氢前；(b) 吸氢后；(c) 放氢后

中起到催化作用，另一方面过渡金属还可以在吸/放氢前后保持结构稳定性并以纳米结构的形式分布于合金表面，可以有效催化氢分子在合金表面的离解和吸附。

② 快速凝固处理对 RE-Mg 系储氢合金微观结构及储氢性能的影响　在促使 RE-Mg 系镁系储氢合金内部形成非晶纳米晶结构的方法中除了机械球磨法还有快速凝固法，相比于机械合金法，其制备的镁系储氢合金在吸/放氢过程中能够保持较好的结构稳定性。然而，关于运用速凝技术制备具有非晶纳米晶结构的 RE-Mg 系镁系储氢合金的报道相对较少，因此将最近研究进展总结如下：

Andrey A. Poletaev 运用快速凝固技术制备了 $LaMg_{12}$ 储氢合金，并研究了凝固速率对合金微观结构及储氢性能的影响。发现在不同凝固速率下合金微观结构不同，在高的凝固速率下以 $TbCu_7$ 型六方结构为主，在中等凝固速率下以 $ThMn_{12}$ 型四方结构为主，在较低的冷却速率下以 $LaMg_{11}$ 型斜方晶系为主；速凝技术处理后的合金晶粒得到显著细化，在高的冷却速率下合金内部还出现大量非晶结构。通过对不同的凝固时间所得合金样品进行 X 射线衍射分析发现（图 4-37），合金吸氢过程分两步完成：$LaMg_{12}+H_2 \rightarrow LaH_3+Mg \rightarrow LaH_3+MgH_2$。吸氢动力学分析显示，速凝技术处理能够细化晶粒进而改善合金的吸氢动力学性能（图 4-38）。通过放氢过程中热分析图谱及 SEM 分析发现中高速冷却速度下合金放氢后有多孔状结构出现，分析认为这与放氢时发生 $1\sim11Mg+LaH_2 \longrightarrow LaMg_{1\sim11}+H_2$ 复合反应导致合金内部部分体积收缩有关。除此之外，作者 Andrey A. Poletaev 还运用速凝技术制备了 $LaMg_{11}Ni$ 合金，并对其结构及储氢性能进行了详细研究，结果表明，用 Ni 部分替代 $LaMg_{12}$ 中的 Mg 可以发挥 Ni 在吸/放氢过程中的催化作用，进而改善合金的吸/放氢动力学性能（图 4-39），凝固速率的增加在细化晶粒的同时也增加了合金内部的非晶纳米晶形成能力，增加了比表面积及晶体缺陷，从而有利于吸/放氢动力学的改善。Zhang 等研究者详细比较研究了用快淬工艺与球磨工艺制备的 $LaMg_{11}Ni$ 合金的微观结构和储氢性能，经过这两种工艺处理的合金内部都由大量的非晶纳米晶结构组成。无论是吸/放氢量还是吸/放氢动力学性能方面，球磨合金都要优于快淬态合金，作者分析认为这与球磨合金具有较小的晶粒、较低氢化物生成热以及放氢活化能有关，作者分别运用 Van't Hoff 方程与 Kissinger 方程计算了这两种合金的氢化物形成焓与合金氢化物放氢活化能，给出了进一步解释。

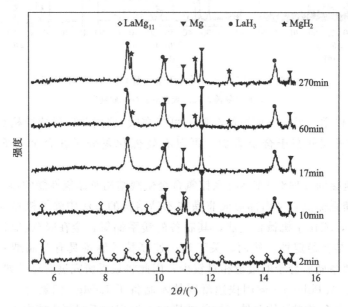

图 4-37　350℃、20.5bar H_2 下 $LaMg_{12}$ 合金 XRD 图谱

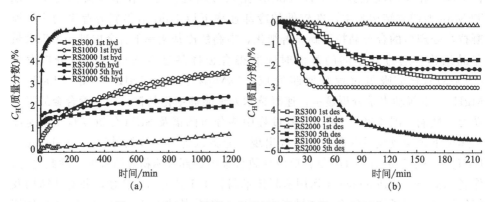

图 4-38　$LaMg_{12}$ 快凝合金吸氢和放氢曲线（350℃）

(a) 20bar H_2 吸氢；(b) 1.5barH_2 放氢

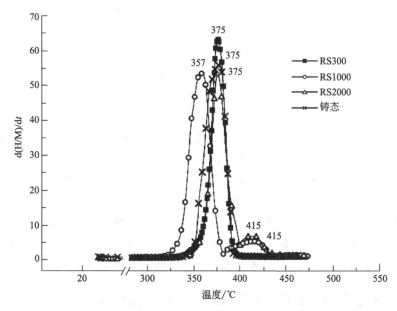

图 4-39 LaMg$_{12}$快凝合金真空热氢解吸谱

4.2.5 钒系固溶体合金

钒系固溶体合金由于其较高的电化学容量被认为是很有前景的 Ni/MH 电池负极材料之一。V 系固溶体合金可与氢气反应生成 VH 和 VH$_2$ 两种不同的氢化物，其中，VH$_2$ 中氢含量可达到 3.8%（质量分数），转化为电化学容量为 1018mA·h/g，但是，VH 化合物过于稳定，在常压下很难可逆放氢，所以实际可以利用到的容量仅限于 VH$_2$ 转化为 VH 过程中的容量，即 1.9%（质量分数），但仍高于 AB$_5$ 型合金和 AB$_2$ 型合金。虽然 V 系固溶体合金的储氢量较大，但是早期人们发现该类合金单独存在时，在碱液中电催化活性很弱，可逆电化学容量很低，所以很长时间未能作为电极材料使用。直到 1995 年研究人员发现，具有第二相的 V$_3$TiNi$_{0.56}$ 合金可以大量的吸/放氢，钒系固溶体合金才开始被作为电极材料加以研究，而且，合金多元化和多相化为设计良好电化学性能的储氢合金提供了新思路。根据这个思路，研究设计了一系列过计量比的 Ti$_{0.8}$Zr$_{0.2}$(V$_{0.533}$Mn$_{0.107}$Cr$_{0.16}$Ni$_{0.2}$)$_x$（$x=2\sim6$）合金，合金中同时含有 C14 型 laves 相（MgZn$_2$ 型结构）和钒系固溶体相，其中，钒系固溶体相是主要的吸氢相，而 C14 型 laves 相不但可以具有吸氢作用，而且在电化学反应中也可以起到催化作用。在这两相的共同作用产生了较好的电化学特性，尤其是较好的放电容量。

Ti‐V 系合金在碱性电解液中的容量衰减主要有两方面原因：一方面是合

金颗粒的粉化，另一方面是活性物质的氧化和腐蚀。组分优化是优化储氢合金电极电化学性能的有效方法，因此，人们研究了 Ti、Zr、Cr、Fe、Mn、Al、Co 和 Ni 元素在 Ti－V 系合金中的作用。研究发现，Ti、Zr 和 V 是主要的吸氢元素，Ni 主要对氧化还原反应起到催化作用，Mn 和 Co 提高合金表面活性，Cr、Al 和 Fe 可以提高合金的抗腐蚀的能力。而 Fe 部分替代 Ti－V 系合金中，V 则可在很大程度上降低成本。近期，人们研究了稀土元素（Y、La、Ce、Pr 和 Nd）替代 Ti 对加 Fe 的 Ti－V 系合金电化学性能的影响，发现 Y 可以提高合金的放电容量；合金的退火处理也可以通过使合金内部组成元素均匀化来显著提高合金的综合电化学性能。1273K 温度下退火 8h 后，$Ti_{0.8}Zr_{0.2}$（$V_{0.533}Mn_{0.107}Cr_{0.16}Ni_{0.2}$）$_4$ 合金的放电容量达到了 412mA·h/g，相比于铸态合金提高了约 13%，同时循环稳定性和倍率性能也得到了改善。虽然 Ti－V 系合金的综合电化学性能已经得到了很大的改善，但是倍率放电性能和循环稳定性仍不能满足实际需要，对于该类合金还需要做更进一步的研究。

4.2.6　新型稀土-镁-镍（RE-Mg-Ni）系储氢合金

RE-Mg-Ni 系储氢合金源于二元 R-Ni 系合金，同二元 R-Ni 系合金结构相同，RE－Mg－Ni 系合金也是由[A_2B_4]亚单元格和[AB_5]亚单元格按照不同比例沿 c 轴方向堆垛而成，可以表示为 m[A_2B_4]·n[AB_5]（$m=1$，$n=1$、2、3）。由于[A_2B_4]亚单元中 La－La 原子距离小于[AB_5]亚单元中的 La－La 距离，因此原子半径较小的 Mg 一般进入[La_2Ni_4]亚单元中。相对于二元合金来说，Mg 元素的加入不但可以降低合金吸氢后氢化物的稳定性，增强合金吸/放氢可逆性，同时也可以降低合金在吸/放氢循环过程中的非晶化程度，有助于稳定合金的堆垛结构。目前，常见的 RE-Mg-Ni 系储氢合金主要有 AB_3 型、A_2B_7 型和 A_5B_{19} 型。其中，AB_3 型合金可以看作是由一个[A_2B_4]亚单元格与一个[AB_5]亚单元堆垛而成，A_2B_7 型合金可以看作是由一个[A_2B_4]亚单元与两个[AB_5]亚单元堆垛而成，而 A_5B_{19} 型合金可以看作是由一个[A_2B_4]亚单元和三个[AB_5]亚单元堆垛而成，以上每种类型的合金又可以根据[A_2B_4]单元格种类的不同，分为六角形（2H）结构和斜方六面体（3R）结构，前者对应的[A_2B_4]单元格为 $MgCu_2$ 型结构，而后者对应的[A_2B_4]单元格为 $MgZn_2$ 型结构，其详细结构如图 4-40 所示。除了以上提到的三种常见的合金类型外，人们还在 La－Mg－Ni 系合金中发现了 AB_4 型结构以及 Ca-Mg-Ni 系合金中发现了 A_5B_{13} 型结构。

RE－Mg－Ni 系储氢合金的研究始于 20 世纪末。1997 年，Kadir 等通过粉末分步烧结法成功地制备了一系列 $REMg_2Ni_9$（RE＝La、Ce、Pr、Nd、Sm、

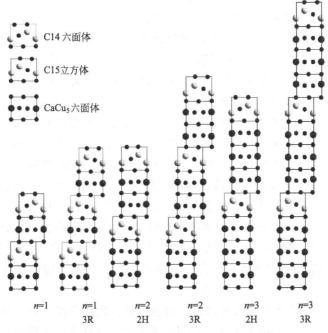

图 4-40　稀土-镁-镍（RE-Mg-Ni）系合金超晶格结构示意

Gd）合金，并发现相对于二元 RENi$_3$ 合金，Mg 的引入有利于 AB$_3$、A$_2$B$_7$ 型等堆垛结构的形成。在这之后，人们对 RE－Mg－Ni 系储氢合金进行了一定的探索，终于在 2000 年报道了化学组成为 La$_{0.7}$Mg$_{0.3}$Ni$_{2.7}$Co$_{0.5}$ 的合金，其放电容量高达 410mA·h/g，高于商业化 AB$_5$ 型合金的近 30%。自此，具有高能量密度和高功率密度的 La－Mg－Ni 系储氢合金作为下一代新型 Ni/MH 电池负极材料吸引了广泛关注。随着研究的深入，人们发现循环稳定性差是该类合金亟待解决的关键问题。

为了改善 La－Mg－Ni 系储氢合金的综合电化学性能，尤其是循环稳定性，人们尝试了不同的方法，包括组分优化、热处理、表面处理、复合合金化等，特别是关于合金组成元素影响的研究相对较多。La－Mg－Ni 系合金组分的研究主要集中在稀土元素部分取代 La、过渡金属元素部分取代 Ni、调整 B/A 比例及 La/Mg 比例等对合金电化学性能的影响方面，并取得了一系列可贵的研究成果。研究表明，Ce 替代 La 可以提高合金的循环稳定性，但是由于晶胞体积的收缩，储氢量降低，对合金电极的最大放电容量有不利影响；Pr 和 Nd 的加入虽然对合金电极放电容量有一定的不利影响，但是有利于高倍率放电性能和循环稳定性。而 Co 元素则被认为是保障 La－Mg－Ni 系合金寿命不可缺少的元素，但是由于其价格较高，人们也常常用一定量的 Al 元素或铁元素来替代 Co。Al

元素对于提高合金循环稳定性非常有效，但是目前研究表明，Al 的加入不利于合金的倍率放电，且加入量较大时，合金的容量会有明显的衰减。Mn 元素可调节合金在吸/放氢过程中的平台压，对合金的高倍率放电性能具有重要作用，但是其抗腐蚀性较差。除了这些常见的元素之外，人们还尝试了向合金中加入 Y、Ti、Sm 等 A 侧元素以及 V、Si、Wu 等 B 侧元素来改善 La - Mg - Ni 系合金的电化学性能，均收到了较好的效果。

退火处理也是改善 La - Mg - Ni 系储氢合金电化学性能的常用方法。热处理可以使合金的组成更加均匀、减少偏析并调整合金相的相对含量，对提高合金电极的循环稳定性作用显著；另外，热处理可降低合金吸/放氢平台压，使合金 PCT 曲线的平台更为平坦；而且，退火处理可以提高合金的气、固可逆放氢量，增大电化学放氢容量；此外，报道显示，退火处理有助于调整合金的晶粒尺寸，改善合金循环稳定性。表面处理则可以提高合金颗粒表面的催化活性，加速反应的进行，对电极过程的动力学性能改善明显；复合合金化也是改善 La - Mg - Ni 系合金电化学性能的有效方法之一，是出于单一合金不能满足电化学性能改善要求的情况下所提出的特殊方法。

La - Mg - Ni 系合金发展迅速，而且近期首次作为高容量、高荷电保持率电极材料实际应用于 Sanyo 公司，是最有前景的 Ni/H 电池负极材料之一。但是为了寻求更广阔的应用，La - Mg - Ni 系储氢合金的综合电化学性能，尤其是循环稳定性还有待进一步提高。

4.3 储氢合金的制备

4.3.1 稀土储氢合金常用原料

目前常用的几种储氢合金原材料主要有混合稀土金属 Mm、Ni、Co、Ti、V、Fe、Mn、Al、Zr、B、Si、Sn、Cr 等。作为原料，要求纯度高一些，一般在 99.9% 以上，多数为电解产物。几种常用金属的性质及成分列于表 4-1～表 4-3 中。

表 4-1 常用稀土元素的性质

金属	原子量	密度/(g/cm³)	熔点/℃	沸点/℃	燃点/℃
La	138.91	6.17	920	3460	—
Ce	140.12	6.80	798	3424	165
Pr	140.91	6.78	910	3510	290
Nd	144.2	7.0	1060	3070	270
Sm	150.4	7.52	1016	1800	—
Mm	139.6～141	6.5～7.0	870～950	—	—

表 4-2　储氢材料用常用金属的性质

金属	原子量	密度/(g/cm³)	熔点/℃
Ni	58.7	8.9	1453
Co	58.93	8.7	1495
Mn	54.94	7.43	1244
Al	26.99	2.7	660
V	50.95	5.7~6.0	1700
Cu	63.54	8.98	1083
Zr	91.22	6.52	1830
Fe	55.84	7.87	1527
Mg	24.32	1.74	651
Ti	47.9	4.51	1660

表 4-3　储氢材料常用金属的组成

金属	组成/%			
	电解 Ni	电解 Co	电解 Mn	电解 Fe
Co	0.01	99.8	—	—
Ni	99.98	≤0.005	—	—
Fe	≤0.004	≤0.002	0.0091	99.98
Cu	≤0.004	≤0.0005	—	0.0011
Mn	—	≤0.0005	99.9	0.0001
C	≤0.003	≤0.003	0.020	0.001
S	≤0.0005	≤0.0007	0.024	0.0001
P	≤0.0001	≤0.0002	0.0009	<0.001
Si	≤0.001	—	0.021	<0.0005
Al	—	—	—	—
Zn	≤0.001	≤0.0005	—	—
Bi	≤0.0003	≤0.0003	—	—
Pb	≤0.0006	≤0.0003	—	—

　　从表 4-1～表 4-3 可以看出，制取储氢材料时都采用纯度较高的金属，主要是为了减少杂质对储氢材料性能的影响，至于何种杂质对储氢材料产生什么影响，影响到什么程度，目前有关研究还很少。

　　目前，商用电池所用负极材料多为 AB₅ 型合金，其 A 端主要原料一般采用混合稀土金属，混合稀土的组成变化对储氢材料的性能影响较大，特别是 La、Ce、Pr、Nd 的不同含量配比将直接影响储氢材料的性能，很多人对其配比做过研究，下面对混合稀土金属的制造技术做一简介。

　　稀土金属的基本制造方法有熔融盐电解法、热还原法、热还原蒸馏法。而 AB 型储氢合金 A 端所用原料 La、Ce、Pr、Nd 为主要成分的混合稀土金属（Mm）一般是用熔融盐电解法制得的。按金属的组成，多数为 La≈30%（质量分数），Ce≈50%（质量分数），Pr≈5%（质量分数），Nd≈15%（质量分数），

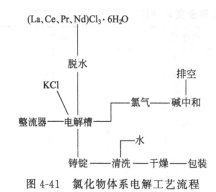

图 4-41　氯化物体系电解工艺流程

也有 La 为 45％～60％（质量分数），Ce＜3％（质量分数），Pr 为 10％（质量分数），Nd≈30％（质量分数）。熔融盐电解法有氯化物电解和氧化物电解。但大部分为氯化物电解，采用稀土氯化物-碱金属氯化物熔盐体系。它在 850～1000℃具有较好的物理化学和电化学性质，且价格便宜。缺点是电解电流效率较低，阳极氯气产生公害。为了克服这些缺点，自 20 世纪 60 年代初就研究和发展了稀土氧化物在氟化物体系中制备稀土金属的工艺和设备，提高了电流效率和避免阳极气体的公害，但操作要求更严格，而且需要耐氟盐的材料，成本较高。所以目前世界主要生产厂家都采用氯化物体系电解生产铈组稀土金属。氯化物体系电解时在阴极上析出稀土金属，在阳极上析出氯气。电解工艺流程如图 4-41所示，电解槽结构如图 4-42 所示。

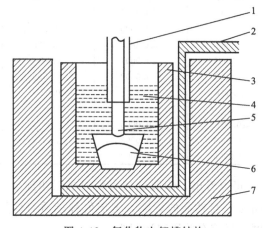

图 4-42　氯化物电解槽结构

1—瓷保护套管；2—阳极导电板；3—石墨阳极坩埚；4—电解质；
5—钼阴极；6—稀土金属；7—耐火材料

　　氯化物电解时，通常用含 $6H_2O$ 的混合稀土氯化物脱水后电解。以 KCl、NaCl 等作电解质，在 1073～1173K 下电解，电解时产生的氯气可回收或碱中排空和后排空。氯化物电解时，因为使用的氯化物易潮解，制得的稀土金属表面易于风化，生成物也呈潮湿状态，难于除去。将其用于制取吸氢合金时，渣多并使成分产生偏差，而且用于气体喷雾和熔体离心铸造（淬冷）时，喷嘴会因渣而堵塞。用氧化物电解法制造的混合稀土金属就不会产生这样的问题。

由于稀土组成对吸氢合金的特性影响较大，用于电池负极时，对电池性能亦影响较大，故使用时不是拿来什么就用什么，而是根据需求作适当调整，采用2种不同成分的稀土合金或用纯稀土金属调整，均能获得所需稀土成分。

4.3.2 合金的制取工艺及设备

储氢合金的制备有电弧熔炼法、高频感应熔炼法、气体雾化法、熔体淬冷法、机械合金化法、还原扩散法、燃烧合成法等，表4-4列出了储氢合金的几种常用制造方法及特征。本节主要介绍几种工业及实验室常用方法。

表4-4 储氢合金的制造方法及特征

制造方法	合金组织特征	方法特点
电弧熔炼法	接近平衡相，偏析少	适于实验及少量生产
高频感应熔炼法	缓冷时发生宏观偏析	价廉适于大量生产
熔体急冷法	非平衡相，非晶相，微晶粒柱状晶组织，偏析少	容易粉碎
气体雾化法	非平衡相，非晶相，微晶粒等轴晶组织，偏析少	球状粉末，不需粉碎
机械合金化法	纳米晶结构，非晶相，非平衡相	粉末原料，低温处理
还原扩散法	热扩散不充分时，组织不均匀	不需粉碎，成本低
燃烧合成法	高浓度缺陷和非平衡相结构，复杂相和亚稳相	工艺简单，点燃后不需提供任何能量

储氢合金大多采用冶炼的方法制造，即将原料按原子比投料，通过一定的设备熔炼成合金锭，再经过一定的粉碎方法得到具有一定粒度的粉末。这种方法工艺成熟、简便易行，适合工业生产。合金熔炼方法根据所用设备不同又可分为电弧熔炼法、感应熔炼法、气体雾化法、熔体淬冷法等。

（1）电弧熔炼法

电弧熔炼（arc melting）是利用电能在电极与电极或电极与被熔炼物料之间产生电弧来熔炼金属的电热冶金方法。电弧可以用直流电产生，也可以用交流电产生。当使用交流电时，两电极之间会出现瞬间的零电压。在真空熔炼的情况下，由于两电极之间气体密度很小，容易导致电弧熄灭，所以真空电弧熔炼一般都采用直流电源。

对于易氧化金属原料，储氢合金一般在真空状态下熔炼，因为真空电弧熔炼杜绝了外界空气对合金的沾污——降低了合金中的含气量和低熔点有害杂质，从而提高了合金的纯净度，还可以克服粉末法不致密的缺点，得到致密的、杂质少、含量小的铸锭。

电弧熔炼法所用的设备为电弧炉。成套的电弧炉设备包括炉子本体、主电路设备和控制电路设备等部分。电弧炉的本体主要由炉体、炉盖、电极以及倾炉机构和电极升降装置等几部分构成。炉体和炉盖由钢壳及相应耐火材料修砌而成。电极通常为碳素电极或石墨电极。电极的升降受电极自动调节装置的调节控制。电弧炉的主电路和控制电路控制电能的输入，保证操作的顺利进行。

电弧炉的大小常用其炉膛的额定容量来表示。例如，3t 电弧炉就表示其炉膛的额定容量是 3t。电弧熔炼的主要技术经济指标有熔炼时间、单位时间熔炼固体炉料的数量（生产能力）、单位固体炉料电耗及耐火材料、电极消耗等。工业用电弧炉有直接加热式电弧炉和间接加热式电弧炉两类。

① 直接加热式电弧炉　使用直接加热式电弧炉进行熔炼时，其电弧产生在电极棒和被熔炼的炉料之间，炉料受电弧直接加热，电弧是熔炼得以进行的唯一热量来源。由熔炼室是否真空又可将直接加热式电弧炉分为非真空直接加热式三相电弧炉和真空直接加热式电弧炉两种。

a. 非真空直接加热式三相电弧炉。这是炼钢常用的方法。炼钢电弧炉就是非真空直接加热式三相电弧炉中最主要的一种。人们通常说的电弧炉，就是指的这一种炉子。为了得到高合金钢，必须往钢中加入合金成分，调整钢中含碳量以及其他合金成分含量，脱除有害杂质硫、磷、氧、氮以及非金属夹杂物至产品规定的范围以下。这些熔炼任务在电弧炉中完成最为方便。在电弧炉内可以通过造渣将炉内气氛控制到呈弱氧化性甚至还原性。电弧炉内合金成分烧损较少，加热过程比较容易调节。因此，尽管电弧熔炼需要消耗大量的电能，但工业上仍然用这种方法来熔炼各种高级合金钢。

b. 真空直接加热式电弧炉。世界上第一台真空电弧炉是在 1955 年，诞生于美国，最初用于熔炼钛，随后用来熔炼其他高熔点金属和活泼金属，也用来熔炼耐热钢、不锈钢、工具钢、轴承钢等。20 世纪 50 年代初，用来重熔高温合金，显示出极好的优越性，被认为是高温合金和特殊钢重熔的重要手段之一。

按照熔炼过程中电极是否消耗（熔化），所采用的电极是自耗的还是非自耗的，可以分为自耗炉和非自耗炉。自耗电极用被熔炼材料制造，非自耗电极通常是用钨等高熔点材料制成。真空直接加热式电弧炉主要是通过真空电弧对电极进行持续熔炼的。其装置有一个或几个加料装置，用来把炉料加到坩埚内。炉内设有锭模，供浇铸金属用。工作时，使用直流电源在电极和放于水冷套中的铜模底板之间产生电弧（起弧）。电弧产生的高热熔化了电极，而坩埚因为有水冷却未被熔化。随着电极的熔化，熔融的金属从电极上落入坩埚底部，从坩埚底部开始形成铸锭。随着电弧下的熔池从坩埚底部不断提升，熔化金属也不断凝固形成铸锭，就像填满一个玻璃杯一样。其熔炼与电弧焊相似，焊条在焊接过程中被消耗掉，在真空直接加热式电弧炉熔炼中，自耗或被消耗掉。其过程的实质是借助于直流电弧的热能，把已知化学成分的钛及其合金的自耗电极在低压或惰性气氛中进行重新熔炼。

经直接加热式真空电弧炉熔炼出来的金属，其气体和易挥发杂质含量下降，铸锭一般不会出现中心疏松，锭子结晶较均匀，金属性能得到改善。直接加热式真空电弧炉熔炼存在的问题是较难调整金属（合金）的成分。炉子设备费虽比真空感应炉低得多，但比电弧炉高，熔炼费用也较之高出许多。

实验室制备储氢合金一般使用真空直接加热式非自耗电弧炉进行熔炼。该装置主要由电炉真空系统、电极驱动机械系统、铜坩埚及冷却循环系统、直流电源、自动和手动控制系统、稳弧搅拌系统、监测和自动记录系统等部分组成。坩埚呈半球形，外面通水冷却。一般采用具有含铈钨电极，直流电源。采用真空直接加热式非自耗电弧炉进行熔炼具有加热快、升温迅速、带入杂质少、微观偏析小、晶粒细小、组织致密等优点。其缺点也是明显的，由于加热温度高（可达2973K），导致活性易挥发组元大量挥发，合金成分难于控制；熔池上、下受热不均匀，容易引起合金成分不均匀，需要用均质化退火处理来消除；熔炼温度难于准确控制，不同熔炼批次试样存在差别。正是由于上述特点，非自耗电弧炉熔炼法完全可以满足锆系、钛系和钒系储氢合金的制备要求。虽然镧系储氢合金中的稀土元素熔点低、挥发性较强，但熔炼操作得当仍然可以满足试样制备要求。

② 间接加热式电弧熔炼　间接加热式电弧熔炼的电弧产生在两根石墨电极之间，炉料被电弧间接加热。这种熔炼方法主要用来熔炼铜和铜合金。间接加热式电弧熔炼由于噪声大、熔炼金属质量较差，正逐渐被其他熔炼方法所取代。

（2）感应熔炼法

目前工业上最常用的是高频电磁感应熔炼法。用感应熔炼法制取合金时，一般都在惰性气氛中进行，其熔炼规模从几千克至几吨不等，因此，它具有可以成批生产、成本低等优点。缺点是耗电量大、合金组织难控制。

① 感应熔炼法工作原理　感应熔炼法是利用高频感应电源产生的高频电流流经感应水冷铜线圈后，由于电磁感应使金属炉料内产生感应电流，感应电流在金属炉料中流动时产生热量，使金属炉料被加热熔化，同时熔体由于电磁感应的搅拌作用，溶液顺磁力线方向翻滚，使熔体得到充分混合而均质地熔化，易于得到均质合金。高频感应熔炼炉如图4-43所示。具体加热过程包括下列几步。

a. 交变电流产生交变磁场。当交变频率的电流通过坩埚外侧的螺旋形水冷线圈时，在线圈所包围的空间和四周就产生了磁场，该磁场的极性和强度随交变电流的频率而变化，交变磁场的磁力线一部分穿透金属炉料，还有一部分穿透坩埚材料。该交变磁场的极性、强度、磁通量变化率，即磁场的方向和磁力线的数量与稀密程度等取决于通过水冷线圈的电流强度、频率和线圈的匝数和几何尺寸。

b. 交变磁场产生感应电流。一部分磁力线穿透坩埚内的金属炉料，当磁力线的极性和强度产生周期性的交替变化时，磁力线被金属炉料所切割，就相当于

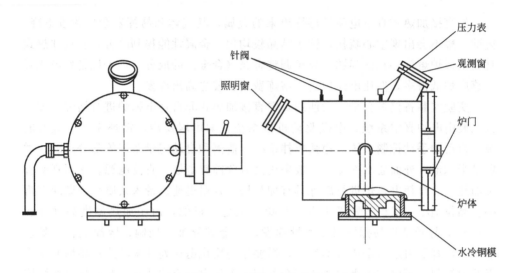

图 4-43　高频感应熔炼炉

导体做切割磁力线的运动，在坩埚内的金属炉料之间所构成的闭合回路内就产生了感应电动势 E，其大小可用下式表示：

$$E = 4.44f\varphi(\mathrm{V}) \tag{4-8}$$

式中，φ 为交变磁场的磁通量，Wb；f 为交变电流的频率，Hz。

在感应电动势 E 的作用下，金属炉料中产生了感应电流 I，其大小服从欧姆定律：

$$I = \frac{4.44f\phi}{R}\ (\mathrm{A}) \tag{4-9}$$

式中，R 为金属炉料的有效电阻，Ω。

c. 感应电流转化为热能。金属炉料内产生的感应电流在流动中要克服一定的电阻，从而电能转化为热能，使金属炉料加热并熔化。感应电流产生热量的多少服从焦耳楞次定律：

$$Q = 0.24I^2Rt(\mathrm{J}) \tag{4-10}$$

式中，I 为通过金属导体的电流，A；R 为导体的有效电阻，Ω；t 为通电时间，s。

② 感应电流的分布特征

a. 感应电流的集肤效应。交变电流通过导体时，电流密度由表面向中心依次减弱，即电流有趋于导体表面的现象，称为电流的集肤效应。感应电流是交变频率的电流，它在炉料中的分布符合集肤效应。由于电流聚集在表面层，对感应电炉炉料熔化、频率选择及熔流的运动等一系列问题均产生重要影响。

b. 炉料的最佳尺寸范围和电流透入深度的关系。炉料尺寸根据选用频率有一个合理范围，因为感应电流主要集中在透入深度层内，热量主要由表面层供给，透入深度和炉料几何尺寸配合得当，则加热时间短、热效率高（透入深度是指电流强度降低到表面电流强度的 36.8% 的那一点到导体表面的距离），炉料直径为电流透入深度的 3～6 倍时可得到较好的总效率。

c. 坩埚容量和电流频率的关系。表 4-5 为最佳炉料尺寸与电流频率的关系。由表 4-5 可知，频率高的电源选小尺寸的炉料，频率低的电源选大尺寸炉料。那么，大、中容量电炉多选较低频率的电源，小容量电炉则选高频率电源。

表 4-5　最佳炉料尺寸与电流频率的关系

电流频率/Hz	50	150	1000	2500	4000	8000
投入深度 Δt/mm	73	42	16	10	8	6
最佳炉料直径 d/mm	219～438	126～252	48～96	30～60	24～48	18～36

d. 坩埚内熔体温度的分布。熔炼时由于磁力线分布及坩埚对外散热等原因，坩埚内温度是不均匀的，一般熔体温度分为 5 个区，如图 4-44 所示。图中 1 为低温区，2、4 为中温区（向外损失热量 50%），3 靠近底部为低温区，5 为高温区（坩埚中央偏下），在加料时应按不同部位加入不同熔点的金属。

③ 感应熔炼用坩埚　坩埚是感应熔炼的重要组成部分，用于装料冶炼，并起绝热、绝缘和传递能量的作用。它分为碱性坩埚、中性坩埚和酸性坩埚。碱性坩埚是由 CaO、MgO、ZrO_2、BeO 和 ThO_2 等材料制成的坩埚，用于冶炼各种钢与合金，储氢材料熔炼时，一般用 MgO 坩埚；酸性坩埚是由 SiO_2 材料制成，多用于熔炼铸铁；中性坩埚是由 Al_2O_3、MgO · Al_2O_3、ZrO_2. SiO_2 石墨等材料制成。按制作方式不同，分为炉外成型预制坩埚、炉内成型坩埚和砌筑式坩埚 3 种。一般，小容量时多用炉外成型预制坩埚，市场上有售；大容量时多用后 2 种。坩埚耐火度要求在

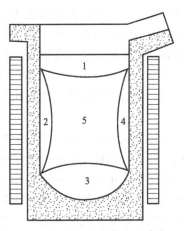

图 4-44　坩埚中熔体温度分布

1500～1700℃，熔炼 Ni 系储氢材料的坩埚耐火度应大于 1600℃。通常电熔镁砂中 MgO≥98%，熔点 2300℃，最高工作温度为 1800℃，完全可以满足熔炼储氢材料的要求。Al_2O_3 坩埚也可用于此要求。

新购置的感应炉必须自行安装坩埚或自行打制坩埚，坩埚安装正确与否直接关系到熔炼速度、熔炼质量和坩埚使用寿命及安全性，因此必须充分重视。首先

要确定好坩埚在感应圈中的位置，坩埚中心线必须与线圈中心线一致；坩埚中熔体区必须处于线圈上、下水平面之内 20～30mm。安装时先在线圈内部及底部铺衬一层石棉布或玻璃纤维布，然后在底部放入填料，不加或加少量水分，用钢钎将底部捣打结实后放入坩埚，然后在坩埚周围填入相同的砂料，捣打结实后修砌炉口，修砌炉口料用合适粒度的镁砂加 1%～1.2%的硼酸，加 1：1 配制水玻璃与水的溶液，调成攥紧能成团、松开就能散的湿砂料，用钢钎捣实抹平。室温阴干 1～2d 后，坩埚内放入石墨加热体，通电烘炉后即可使用。

感应炉熔炼法具有制备合金操作简单，生产效率高，加热快，温场稳定且易于控制，合金成分准确、均匀、易于调节等特点，不仅广泛应用于实验室制备各种合金，也是工业生产中的比较适用熔炼方法。其熔炼规模几千克至几吨不等。因此，它具有可以成批生产、成本低等优点。但是在熔炼活性金属时，不可避免地引入一些坩埚材料杂质。

(3) 气体雾化法

合金经熔炼后需冷却成型，采用随炉冷却方法的合金，可能产生明显的宏观偏析，合金组织难控制，同时耗电量较大。因此，采用把熔炼注入一定形状的水冷锭模中，使熔体冷却固化，最早采用的锭模为炮弹式不水冷的，后来发现随冷却速度加大，合金组织结构不一样，电化学特性也有所改善，便采用了水冷铜模或钢模，而且为使冷速度更大，采用了一面冷却的薄层圆盘式水冷模，后来又发展为双面冷却的框式模。框式模是目前大规模生产常用的、较合适的方法。锭模铸造法对多组元的合金而言，因锭模的位置不同，合金凝固时的冷却速度不一样，容易引起合金组织或组成的不均质化，PCT 曲线的平台变倾斜，为了减少或消除合金凝固后易出现的组织偏析现象，常常采取气体雾化法、熔体淬冷法等方法。

气体雾化法是一种新型的制粉技术，它将合金熔炼和制粉过程二者合一而特别引人注目。气体雾化法分为熔炼、气体喷雾、凝固 3 步进行。将高频感应熔炼后的熔体注入中间包，随着熔体从包中呈细流流出的同时，在其出口处，以高压惰性气体从喷嘴喷出，使熔体成细小液滴，液滴在喷雾塔内边下落边凝固成球形粉末收集于塔底。气体雾化时，粉粒的凝固速度为 10^2～10^4K/s。这种雾化粉与锭模铸造锭经机械磨碎的同等粒径粉末相比，充填密度约高 10%，电极容量得到提高。气体雾化法的优点是直接制取球形合金粉，该法可以防止组分偏析，均化、细化合金组织，可以缩短工艺，减少污染。此外，还有不少文献报道，普遍认为气体雾化可直接制取球状粉末，提高电极中储氢合金的充填量，避免（熔炼-破碎制备储氢合金粉末）不规则颗粒对隔膜的刺破，而且减少表面缺陷，从而减少粉末粉化的裂纹来源，有利用提高电极的循环寿命。气体雾化合金的显微组织，呈细小枝状晶组织，晶粒显著细化，使氢气扩散通道增加，同时在吸/放氢过程中，减少晶胞的膨胀与收缩，使合金不易粉化，提高合金的吸氢量和循环寿命。例如，Züttel 等用传统感应熔炼法和气体雾化法制备 $LmNi_{4.3-x}Al_{0.4}Mn_{0.3}Co_x$ 和 $LmNi_{3.8}Al_{0.4}Mn_{0.3}Co_{0.3}Fe_{0.2}$ 合金样品，发现气体雾化产生的粉末平均粒径约 $100\mu m$ 的球形颗粒。氢化时的体积膨胀率要比传统熔炼样品小 6%，而且雾化粉的循环稳定性较好，气体雾化的 $LmNi_{3.8}Al_{0.4}Mn_{0.3}Co_{0.3}Fe_{0.2}$ 样品在 40℃下每循环的容量损失仅为 4%。郭宏等采用真空熔炼法和气体雾化法制备 $MnNi_{3.55}Co_{0.75}Mn_{0.3}Al_{0.4}$ 合金，发现采用气体雾化法制备的合金具有良好的电压平台。大电流充/放电特性亦较好，但电池的循环稳定性不理想，有待进一步改进。

工业上使用的雾化装置的几何形状是多种多样的，常见的是两个或两个以上的喷嘴，或是一个以金属流的轴线为中心的环形喷嘴。气体喷嘴的轴线倾斜于金属流的轴线，其交叉点即是几何图形上的撞击点。气体雾化法制取金属及合金粉末时，整个雾化过程及雾化效果受一系列相互联系的工艺参数的支配，包括雾化气体的压力、喷嘴的几何形状、液体金属流的直径、液态金属的表面张力及黏性等。适当调整这些元素可以改变粉末的粒度分布和形状。

（4）熔体淬冷法

熔体淬冷法是在很大的冷却速度下使熔体固化的方法。就是将熔融合金喷射在旋转冷却的轧辊上（有单辊和双辊），冷却速度为 102～106K/s，由急冷凝固制成薄带。单辊法是目前用得最多的。用这种方法制作急冷薄带时，与辊的回转速度、材质、喷嘴的直径、喷射压，喷嘴前端与辊间距离有很大关系。这种方法具有抑制宏观偏析、析出物微细化、电极寿命长；组织均匀，电极耐腐蚀性优良、容量高，吸/放氢特性好；晶粒细化，微晶晶界增多，氢扩散加快，吸/放氢速率变快，高倍率放电特性优良，合金特性改善等优点。如快淬法制备 $MLNi_{3.8}Co_{0.6}Mn_{0.5}Ti_{0.1}$ 和 $MLNi_{3.5}Co_{0.75}Mn_{0.55}Al_{0.2}$ 储氢合金，其电化学循环稳定性明显优于铸态合金，放电电压平台性能也较好，但快淬导致起始活化速率慢，放电容量也有所降低。王国清等在研究制备工艺对 AB_5 型储氢合金的相结构和电化学性能的影响中发现，与真空熔炼相比，采用快淬工艺制备，使合金的放电容量降低，但提高了合金的循环稳定性。李传健等用熔体淬冷法制取稀土系合金，淬冷率为 10m/s、15m/s、20m/s、23m/s 和 27m/s，结果发现，合金容量随淬冷率的增加而减小，认为淬冷率不应大于 20m/s。循环稳定性随淬冷率的增加而增大，容量衰减率随淬冷率的增加而减小。同时，他们还对用这种方法制备的合金的晶体结构进行了测试，发现，常规浇铸合金有较大的偏析，晶粒度大于 $50\mu m$，引起迅速粉碎和氧化，而熔体淬冷合金中未发现明显的偏析，晶粒很小，可抑制粉碎并防止合金氧化。淬冷率越高，晶粒越小。在高速淬冷（27m/s）下，微晶、纳米晶和非晶共存，有助于抑制氧化。但在共存区内组分波动，降低了循环稳定性。他们认为利用熔体快淬可有效地增加循环稳定性，有可能生产出低 Co 或无 Co 合金。

（5）机械合金化

机械合金化（MA）是 20 世纪 60 年代末由 J. C. Benjamin 发展起来的一种制备合金粉末的技术。其过程是用具有很大动能的磨球将不同粉末重复地挤压变形、经断裂、焊合，再挤压变形成中间复合体。这种复合体在机械力的不断作用下，不断地产生新生原子面，并使形成的层状结构不断细化，从而缩短了固态粒子间的相互扩散距离，加速了合金化过程。由于原子间相互扩散，原始颗粒的特性逐步消失，直到最后形成均匀的亚稳结构。一般 MA 所用设备有行星式、振动式、搅拌式、高能球磨机（振动＋搅拌）。球磨介质为磨球，而磨球主要有淬火钢球、玛瑙球和刚玉球、碳化钨球等。MA 的强度与所选用的球磨机的种类、磨球的种类和球磨工艺（球磨机功率、球磨时间和球料比）有关。一般高能球磨机的 MA 效果最佳，对行星式球磨机，可采用增加转速、适当减少粉末投放量来增加机械合金化功率。以淬火钢球作为球磨介质的 MA 强度最大。一般来说，球料比大，球磨能量高，但如果球料比过大，磨球没有足够的空间加速，则影响碰撞时的能量；而磨球太少，磨球能量过低，球磨能量也低。因此选择必须适当，一般情况下球料比为 5∶1～10∶1，也有达到 40∶1 甚至更高的。

① 机械合金化工作原理　机械合金化一般在高能球磨机中进行。在合金化过程中，为了防止新生的原子面发生氧化，需在保护性气氛下进行。保护气一般为氩气或氦气。同时为了防止金属粉末之间、粉末与磨球及容器壁间的粘连，一般还需加入庚烷等。球磨时容易产生热量，因此球磨桶壁应采用冷却水循环。

机械合金化可大致分为 4 个阶段：a. 金属粉末在磨球的作用下产生冷间焊合及局部层状组分的形成；b. 反复的破裂及冷焊过程产生微细粒子，而且复合结构不断细化绕卷成螺旋状，同时开始进行固相粒子间的扩散及固溶体的形成；c. 层状结构进一步细化和卷曲，单个的粒子逐步转变成混合体系；d. 最后，粒子最大限度地畸变为一种亚稳结构。

这种方法与传统方法显著不同，它不用任何加热手段，只是利用机械能，在远低于材料熔点的温度下由固相反应制取合金。但它又不同于普通的固态反应过程，因为在机械研磨过程中，合金产生大量的应变、缺陷等，对于那些熔点相差很大或者密度相差很大的元素，它比熔炼法具有更独特的优点。

② 机械合金化的特点　机械合金化与烧结法和熔炼法不同，它具有如下的特点：a. 可制取熔点或密度相差较大的金属的合金，如 Mg-Ni、Mg-Ti、Mg-Co、Mg-RE（稀土）等系列合金。Mg 的熔点为 651℃，相对密度 1.71，而其他几种金属的熔点均在 1450℃以上，相对密度均在 8 以上（除 Ti 以外，Ti 的相对密度也有 4.51），熔点和相对密度相差如此之大的 2 种以上的金属是很难用

常规的高温熔炼法制备的，而机械合金化在常温下进行，不受熔点和相对密度的限制；b. 机械合金化生成亚稳相和非晶相；c. 生成超微细组织（微晶、纳米晶等）；d. 金属颗粒不断细化，产生大量的新鲜表面及晶格缺陷，从而增强其吸/放氢过程中的反应，并有效地降低活化能；e. 工艺设备简单，不需高温熔炼及破碎设备。

机械合金化（MA）技术用于储氢合金方面始于 20 世纪 80 年代中期，当时用此方法成功制备了 Mg_2Ni 储氢合金，而后便在全世界范围内形成了机构合金化制备储氢合金的研究热潮。MA 过程增强了合金的表面积及晶格缺陷，从而使其吸/放氢动力学性能得到改善。如球磨后的纳米 Mg_2Ni 合金在 200℃下无须活化，吸氢 1h 后吸氢量达到 3.4%，而未磨的 Mg_2Ni 合金在此条件下无吸氢迹象。此外在 Ti-Fe 系中应用时，用传统的熔炼法制取的该合金的活化条件比较苛刻，初期活化必须在 450℃ 和 5MPa 的氢压下反复多次才能成为可提供使用的储氢合金，而用 MA 合成的 Ti-Fe 只需在 400℃ 真空下加热半个小时就足够了。如陈朝晖等将纳米晶 $MmNi_5$ 和 ZrCrNi 合金一起机械球磨，使细小的 $MmNi_5$ 粒子镶嵌在 ZrCrNi 颗粒表面，从而改善了 ZrCrNi 合金电极的活化性能。这种改善被认为与细小纳米晶 $MmNi_5$ 能穿透 ZrCrNi 合金表面氧化膜而为电化学吸附氢提供了有效通道有关。此外，将 $LaNi_5$ 和 V 进行机械合金化来改善难以活化的 V 的动力学特性，也获得了较好的效果。

采用机械合金化常用于制备非晶态储氢材料，是最原始、最简单制备非晶合金材料的方法。用机械合金化制备的 MH-Ni 电池用储氢合金与传统方法制备的储氢合金相比，具有活化容易、吸/放氢动力学性能好、高倍率放电能力强、循环寿命长和放电容量大等优点，是制备新型储氢合金、提高储氢合金性能的有效方法。

（6）还原扩散法

还原扩散法是将元素的还原过程与元素间的反应扩散过程结合在同一操作过程中，直接制取金属间化合物的方法。还原扩散法一般采用钙或氢化钙作还原剂与氧化物进行反应来制备所需合金。我国的申绖文院士在 20 世纪 80 年代就开始了储氢合金的化学法制备研究，成功地用还原扩散法制出 $LaNi_5$、TiNi、TiFe 等合金。将氧化物、Ni（Fe）粉、钙屑或氢化钙粉，按比例混合压成坯块，在惰性介质气氛下，在钙的熔点温度（1106K）以上加热并保温一定时间，使之充分反应和进行扩散。反应可表示为：

$$AO_{x(s)} + x Ca_{(l)} = A_{(l\&s)} + x CaO_{(s)} \tag{4-11}$$

$$A_{(l\&s)} + y B_{(s)} = AB_{y(s)} \tag{4-12}$$

总反应为：
$$AO_{x(s)} + xCa_{(l)} + yB_{(s)} = AB_{y(s)} + xCaO_{(s)} \qquad (4\text{-}13)$$

为降低成本，还开展了直接从钛铁矿制取 TiFe 合金的研究，制备过程与制备永磁材料相似。用置换扩散法合成了 Mg_2Ni、Mg_2Cu 合金，在有机溶剂中用镁粉置换 Ni^{2+}，使镍镀在镁上，在惰性气氛中进行扩散反应，便制得了具有较好的物理和化学性能的 Mg_2Ni，与冶炼法相比，还原扩散法制得的合金比表面积大、活性较高，因而表现出良好的催化活性和电化学性。如用还原扩散法制出的催化剂用 $LaNi_5$ 合金在 0℃ 就可使乙烯在加氢反应中完全转化为乙烷，而冶炼法制得的 $LaNi_5$ 合金催化活性很差，用它作催化剂在 1500℃ 时乙烯的转化率也只有 17%；用还原扩散法制出的储氢合金制成的电极比用熔炼法制备的电极放电时间长得多。

还原扩散法制备的储氢合金具有许多优点：还原产物为金属粉末，不需破碎；原料为氧化物，成本低；金属间合金化反应通常为放热反应，能耗低。其缺点是杂质含量高，成分均匀性差。

（7）燃烧合成法

燃烧合成（combustion synthesis，CS）法，又称自扩散蔓延高温合成（self-propagating high-temperature synthesis，SHS）法，是 1967 年由苏联科学家 A. G. Merzhonov 等研制钛和硼粉末压制样品的染烧时发明的一种合成材料的高新技术。用燃烧合成法制造的钒系固溶体合金，有利于提高吸氢能力，具有不需要活化处理和高纯化、合成时间短、能耗少等优点。因此，美、日、俄等国竞相开发和研究，发展非常迅速。到目前为止，世界上用 CS 法生产了包括电子材料、超导材料、复合材料、储氢材料等数百种材料。

自扩散蔓延高温合成法是在高真空和介质气氛中点燃原料引发化学反应，化学反应放出的热量使得邻近的物料温度骤然升高而引起新的化学反应，并以燃烧波的形式蔓延至整个反应物。燃烧引发的反应或燃烧波的蔓延相当快，一般为 $0.1 \sim 20\text{cm/s}$，最高可达 25cm/s，燃烧波的温度或反应温度通常都在 $2100 \sim 3500\text{K}$ 以上，最高可达 5000K，SHS 法以自蔓延的方式实现粉末间的反应。与制备材料的传统工艺相比，工序减少，流程缩短，工艺简单，一经点燃就不需要对其进一步提供任何能量。燃烧波通过试样时产生的高温，可将易挥发杂质除掉，提高产品纯度，燃烧过程中有较大的热梯度和较快的冷凝速度，用一种较便宜的原料生产另一种高附加值的产品，产生良好的经济效益。可用于镁系合金的直接合成，也可用于钒系合金的还原合成。如日本东北大学 Li Liquan 等用燃烧合成法直接生成合金氢化物 Mg_2NiH_4 的方法，即把 Mg 粉和 Ni 粉按比例在丙酮中混合、压实，干燥后在 2MPa 的氢气氛中加热（800K），使之直接形成 Mg_2NiH_4 锭。Akio Kawabata 等将 V_2O_5、Nb_2O_5 和 Al 混合物热反应制备了高性能 V 系固溶体合金，反应原理如下：

$$3V_2O_5 + 10Al \Longrightarrow 6V + 5Al_2O_3 \tag{4-14}$$

$$3Nb_2O_5 + 10Al \Longrightarrow 6Nb + 5Al_2O_3 \tag{4-15}$$

用自蔓延高温合成法制造储氢合金，有利于提高合金吸氢能力，具有不需要活化处理和高纯化合成时间短、能耗少等优点。但由于反应难于控制，反应温度过高，容易引起镁的大量挥发损失，容易造成高浓度缺陷和非平衡相结构，得到复杂相和亚稳相。

此外，电解技术也可用于储氢合金的制备，用 Ni 阴极在含 $LaCl_3$ 的 KCl-NaCl 低共熔体中电解，可得到 La-Ni 膜，其组成与温度有关，高于 900K 制得 $LaNi_5$ 膜，在乙酸镧-硫酸镍-EDTA-三乙醇胺的水溶液中，也电解沉积了 La-Ni 合金。

4.4 储氢合金的热处理技术

多组分合金经电弧炉或感应熔炼炉熔炼铸锭后，由于冷却速度不够大，造成某些组分的偏析，从而对合金的吸氢性能造成不利影响。为了克服这些不利影响，提高合金的吸/放氢性能，往往采用热处理办法。所谓热处理就是将大块铸锭合金放入真空高温炉中，在真空或氩气气氛下加热至一定温度并保温一定时间，使合金均质化的过程。

多数研究认为热处理是改善储氢合金吸/放氢性能的有效途径之一。其作用是：①消除合金结构应力；②减少组分偏析，特别是碱的偏析，使合金均质化；③使倾斜的 PCT 曲线平台平坦化少并降低平台压；④提高吸氢量；⑤提高循环寿命等。因此多数生产工艺中采用热处理。

勒红梅等对 $La_{0.9}Nd_{0.1}$ $(NiCoMnAl)_5$ 合金在 $1100\sim1150℃$ 下进行热处理研究，发现热处理消除了晶格缺陷和晶格应力，Ni、Co、Al 进一步向晶界偏聚，而 La、Mn 却向晶内偏聚，热处理后 Ni、Co、Al 元素在晶界上的含量分别由 50.02%、22.12%、3.02% 变为 54.83%、26.64%、4.34%，在晶内 Mn、La 元素含量分别由 1.46%、27.91% 增加至 2.15% 和 29.05%。偏聚在晶界的元素合金化，增强了抗碱能力，使电极循环寿命有所提高；热处理后合金脱氢 PCT 曲线斜率减小，平衡压力降低，但最大吸氢量有所减小，放电容量有所降低。崔舜对 $ML_{1-x}Mn_x$ $(NiCoMnAl)_5$ 进行热处理研究，发现 $1080℃$ 处理 6h 和 8h 后，初始放电容量有所下降，活化性能变差，与铸态合金比要推迟 $2\sim4$ 个循环才能活化，但最大放电容量有所增加，6h 比 10h 处理的性能要好。因为温度高、时间长时晶粒过于粗大。当处理时间为 4h、温度为 $1080℃$ 和 $1050℃$ 时，发现温度高时，活化性能降低，9～10 个周期才达到最大放电容量；温度低时，4～5 个周期就行，与铸态合金无区别。热处理对合金电极的稳定电压平台基本无影响。温度（1050±10）℃较合适。热处理后放电容量及循环寿命均高于未处理的合金。如 100 个、150 个、240 个周期后未处理合金的容量衰减率分别为 2%、6%、12%，而处理后合金的容量衰减率分别为 3%、6%、9%。说明 150 个周期前影响不大，150 个周期后寿命明显高于未处理合金。李传健等在研究 ML（NiCoMnAl）$_5$ 合金快淬时，发现热处理可明显弥补快淬合金的不足。热处理温度在 400～800℃下，可大大提高合金放电容量，特别是高倍率放电容量，热处理温度越高，合金放电容量提高幅度越大。热处理对提高放电电压，改善放电平台特性均有明显效果。热处理温度越高，合金放电平台性能越好，放电电压也越高。但过高的热处理温度则导致合金电化学循环的稳定性明显降低，所以选择合适的热处理温度至关重要。M. Yamamoto 等研究了热处理对 MLNi$_{4.0}$Co$_{0.4}$Mn$_{0.3}$Al$_{0.3}$ 合金的抗碱腐蚀的影响。将合金经 1000℃处理 2h 和 20h。结果发现 PCT 曲线的平台的平坦性通过热处理而大为改善，主要是由于合金组分更均一。通过将热处理和不经热处理 2 种同成分合金浸入 8mol/L KOH 中几天后，发现 2 种合金在腐蚀与处理时间和温度的关系上是相当类似的，说明热处理并不能提高合金的抗腐蚀性。因此，可以认为通常用热处理来改善循环寿命，看来不是由于抗腐蚀性能的增强，而是由于在充/放电循环中抑制了颗粒的碎裂。马志鸿等研究了热处理对 ML（NiCoMnAl）$_{4.76}$ 合金的电化学性能的影响。结果表明，在 1173～1373K 时适当的热处理可以显著提高储氢合金电极的放电容量、高倍率放电性能和交换电流密度。热处理温度的升高和时间的延长会导致合金电极电化学性能的下降。

4.5　稀土储氢合金的制粉技术

在工业生产中，储氢合金常用金属熔炼进行制备，除气体雾化为粉状化，其余有锭状的、厚板状的、薄片状的，这些产物都不能直接应用，必须粉碎至一定粒度。例如，作为电池负极材料用时，要求粉碎至 200 目以下。因此，工业上采用了不同的破碎方式，一般有干式球磨、湿式球磨和氢化粉碎等。

4.5.1　干式球磨制粉技术

干式球磨是指在保护性气氛中将球（或棒）与料以一定的球料比放入不锈钢制圆形桶中，以一定转速回转，使料受到球或棒的滚压、冲击和研磨而粉碎的一种方法，一般受球料比、转速和磨料时间所控制，与球或棒的不同直径配比也有关系，一般事先通过试验来确定最佳参数。操作时应先将大块合金（一般小于

30～40mm）通过颚式破碎机粗碎至 1～3mm，或先用颚式破碎机粗碎至
3～6mm，再用对滚机中碎至 1mm 左右，再进入球磨机中细碎。间歇式球磨时，
一次球磨时间不宜太久，否则容易黏结于桶壁，难于取出过筛，正确的方法应是
球磨 10～20min 过筛 1 次，筛出细粉后补充相应粗粒再球磨，这样操作比较麻
烦，也易于污染。所以现在工业上均采用边磨边筛的磨筛机。这种球磨机分内外
2 层桶壁，内桶壁为多孔板，其内装球和料，其外装有一定网目的筛网，当磨至
筛网目数以下时，料自动在转力下过筛，收集于盛料桶内，筛上者返回内桶中继
续球磨，从而达到连续制粉的目的。这种磨筛机制粉的方法操作简单，能实现连
续加料和连续出料，不易污染，生产量高。这种设备现在市场上已有定型产品出
售，可根据产量进行选用。

4.5.2 湿式球磨制粉技术

湿式球磨与干式球磨的不同之处在于球磨桶内不是充入惰性气体，而是充入
液体介质，即水、汽油或酒精等。球磨机一般采用立式搅拌的方式，即由搅拌桨
带动球和料在桶内转动，通过球料间碰撞、研磨而使料粉碎的一种方法。其球磨
强度也受搅拌速度、球料比、球径大小配比和球磨时间等控制，需通过事先试验
找出合适的参数。操作步骤也和干式球磨一样，需将合金块粉碎至 1mm 左右放
入。经一定时间磨碎后，以浆料的形式放出、澄清或过滤，直接用于负极调浆和
真空烘干待用。实践证明，这种方法制得的粉末氧含量与干法完全一致，用水作
介质不会引起储氢材料的氧化。水磨法制粉工艺简单，不会出现粘壁现象，而且
无粉尘污染，还能去除超细粉和部分合金锭表面氧化皮，从而提高电极性能。缺
点是如果以合金粉出售时，需要过滤（或者澄清）烘干，增加设备投资和成本，
但如果直接用于负极调浆，则较为方便。目前该工艺设备亦有定型产品出售。

4.5.3 合金氢化制粉

合金氢化制粉法是较早应用的一种方法。它是利用合金吸氢时体积膨胀，放
氢时体积收缩，使合金锭产生无数裂纹和新生面，促进了氢的进一步吸收、膨
胀、碎裂，直至氢饱和为止。这样，根据粒度要求，只需 1～2 个循环，便可使
30～40mm 大块合金粉碎至 200 目以下。

氢化时将合金块分开装入铝盒再放入高压釜中，密封抽空至 1～5Pa，通入
0.1MPa 高纯氢气置换 2～3 次后，通入 1～2MPa 高纯氢气 99.99%，合金便很
快吸氢，直至氢压为 0，再通入 1～2MPa 氢气，如此反复直至饱和为止，然后
升温 150℃，同时抽空 15min 左右，排除合金中氢气。如此反复 1～2 次后抽空
充氩，冷却至室温出炉。合金氢化制粉过程需要注意：首先，合金块必须分盘装

入铝盒，以免吸氢时放热量过于集中，同时高压釜外应用循环水冷却，以利于散热；其次，最后一次放氢时应尽量将合金中氢气排除干净，并在保护气（一般为Ar）下冷却，以免后续操作时包括过筛、分装，甚至应用时发生自燃；再次，一旦出现合金粉发热时，应立即采取冷却措施，防止继续升温而自燃；最后，氢化粉的操作应在氩气保护的手套箱中进行，千万不要在流动的通风柜中操作，否则会很快燃烧烧殆尽，不可收拾。

氢化制粉的优点是操作简单，研究表明，氢化粉制得的 MH 二次电池的容量高于球磨制粉 $10\sim20$ mA·h/g，活化速率也较快。缺点是需要耐高压设备，氢排出不干净时，容易发热，不利于大规模应用。

4.6　稀土储氢合金的表面处理

作为储氢材料，其特性有整体性质和表面性质。例如储氢容量、反应生成焓是典型的整体性质。这些性质主要取决于合金体的组成成分和晶体结构。而其他性质如活化、钝化、在电解液中的腐蚀和氧化、电催化活性、高倍率放电能力以及循环寿命基本上是表面性质，主要取决于合金的表面特性。合金的表面特性严重地影响合金以及电极的整体性质，因此人们研究了很多措施来改善合金粉的表面特性，这些措施就是我们常说的表面处理技术。其目的在于改变合金的表面状态，从而改变合金的有关动力学性质，使合金的固有性能得以充分发挥。

一般认为储氢合金性能的恶化主要有 2 种模式：一是储氢合金的微粉化及表面氧化扩展到合金内部；另一种是在储氢合金表面形成钝化膜，使合金失去活性。对合金粉进行表面改性处理是提高合金或电极性能的一种有效手段。其优点是在不改变储氢合金整体性质的条件下，改变合金的表面状态从而提高合金或电极的性能。

合金表面层在吸/放氢过程中充当着重要的作用。一方面，在固气反应中，由于储氢合金的表面催化作用，气体在合金表面解离成氢原子，氢原子向合金内部扩散，并吸藏在金属原子间隙中；当体系升温时，氢又被释放出来，反复吸/放氢，合金体积发生反复膨胀和收缩，最终导致微粉化，这时合金的热传导性能降低，反应热的扩散就成了控制反应的步骤，因此表面导热性也就很重要了。另一方面，当储氢合金用作电池电极时，在回路中施加电压、电流下，电解液中的水在合金表面分解成氢原子，氢原子向表面内部扩散并被吸收。当通以反电流时，氢释放出来并被氧化成水。由于电子是通过合金表面这一传播媒介传导给电解液，因此，具有良好电子传导性的表面，就成为制约电极反应的重要因素。另外，在碱性电解液中，合金表面易被腐蚀，因此，合金表面的抗腐蚀能力也就决定了合金的使用寿命。综上所述，改善合金表面的导电性、催化活性、氢扩散性、耐腐蚀性以及热传导性等是制得优秀合金的重要因素。

表面处理是对合金表面进行化学或者物理处理。目前所研究的合金表面处理方法主要有：①合金表面包覆金属膜处理；②碱溶液处理；③氟化物溶液处理；④酸性溶液处理；⑤有机酸处理；⑥储氢合金表面机械合金化等。其作用如表 4-6 所示。

表 4-6   常见的表面处理方法对 AB_5 储氢合金电极性能的影响

表面处理方法	作用
合金表面包覆膜处理（化学镀 Cu、Ni 等）	在合金表面化学镀一层金属膜，使其成为一种微膜合金颗粒，从而改善合金的导电、导热性能，增强合金的抗氧化能力，减少充/放电循环过程中合金细粉的产生
碱溶液处理	在表面形成一富镍层使得合金电极的电催化、活性传导性、放电容量以及快速放电能力得到提高，同时改善了合金电极的循环寿命
氟化物溶液处理	提高合金的吸氢速率，改善动力学性能，增强合金抗毒性，在表面形成一富镍层使得合金的活化性能和电催化性能也有极大地提高
酸处理（有机酸、无机酸）	能激活合金的初始放电反应，在储氢合金表面形成富镍、富钴层，提高合金微粒电导率，改善合金的电催化活性和快速充/放电性能，提高循环寿命

4.6.1　表面包覆金属膜

表面包覆金属膜就是在合金粉粒表面用化学镀方法镀上一层多孔的金属膜，以改善合金粉的电子传导性、耐腐蚀性和导热率，包覆的材料一般为 Ni、Cu 或 Co 等。包覆后的合金对改进合金电极的性能非常有效。应用于密封可充电池中有以下作用：①表面包覆层作为微电流集流体，改善了合金表面的导电性和导热性，提高了合金的充/放电效率，加快了储氢电极的初期活化；②作为阻挡层，对合金起保护作用，防止合金的粉化和氧化，提高合金的循环寿命。如，许剑轶等以 A_2B_7 型储氢合金 $La_{1.5}Mg_{0.5}Ni_{6.5}Co_{0.5}$ 为对象，在不同反应温度下对合金粉末进行化学镀镍。所用试剂及浓度为：硫酸镍 40g/L；柠檬酸钠 45g/L；氯化铵 40g/L；次亚磷酸钠 25g/L。在中速搅拌下，pH＝7.5 时进行反应。用次磷酸钠作还原剂的化学镀镍包括以下过程：

$$H_2PO_2^- + H_2O \longrightarrow HPO_3^{2-} + H^+ + 2H \tag{4-16}$$

$$Ni^{2+} + 2H \longrightarrow Ni + 2H^+ \tag{4-17}$$

$$2H \longrightarrow H_2 \tag{4-18}$$

$$H_2PO_2^- + H \longrightarrow H_2O + OH^- + P \tag{4-19}$$

次磷酸钠被催化分解放出原子氢，氢原子再将 Ni^{2+} 还原为金属镍并沉积在合金粉表面上。但储氢材料也会同时发生吸/放氢过程，合金可能继续粉化，造成镀层不匀。研究发现，储氢合金镀铜后抗粉化能力加强，因此在镀镍时虽有吸/放氢过程发生，但基本上克服了粉化现象，使合金颗粒增大。与未包覆相比，包覆后合金电极循环寿命在一定程度均好于未包覆的合金，同时包覆后合金电极的活化性能、高倍率放电性能、交换电流密度和氢的扩散速率均得到明显的提高，且随着反应温度的升高而增大。而后他们采用酸性浸镀包覆铜法对该合金表面化学镀 Cu，探讨了在浸蚀镀铜的镀液中，通过加入不同摩尔浓度的硫酸溶液得到的合金电极对其吸/放氢过程动力学的影响。结果表明，与未包覆 Cu 相比，包覆后合金电极的交换电流密度增大，且随着 H_2SO_4 浓度的增加而增大。其极限电流也逐渐增大，从 H_2SO_4 浓度为 $c = 0.025mol/L$ 时的 2166.01mA/g 增加到 $c = 0.1mol/L$ 时的 2681.93mA/g。合金电极中氢的扩散速率得到不同程度的提高，表明化学镀铜能有效地提高储氢合金电极吸/放氢过程的动力学性能。其高倍率放电性能的改善是源于电极表面的电子迁移速率和氢在合金体相中扩散速率这两方面共同作用。康龙等以 $La_{1.5}Mg_{0.5}Ni_7$ 合金为研究对象，研究未包覆和表面包覆 Cu 以及对包覆 Cu 的储氢合金进行再包覆 Ni、Co 处理的合金电极电化学性能。实验结果表明，表面包覆 Cu 和 Cu_2Ni 后的储氢合金电极循环稳定性有所提高，而包覆 Cu_2Co 的合金电极稳定性较差，但电极容量有所提高。线性极化扫描和电化学阻抗图谱分析结果表明，包覆 Cu、Cu_2Co 及 Cu_2Ni 处理改善合金电极的交换电流密度 I_0，降低电化学阻抗，说明包覆处理改善合金表面的电催化活性，加快合金表面电荷的迁移速率，从而提高高倍率放电能力。C. Iwakura 等研究了化学镀 Cu、Ni-P、Ni-B 对 $MmNi_{3.6}Mn_{0.4}Al_{0.3}Co_{0.7}$ 合金放电容量、电催化活性和快速放电能力的影响，发现，合金包覆后容量增加，尤以包覆 Cu 最佳，Ni-P 也较好，Ni-B 次之。包覆后交换电流密度增加，快速放电能力亦有所增加。他们用 SEM 观察了镀层表面形貌，发现化学镀层以半球形部分地包覆在储氢合金的表面，储氢合金靠化学镀层相互联系在一起，说明化学镀层主要作为微集流体，改善了储氢合金的活性物质利用率。

总之，以上这些研究表明化学镀层对储氢合金的实际应用有很多优点。但是在实际生产也带来了一些不可克服的问题。如采用化学镀处理工艺，过程增加不少工序、设备，还要使用一些昂贵的试剂及对人体和环境不利的试剂，相对成本较高，操作也较麻烦。包覆时，从还原剂上产生氢气，使镀液溢出，同时发生镀液冒烟，在有着火源的场合有爆炸的危险，必须有特殊的排气设备。另外，还原的铜不但镀在合金粒上，还可能镀在容器内壁及搅拌器具等接触部分，因此这种方法对吸氢合金镀量不易控制，消耗多余试剂，从容器及器具上清除镀层也很繁杂。

4.6.2 储氢合金的碱液处理

为了改善合金的电化学性能和动力学性能，人们采用了很多表面处理的方法，碱处理是其中重要手段之一。碱处理时，碱液浓度、温度和处理时间是影响处理效果的重要参数，而碱液中掺入还原剂、氧化剂、螯合剂、氢氧化物等也为碱处理带来不同效果。一般认为，通过浓碱高温处理可以改善合金的动力学性能，提高高倍率放电能力，改善合金电极的循环寿命。

碱处理操作比较简单，通常是将磨细至一定粒度的合金粉，浸入高温的浓碱中，不定期搅拌，浸渍一定时间后用去离子水洗净碱液，然后干燥即行。如，M. Ikoma 等对 Mm（NiMnAlCo）$_5$ 合金在相对密度为 1.3 的 KOH 溶液，温度80℃下进行碱处理。发现碱处理后在合金表面形成棒状和鳞片状颗粒。分析证明，棒状颗粒是 La 或 Ce 的化合物，而鳞片状颗粒是 Mn 的化合物。碱处理后，由于 Mn 和 Al 首先溶解并黏附于合金表面。处理后的合金稀土氢氧化物和锰氧化物大量存在于表面而形成厚层，Ni 和 Co 在表层附近仅以金属态少量存在，从而导致合金表面 Mn 和 Al 量增加，而 Co 量减少。在碱处理的开始阶段侵蚀反应迅速进行，侵蚀至一定深度后便停止。碱处理后形成的稀土氧化物可以起到防止进一步腐蚀的屏障作用。试验证明，虽然 Co 含量高的合金抑制了粉碎，如果不进行碱处理的话，其循环寿命还是很短。这表明，碱处理在合金表面引起的结构变化增强了抗腐蚀性，并抑制了负极容量的变化。而通过碱处理后，随合金中Co 含量的增加，合金的循环寿命明显增加。

潘洪革等研究了在含 KBH$_4$ 的碱液处理对 MLNi$_{3.7}$Co$_{0.6}$Mn$_{0.4}$Al$_{0.3}$ 储氢合金电极动力学性能的影响。发现用含 KBH$_4$ 碱液处理合金粉末可有效地提高氢化物电极的高倍率放电能力，并且硼氢化钾的浓度越高，高倍率放大能力越大。另外，实验还证明合金通过含 KBH$_4$ 的 6mol/L KOH 碱液处理，能有效地提高氢化物电极的交换电流密度、极限电流密度和 α 相中氢的扩散系数等各项动力学性能。而且硼氢化钾的浓度越高，动力学性能提高得也越大。KBH$_4$ 碱液处理对储氢合金电极动力学性能的改善导致合金的阴、阳极极化明显减小。

N. Kuriyama 等用含 1%（质量分数）的 H$_2$O$_2$ 的碱液处理 LaNi$_{4.7}$Al$_{0.3}$ 合金。发现，处理后增强了合金电极的电化学活性，在合金表面上金属 Ni 浓度增加而 La 减少，认为这是一种在储氢合金亚表面层上富集金属 Ni 的表面处理，Ni 颗粒在表面区内的不同分散态导致合金表面电荷传输反应的催化活性得以改善。

4.6.3 储氢合金的酸处理

储氢合金酸处理也是表面改性的主要手段之一。经酸处理以后，除去了合金粉表面的稀土类浓缩层，表面化学成分、结构和状态均会发生变化，使得合金粉表面变得疏松多孔，比表面积增大，并引入新的催化活性中心。这对储氢合金的早期活化和提高容量十分有利。而且，表面除去富稀土层的合金，在充/放电循环时，很少生成不导电的稀土类氧化物，有利于提高电极的循环寿命。目前常用的酸有盐酸、硝酸、甲酸等有机、无机酸溶液或者酸以及盐配制的缓冲溶液。

酸处理的优点是温度低，在常温下就可迅速反应；时间短，十几分钟就可完成；设备简单、操作方便；酸浓度极低，不污染环境，是一种很有前途的表面处理方法。如，郭靖洪等用甲酸和甲酸与氨水混合体系处理储氢合金，结果发现在合金表面形成富金属 Ni 和 Co 催化层，富镍层有利于催化电池充电后期正极所产生的氧气趋于离子化的反应，这种离子化氧原子较易与水反应生成 OH^-，不会深入到储氢合金内部去氧化合金中其他金属元素，从而提高了合金的耐蚀性，同时也增加了合金比表面积，提高了合金电极在碱液中的电化学反应速率和抗氧化能力，促进了氢原子在合金本体中的扩散，改善了储氢合金高倍率放电能力，提高了 Ni/MH 电池的充/放电循环寿命、放电能力。T. Lmoto 等分别采用感应熔炼后退火和迅速淬冷后退火制备 Mm（$Ni_{0.64}Co_{0.20}Al_{0.04}Mn_{0.12}$）$_{4.76}$合金，用 HCl 处理后的显微结构和电化学性质进行了研究，发现对活化性能而言，用盐酸处理的大于不处理的，淬冷合金大于浇铸合金。在放电容量和抗氧化性上，处理与不处理无差别。处理前后不影响 PCT 性质及晶粒大小，但处理后比表面积是处理前的 3.5 倍。HCl 处理过的合金表面有微孔，不处理的无微孔，且浇铸退火样品微孔大于快淬合金微孔。

4.6.4　储氢合金的氟化处理

在合金颗粒形成氟化物的方法是 1991 年发现的。氟化处理是指合金在氢氟酸或者含氟溶液中被处理，从而使合金表面能形成氟化物的元素之间的反应的原理。以 $LaNi_5$ 为例：

$$HF_2^- \rightleftharpoons HF + F^- \qquad (4-20)$$

$$HF \rightleftharpoons H^+ + F^- \qquad (4-21)$$

$$La^{3+} + 3e^- + 3H^+ + 3F^- \Longrightarrow LaF_3 + 3H \qquad (4-22)$$

氟化过程中的重要现象之一就是在处理液中发生氢化反应，形成氢化物，并在表面层发生微细的裂纹，在其周边也形成氟化物。氟化物层具有复杂形状，有利于比表面积的增大和颗粒细化，促进氢透过点的增加。另外，这层氟化物也担负着保护表面，防止水、空气、二氧化碳及一氧化碳等杂质的侵害，对分子和离子态氢有选择性透过的性质，发挥促进位于其下层的富镍层上的单原子化的效果。

F. J. Liu 等研究发现，经 HF 等氟化物溶液处理后，合金微粒表面覆盖了一层厚度 $1\sim2\mu m$ 的氟化物层，在氟化物层下的亚表面则是一层电催化活性良好的富 Ni 层，直接影响到合金电极的活化性能、氢吸附性与电催化性能。经氟化物溶液处理后，合金的活化、高倍率放电性能及循环稳定性均能得到一定改善。张继文等以 $La_{1.8}Ca_{0.2}Mg_{14}Ni_3$ 为研究对象，系统地研究了 NH_4F 溶液处理对合金的吸/放氢性能的影响，发现氟处理对 $La_{1.8}Ca_{0.2}Mg_{14}Ni_3$ 合金的初次吸氢性能有很大的影响，处理的合金在 300K、4.0MPa 下能部分吸氢，在 20min 内就能达到 1.92% (质量分数)。H. Y. Park 等对掺有金属 La 的 $Zr_{0.7}Ti_{0.3}V_{0.4}Mn_{0.3}Ni_{1.2}$ 合金进行氟化处理。研究发现，处理以后在合金颗粒表面形成了稳定的 La-F 化合物保护层和具有活化特性的富 Ni 亚层，改善了电极的充/放电极化曲线，抑制了电极的粉化，提高了循环寿命。

总的来说，储氢合金的氟化处理可以增大其储氢反应比表面积，改善其表面电负性，是一种可行的表面处理方法。

4.6.5 表面高分子修饰处理

储氢合金的表面高分子修饰处理，主要就是指对电极所用黏合剂的选择以及在电极表面涂覆高分子有机物质层的处理过程。

潘颖辉等将制好的 MH 电极干燥后再在表面涂覆一层聚四氟乙烯 (PTFE)。试验结果表明，在适当的压力温度下，MH 电极表面涂覆的聚四氟乙烯能较好地分散到合金周围，避免了储氢合金粉在循环充/放电时的脱落，提高了活性物质的利用率。2%PVA 和 15%PTFE 联合使用制得的极片在大电流放电条件下具有较高的放电容量。亲水性黏合剂如聚氯乙烯 (PVC) 等，可以使电化学反应的有效面积增加，降低充/放电电流密度，减小电极内阻和极化，但是这种黏合剂在碱液中易发生溶胀，使黏结力下降出现粉化现象，降低电池容量和循环寿命。憎水性黏合剂则恰恰相反，如聚四氟乙烯 (PTFE)，它使电解液对负极的湿润性差，导致电极充/放电时极化增大，电极放电平台和大电流放电性能降低，但其耐碱性较好，电极循环过程中不会因黏合剂性能变差导致电极粉化，且充电过程中产生的氧气能顺利通过憎水层在负极进行复合反应。

4.6.6 其他表面处理方法

以上所述的几种方法均是对储氢合金粉体进行表面处理的方法。在实际应用中人们也常采用对负极进行处理的方法，即直接对已成型的储氢合金负极实施表面处理。如，D. Y. Yan 等对用含联氨 ($N_2H_4 \cdot H_2O$) 的碱液处理 $LaNi_{4.7}Al_{0.3}$ 合金电极进行了研究。将该合金粉用 5% (质量分数) 的聚四氟乙烯粉 (PTFE) 和 25% (质量分数) 的 Ni 粉混合，将混合粉压于 2 片 Ni 丝网之间制成电极，然后将电极浸入含联氨的 KOH 或 NaOH 溶液内。如含 5% (体积分数)

$N_2H_4 \cdot H_2O$ 的 6mol/L 溶液中，50℃下处理 2h，然后用纯水洗涤至 pH＝7 后干燥。结果认为，碱液中联氨浓度、温度和处理时间都明显地影响合金电极的起始活化过程。在最佳处理条件下，电极的放电容量第 1 个循环就达 271mA·h/g，为最大容量的 96.1%，第 2 个循环的放电容量已达最大；不同温度的试验表明，在高于室温下处理，如 50℃下可得到较好的结果；在浓碱液中 1～2h 处理是合适的，但在稀碱液中处理时间需长一些；更高的 $N_2H_4 \cdot H_2O$ 溶液不能促进活化过程；用含 N_2H_4 的 6mol/L KOH 溶液比单一 KOH 溶液处理的容量要高；在 N_2H_4 处理过程中，合金大量吸氢，因为 N_2H_4 在合金的催化作用下，分解成气态 N_2 和原子氢，化学吸附于电极表面上，原子氢穿过表面层并扩散入合金晶格的间隙位置，形成金属氢化物。处理后 La 以 La(OH)$_3$ 形式存在于合金表面，Ni 以金属态存在于亚层。强还原剂联氨在一定程度上可保持细 Ni 原子团的活性。因此，N_2H_4 处理的合金电极具有高起始容量和在快速充/放下的低极化。该法可用于 AB_5、A_2B、AB_2 以及几乎所有的储氢材料。

Dong-Myung Kim 等报道了 AB_2 型 $Zr_{0.7}Ti_{0.3}Cr_{0.3}Mn_{0.3}V_{0.4}Ni_{1.0}$ 合金的热充电处理。将电极浸在 30%KOH 溶液中，控制温度在 50～80℃ 范围内，同时以 50～300mA/g 的充电电流密度充 2～8h。当处理的电极冷却后，以 25mA/g 电流放电测定热充处理时的充电量。为了使热充条件优化，对不同温度和充电电流密度、时间进行了比较。结果认为，最佳条件为 80℃、50mA/g、8h。在这种条件下处理后合金电极，在第 1 个充/放电循环后就被完全活化，起始放电容量随处理时间逐渐增加，处理 8h 后达最大容量。另外还对未处理电极、80℃下热碱处理 8h 的电极以及 80℃、50mA/g 下热碱中充电处理 8h 的电极进行了比较。结果表明，未处理电极和热碱处理的电极分别在 30 个循环和 20 个循环下才完全活化。而热充处理的电极，在第 1 个循环后就显示出 350mA·h/g 的高容量。由此可见，充电和溶液温度对活化起着关键作用。

电极的热充处理不仅导致因体积膨胀而形成新表面，而且由于组成元素的部分溶解，在合金表面形成富 Ni 区，以及电位向负方向偏移而形成还原气氛，因此，$Zr_{0.7}Ti_{0.3}Cr_{0.3}Mn_{0.3}V_{0.4}Ni_{1.0}$ 电极的活化性质大大改善，而且表现出很高的高倍率放电容量。

以上介绍了储氢合金的各种表面处理方法，有的已在工业规模上应用，有的还处于实验研究阶段。这些方法对提高合金表面的导电性、催化活性、氢扩散性以及耐蚀性均有促进作用。这对于加快合金的活化、改善合金的快速充/放电性能、延长合金的循环寿命是很有利的。各工艺有各自的优缺点，可酌情选用。

4.7 储氢合金粉的包装

储氢合金制粉后，应立即包装，以免暴露在空气中遭受空气和潮湿气氛的侵害。一般采用铝塑复合真空包装袋，然后按箱或桶装入结实的瓦楞纸箱（短途运输）或铁桶内（长途运输），并用包装带捆扎牢固，防止运输途中破损，不用时应保存在通风良好的干燥地方，1次用不完的袋应立即用真空封装机重封，或放入真空干燥器中保存。

4.8 储氢合金的应用

4.8.1 镍/金属氢化物（Ni/MH）电池

Ni/MH电池源于20世纪70年代，并于20世纪90年代正式进入市场。在这期间，Ni/MH电池的质量能量密度达到110W·h/kg，体积能量密度则达到了490W·h/kg。产业化的Ni/MH电池容量规格涵盖了从30mA/h的纽扣电池到250A/h的电动汽车电池。无论是哪种规格的电池，其电池性能主要取决于电极的活性物质，因此，储氢合金作为Ni/MH电池的负极材料一直受到人们的广泛关注。人们也围绕储氢合金做了大量的研究工作，开发了多种可用于Ni/MH电池负极材料的储氢合金，包括稀土系AB_5型合金、Ti-和Zr-系AB_2型合金、Mg系无定形和纳米晶合金、稀土-镁-镍（R-Mg-Ni）系超晶格结构合金以及Ti-V-系多组分多相合金等。

Ni/MH电池是继Ni/Cd电池之后的新一代高能二次电池，它具有高容量、大功率和无污染等特点。1988年，美国Ovonic和日本松下、兰芝、三洋等电池公司先后成功开发出AB_2型和AB_5型Ni/MH电池。Ni/MH电池逐渐从应用于便携式电动工具的小型圆柱形电池（0.7～5A/h）发展成为可应用于电动交通工具的方形蓄电池组（100A/h）。1999年，通用汽车公司首次将Ni/MH电池应用于电动交通工具EV1中。此外，Ni/MH电池的发展也受到我国政府的大力鼓励和支持，新材料产业"十二五"发展规划中就将"积极开发高比容量、低自放电、长寿命的新型储氢材料"作为发展重点，并在其重点产品目录中列出了"动力电池用稀土储氢合金""低自放电型稀土储氢合金"与"高容量型稀土储氢合金"等三类合金。

4.8.2 氢的存储与运输

氢的存储与运输是氢能利用系统的重要环节，利用储氢合金制成的氢能储运装置实际是一个金属-氢气反应器，分为定置式和移动式，它除要求其中的储氢合金储氢容量高等基本性能外，还要求此装置具有良好的热交换特性，以便合金吸/放氢过程及时排出和供给热量，其次还要求装合金的容器气密性好、耐压、耐腐蚀、抗氢脆。目前试验开发的这类装置有列管式、热管式、内部隔板型、圆筒式、单元层叠型等，试验的储氢合金有 $MmNi_{4.5}Mn_{0.5}$、TiFe 系合金、Mg 系合金等。镁系合金因质量小、储氢容量大在汽车等用的移动式储氢装置中具有特别的优势，镁系合金属于高温型储氢合金，必须解决合金吸/放氢过程中大量的热量交换问题。

4.8.3　氢的回收、分离、净化

石油化工等行业经常有大量的含氢尾气，如合成氨尾气含有 $50\%\sim60\%$ H_2，将含氢尾气流过装有储氢合金的分离床，其中氢则被合金吸收，然后加热合金则可得纯氢。美国空气产品与化学产品公司和 MPD 公司联合开发的用 $LaNi_5$ 合金做成的回收装置，回收合成氨尾气，氢回收率达 $75\%\sim95\%$，产品氢纯度达 98.9%。该储氢合金还可用于氢的提纯，如利用 $Mm\ Ni_{4.5}Mn_{0.5}$ 合金可将工业储氢纯度提高到 99.9999%。核工业中氢（H_2）、重氢（D_2）、氚（T）等氢同位素分离，则是利用同一温度下，H_2、D_2、T 与合金反应的平衡压差实现分离，氢同位素分离使用的合金有 $V_{0.9}Cr_{0.1}$、TiCr 等。氢气中常含有 O_2、CO_2、CO、SO_2、H_2O 等杂质气体，易使合金中毒，因此用于氢的回收、分离、净化的储氢合金要求有良好的抗毒性能，氢气中杂质气体种类、含量成了选择此类储氢合金的重要基准之一。研究表明，稀土系储氢合金抗 O_2、H_2O 毒害能力较强，而钛系储氢合金抗 CO_2、CO 毒害能力较强。

4.8.4　热能系统及其他领域的应用

利用储氢合金吸/放氢过程的热效应，可将储氢合金用于蓄热装置、热泵（制冷、空调）等。储氢合金蓄热装置一般可用来回收工业废热，用储氢合金回收工业废热的优点是热损失小，并可得到比废热源温度更高的热能。日本化学技术研究所试验开发的蓄热装置主要由两个相互联通的蓄热槽 A 和 B 组成，蓄热槽内填充约 10kg 的 Mg_2Ni 合金，废热源来的热加热蓄热槽 A 内的 Mg_2Ni 合金，放出的氢流向蓄热槽 B 并储存起来，实现蓄热，氢反向流动则放热，其蓄热容量约 4360kJ，可有效利用 $300\sim500℃$ 的工业废热。利用储氢合金蓄热的关键是根据废热温度、合金吸/放氢压力及热焓等选择合适的储氢合金。储氢合金热泵工作原理是：已储氢的合金在某温度下分解放出氢，并把氢加压到高于其平衡压，然后再进行氢化反应，从而获得高于热源的温度，热泵系统中同样有两个填充储氢合金的容器，但两个容器内填充的储氢合金的种类不同。储氢合金还可用于制备金属粉末、反应催化剂以及利用金属氢化反应压力-温度变化规律制作热压传感器等。

参考文献

[1]　徐光宪主编 . 稀土（下册）. 第 2 版 . 北京：冶金工业出版社 . 1995.

[2]　大角泰章著 . 金属氢化物的性质与应用 [M]. 吴永宽译 . 北京：化学工业出版社，1990.

[3]　胡子龙 . 贮氢材料 [M]. 北京：化学工业出版社，2002.

[4]　程菊，徐德明 . 镍氢电池用储氢合金现状与发展 [J]. 金属功能材料，2000，7(5)：13 -15.

[5]　许剑轶，张胤，阎汝煦，等 . Ni/MH 电池用 AB₅ 型贮氢合金电极研究进展 [J]. 稀土，2009，6：78-82.

[6]　Ye H, Zhang H, Wu WQ, et al. Influence of the Boron Additive on the Structure, Thermodynamics and Electrochemical Properties of the MmNi$_{3.55}$Co$_{0.75}$Mn$_{0.4}$Al$_{0.3}$ Hydrogen storage alloys [J]. Journal of Alloys and Compounds, 2000, 312(1 - 2)：68-76.

[7]　Masao Matsuoka, Tatsuoki Kohno, Chiaki Iwakura. Electrochemical properties of hydrogen storage alloys modified with foreign metals [J]. J. Electrochimica Acta, 1993, 38(6)：787-791.

[8]　Ben Moussa M, Abdellaoui M, Mathlouthi H, et al. Electrochemical properties of the MmNi$_{3.55}$Mn$_{0.4}$Al$_{0.3}$Co$_{0.75-x}$Fe$_x$ (x = 0.55 and 0.75) compounds [J]. Journal of Alloys and Compounds, 2008, 458(1-2)：410-414.

[9]　Li S L, Wang P, Chen W, et al. Effect of non-stoichiometry on hydrogen storage properties of La(Ni$_{3.8}$Al$_{1.0}$Mn$_{0.2}$)$_x$ alloys [J]. International Journal of Hydrogen Energy, 2010, 35(8)：3537-3545.

[10]　Yang S Q, Han S M, Li Y, et al. Effect of substituting B for Ni on electrochemical kinetic properties of AB₅-type hydrogen storage alloys for high-power nickel/metal hydride batteries [J]. Materials Science and Engineering: B, 2011, 176(3)：231-236.

[11]　Chartouni D, Meli F, Züttel A, et al. The influence of cobalt on the electrochemical cycling stability of LaNi₅-based hydride forming alloys [J]. Journal of Alloys and Compounds, 1996, 241(1-2)：160-166.

[12]　Pandey S K, Srivastava A, Srivastava O N. Improvement in hydrogen storage capacity in through substitution of Ni by Fe [J]. International Journal of Hydrogen Energy, 2007, 32(13)：2461-2465.

[13] Li S L, Wang P, Chen W, et al. Hydrogen storage properties of $LaNi_{3.8}Al_{1.0}M_{0.2}$ (M= Ni, Cu, Fe, Al, Cr, Mn) alloys [J]. Journal of Alloys and Compounds, 2009, 485(1-2): 867-871.

[14] Odysseos M, De Rango P, Christodoulou CN, et al. The effect of compositional changes on the structural and hydrogen storage properties of (La-Ce) Ni_5 type intermetallics towards compounds suitable [J]. Journal of Alloys and Compounds, 2013, 580: 268-270.

[15] Li X F, Xia T C, Dong H C, et al. Preparation of nickel modified activated carbon/ AB_5 alloy composite and its electrochemical hydrogen absorbing properties [J]. International Journal of Hydrogen Energy, 2013, 38(21): 8903-8908.

[16] Liang G, Huot J, Boily S, et al. Catalytic effect of transition metals on hydrogen sorption in nanocrystalline ball milled $MgH_2 - Tm$ (Tm= Ti, V, Mn, Fe and Ni) systems [J]. J. Alloys Compd, 1999, 292 (1-2): 247-252.

[17] 张文魁, 雷永泉, 杨晓光, 等. AB_2 型锆基 Laves 相贮氢电极材料的研究进展 [J]. 电池, 1996 (3): 134-138.

[18] 李平, 王新林, 吴建民, 等. AB_2 型 Laves 相贮氢电极材料的研究现状 [J]. 金属功能材料, 2000, 7 (2): 7-12.

[19] Noritake T, Towata S, Aoki M, et al. Charge density measurement in MgH_2 by synchrotron X-ray diffraction [J]. J. Alloys Compd, 2003 (356-357): 84-86.

[20] 李学军, 崔舜, 周增林, 等. 稀土(镁) 系 AB_2 型贮氢合金的研究进展 [J]. 材料导报, 2008, 22 (7): 77-81.

[21] 许剑轶, 阎汝煦, 罗永春, 等. A_2B_7 型 $La_{0.75}Mg_{0.25}Ni_{3.5-x}Fe_x$ (x= 0~0.3) 贮氢合金相结构及电化学性能研究 [J]. 稀有金属, 2009, 33 (3): 323-327.

[22] Lu J, Choi YJ, Fang ZZ, et al. Hydrogen storage properties of nanosized MgH_2- 0.1TiH$_2$ prepared by ultrahigh-energy-high-pressure milling [J]. J Am Chem Soc 2009, 131: 15843-15852.

[23] Bogdnovic B, Harwing TH, Spliethoff B. IThe development, testing and optimization of energy storage materials based on the MgH_2-Mg system [J]. Int J Hydrogen Energy, 1993, 18: 575-589.

[24] Kubota A, Miyaoka H, Tsubota M, et al. Synthesis and characterization of magnesium-carbon compounds for hydrogen storage [J]. Carbon. 2013, 56: 60.

[25] Yuan J G, Zhu Y F, Li Y, et al. Effect of multi-wall carbon nanotubes supported palladium addition on hydrogen storage properties of magnesium hydride [J]. Int J Hydrogen Energy. 2014, 39(19): 10184.

[26] Long S, Zou J X, Liu Y N, et al. Hydrogen storage properties of a Mg – Ce oxide nano-composite prepared through arc plasma method [J]. J Alloys Compd. 2013, 580(S1): 167.

[27] Han Zongying, Zhou Shixue, Wang Naifei, et al. Crystal Structure and Hydrogen Storage Behaviors of Mg/MoS_2 Composites from Ball Milling [J]. Journal of

Wuhan University of Technology. 2016, 34（4）：773-778.

［28］ Pozzo M, Alfe D. Hydrogen dissociation and diffusion on transition metal (= Ti, Zr, V, Fe, Ru, Co, Rh, Ni, Pd, Cu, Ag) -doped Mg (0001) surfaces ［J］. Int J Hydrogen Energy. 2009; 34: 1922-1930.

［29］ Song M Y, Kwon S N, Park H R, et al. Int. Improvement in the hydrogen storage properties of Mg by mechanical grinding with Ni, Fe and V under H atmosphere ［J］. J. Hydrogen Energy 36 (2011) 13587-13594.

［30］ Liang G, Huot J, Boily S, Van Neste A, et al. Catalytic effect of transition metals on hydrogen sorption in nanocrystalline ball milled MgH_2 - Tm (Tm= Ti, V, Mn, Fe and Ni) systems ［J］. Journal of Alloys and Compounds, 1999, 292(1-2): 247-252.

［31］ Huot J, Pelletier J F, Lurio L B, et al. Structure of nanocomposite metal hydrides ［J］. Journal of Alloys and Compounds, 2003, 348(1 - 2): 319-324.

［32］ SungNam Kwon, SungHwan Baek, Daniel R. Enhancement of the hydrogen storage characteristics of Mg by reactive mechanical grinding with Ni, Fe and Ti ［J］. Int J Hydrogen Energy 2008, 33: 4586-4592.

［33］ Luo F P, Wang H, Ouyang L Z, et al. Enhanced reversible hydrogen storage properties of a Mg - In - Y ternary solid solution ［J］. Int. J. Hydrogen Energy, 2013, 38: 10912-10918.

［34］ Lai-Peng Ma, Ping Wang, Hui-Ming Cheng. Improving hydrogen sorption kinetics of MgH_2 by mechanical milling with TiF_3 ［J］. Journal of Alloys and Compounds, 2007, 432: 1 - 4.

［35］ Recham N, Bhat V V, Kandavel M, et al. Reduction of hydrogen desorption temperature of ball-milled MgH_2 by NbF_5 addition ［J］. Journal of Alloys and Compounds, 2008, 464: 377 - 382.

［36］ Lai-Peng Ma, Ping Wang, Hui-Ming Cheng. Hydrogen sorption kinetics of MgH_2 catalyzed with titanium compounds ［J］. Int. J. Hydrogen Energy, 2010, 35: 3046-3050.

［37］ Malka I E, Pisarek M, Czujko T, J, et al. A study of the ZrF_4, NbF_5, TaF_5, and $TiCl_3$ influences on the MgH_2 sorption properties ［J］. Int. J. Hydrogen Energy, 2011, 36: 12909-12917.

［38］ Anna Grzech, Ugo Lafont, Pieter C. et al. Microscopic Study of TiF_3 as Hydrogen Storage Catalyst for MgH_2 ［J］. J. Phys. Chem. C, 2012, 116, 26027-26035.

［39］ Daryani M, Simchi A, Sadati M, et al. J. Hydrogen Energy 39 (2014) 21007-21014.

［40］ Tiebang Zhang, Xiaojiang Hou, Rui Hu, et al. Non-isothermal synergetic catalytic effect of TiF_3 and Nb_2O_5 on dehydrogenation high-energy ball milled MgH_2 ［J］. Materials Chemistry and Physics, 2016, 183: 65-75.

［41］ Sanjay Kumar, Ankur Jain, S. Yamaguchi, et al. Surface modification of MgH_2 by $ZrCl_4$ to tailor the reversible hydrogen storage performance ［J］. Int. J. Hydrogen

Energy, 2017, 42: 6152-6159.

[42] Dornheim M, Doppiu S, Barkhordarian G, et al. Hydrogen storage in magnesium-based hydrides and hydride composites [J]. Scr Mater, 2007; 56: 841-846.

[43] Abdellaoui M, Mokbli S, Cuevas F, et al. Int. Structural, solidegas and electrochemical characterization of Mg_2Ni-rich and Mg_xNi_{100-x} amorphousrich nanomaterials obtained by mechanical alloying [J]. J. Hydrogen Energy, 2006, 31: 247-250.

[44] Jurczyk M, Smardz L, Okonska I, et al. Nanoscale Mg-based materials for hydrogen storage. [J]. Int J Hydrogen Energy, 2008, 33: 374-380.

[45] Yang-huan Zhang, Xiao-ying Han, Bao-wei Li, et al. Effects of substituting Mg with Zr on the electrochemical characteristics of Mg_2Ni-type electrode alloys prepared by mechanical alloying [J]. Materials Characterization, 2008, 59: 390-396.

[46] Huang L W, Elkedim O, Jarzebski M, et al. Structural characterization and electrochemical hydrogen storage properties of $Mg_2Ni_{1-x}Mn_x$ (x= 0, 0.125, 0.25, 0.375) alloys prepared by mechanical alloying [J]. Int J Hydrogen Energy, 2010, 35: 6794-6803.

[47] Mustafa Anik. Effect of Titanium additive element on the discharging behavior of MgNi Alloy electrode [J]. Int J Hydrogen Energy, 2011, 36: 15075-15080.

[48] Huang L W, Elkedim O, Nowak M, et al. $Mg_{2-x}Ti_xNi$ (x= 0, 0.5) alloys prepared by mechanical alloying for electrochemical hydrogen storage: Experiments and first-principles calculations [J]. Int J Hydrogen Energy, 2012, 37: 14248-14256.

[49] Sheng-Long Lee, Chien-Yun Huang, Ya-Wen Chou, et al. Effects of Co and Ti on the electrode properties of Mg_3MnNi_2 alloy by ball-milling process [J]. Intermetallics, 2013, 34: 122-127.

[50] Zhang Yanghuan, Wang Haitao, Yang Tai, et al. Electrochemical hydrogen storage performances of the nanocrystalline and amorphous $(Mg_{24}Ni_{10}Cu_2)_{100-x}Nd_x$ (x= 0 - 20) alloys applied to Ni-MH battery [J]. JOURNAL OF RARE EARTHS, 2013, 31(12): 1175-1181.

[51] Wenjie Song, Jinshan Li, Tiebang Zhang, et al. Microstructure and tailoring hydrogenation performance of Y-doped Mg_2Ni alloys [J]. Journal of Power Sources, 2014, 245: 808-815.

[52] Yang-huan Zhang, Bao-wei Li, Zhi-hong Ma, et al. Improved hydrogen storage behaviours of nanocrystalline and amorphous Mg_2Ni-type alloy by Mn substitution for Ni [J]. International Journal of hydrogen energy, 2010, 35: 11966-11974.

[53] Zhang Yang-huan, Zhao Dong-liang, Li Bao-we, et al. Hydrogen storage behaviours of nanocrystalline and amorphous $Mg_{20}Ni_{10-x}Co_x$ (x= 0~4) alloys prepared by melt spinning [J]. Trans. Nonferrous Met. Soc. China, 2010, 20: 405-411.

[54] 胡锋, 张羊换, 张胤, 等. 球磨 $CeMg_{12}$+ 100% Ni 合金热力学及电化学贮氢性能 [J]. 功能材料, 2012, 43(17): 2319-2322.

[55] Hu F, Zhang Y H, Zhang Y, et al. Effect of ball milling time on microstructure and

electrochemical properties of CeMg$_{12}$+ 100% Ni hydrogen storage alloy ［J］. Materials Science and Technology, 2013, 29(1)：121-128.

［56］ Yanghuan Zhang, Baowei Li, Huiping Ren, et al. An investigation on hydrogen storage thermodynamics and kinetics of Nd-Mg-Ni-based alloys synthesized by mechanical milling ［J］. International Journal of Hydrogen Energy, 2016, 41：12205-12213.

［57］ 胡锋, 张羊换, 张胤, 等. 球磨 CeMg$_{12}$+ 100wt% Ni+ Ywt% TiF$_3$(Y= 0、3、5) 合金微观结构及电化学储氢性能 ［J］. 无机材料学报, 2013, 28(2)：217-223.

［58］ Yanghuan Zhang, Wei Zhang, Zeming Yuan, et al. Improvement on hydrogen storage thermodynamics and kinetics of the as-milled SmMg$_{11}$Ni alloy by adding MoS$_2$ ［J］. International Journal of Hydrogen Energy, 2017, 42：17157-17166.

［59］ Wang Y, Gao X P, Lu Z W, et al. Effects of metal oxides on electrochemical hydrogen storage of nanocrystalline La-Mg-Ni composites ［J］. Electrochim. Acta, 2005, 50(11)：2187-2191.

［60］ 许剑轶, 阎汝煦, 罗永春, 等. A$_2$B$_7$ 型贮氢合金相结构及电化学性能研究 ［J］. 稀有金属材料与工程, 2012, 41(8)：1395-1399.

［61］ 张法亮, 罗永春, 张永超, 等. La-Mg-Ni 系 A$_2$B$_7$ 型贮氢合金的结构与电化学性能 ［J］. 中国稀土学报, 2006, 24(5)：592-598.

［62］ Matsuoka M, Asai K, et al. Surface modification of metal hydride negative electrodes and their charge/discharge performance ［J］. J. Alloys. Comp. 1993, 192：149.

［63］ 范祥清, 肖士民, 葛华才等. 贮氢合金粉体表面处理的研究 ［J］. 电池. 1993, 23(3)：113-115.

［64］ Shuqin Yang, Hongping Liu, Shumin Han, et al. Effects of electroless composite plating Ni－Cu－P on the electrochemical properties of La－Mg－Ni-based hydrogen storage alloy ［J］. Applied Surface Science 271(2013)210-215.

［65］ Feng F, Northwood D O. Effect of surface modification on the performance of negative electrodes in Ni/MH batteries ［J］. Int. J. Hydrog. Energy 29(2004)955-960.

第 **5** 章

碳质储氢材料

氢能开发利用，氢能的储存和运输是关键，也是当前氢能利用的障碍。高压储氢和液化储氢作为两种传统的存储方式已开展了较多的研究。高压储氢方式的最大优点是操作方便，但其能耗大、成本高，操作和使用条件比较苛刻且在储运过程中安全隐患极大，无法满足许多实际应用需要。若仅从质量和体积上考虑，液化储氢是一种较为理想的储存方式。但该法能耗大（约占液化氢能的 30%），需要高度绝热的超低温用储氢罐，容器大而笨重且对材质要求高，存储成本高，安全技术也比较复杂，目前只限于在航空航天技术领域应用。把氢以金属氢化物的形式储存在合金中，是近 40 年来新发展的技术。金属氢化物储氢在我国一直很受重视，该方法具有体积密度高、储氢压力不高、比较安全的优点，是一种较有前途的储氢方式。然而到目前为止，那些在室温下容易释放氢的金属氢化物，其可逆吸氢量不超过 2%（质量分数），无法满足实际需求。同时由于成本、原料来源和性能缺陷等诸多原因的制约，使得这些材料的实际应用受到限制。这种储氢方式面临的主要问题是难以同时获得高储氢量和良好的储/放氢动力学性能。有机化合物储氢密度高，但吸/放氢工艺复杂，还有许多问题尚未解决，而且有机化合物的循环利用率低。

碳质储氢材料是近年来出现的利用吸附理论进行储氢的新型储氢材料。由于其具有安全可靠、储存容器质量小、形状选择余地大和储存效率高、对少量的气体杂质不敏感、可重复使用（易脱附）等优点而成为当前储氢材料开发和研究的热点。碳质储氢材料主要有活性炭（AC）、活性炭纤维（ACF）、碳纳米纤维、富勒烯和碳纳米管（CNT）、石墨烯等 6 种。从当前研究文献报道来看，普遍看好超比表面积活性炭的低温（液氮温度）、适度压力（<6MPa）和新型碳纳米吸附材料的常温、较高压力（<10MPa）两种储氢方式，但是目前还远远没有达到能实用的地步。碳质储氢材料大多数的实验结果都超过了国际能源署规定要求（质量储氢密度达到 5%，体积储氢密度要求大于 40kg/m³）。

目前，尽管许多工作还没有展开，但碳质吸附储氢材料已经显示出了一定的优越性，是未来非常有潜力的一种氢储存材料。

5.1　吸附理论基础

碳质材料是近年来出现的一种新型储氢材料，很多学者对碳质材料的储氢机理进行了大量的研究工作，取得了很多的成果，但是由于氢气在一些碳质材料中，如碳纳米管吸附储存行为比较复杂，有关储氢行为的本质还存在争议，但是，大多数学者们都认可碳质材料储氢是吸附作用的结果。

所谓吸附，就是由于两相界面上分子（原子）间的作用力不同于主体相分子间作用力而导致界面浓度与主体相浓度差异的现象。氢气在多种固体材料的表面发生吸附的后果，都是使固体界面上的氢气密度增大，这就是吸附储氢的基本原理。

碳材料的非极性表面使其特别适于作为储气材料，因为吸氢与放氢是完全可逆的，使用寿命长久，所以从 20 世纪 80 年代起，开始研究在碳基材料上的储氢。

根据气体分子被束缚于固体表面的作用力性质，可分为物理吸附和化学吸附。物理吸附是基于吸附剂的表面力场作用，源于气体分子和固体表面原子电荷分布的共振波动，维系吸附的作用力是色散作用（范德华力）。即固体吸附剂表面上的原子与气态吸附质分子间的相互作用是由范德华引力所引起的，吸附质分子在吸附剂表面可堆积若干层。化学吸附的吸附作用则是由吸附剂与吸附质间的化学亲和力即化学键力所引起，也就是由吸附剂表面原子的剩余价力对吸附质分子的作用而引起的。

除上述两种吸附作用外，还有一种毛细管凝聚的作用，这种作用与吸附作用本质不同，但常常伴随着吸附作用。但是，需要指出的是，大多数学者认为碳质材料吸附储氢不包括毛细管凝聚的作用。

吸附剂的好坏决定于它的表面能，已知表面能为表面张力与表面积的乘积（$A=\sigma S$）。亦即，吸附剂的功效取决于其表面积或孔率。然而具有很多肉眼可见的小孔并不一定就是优良吸附剂的标志，例如，浮石虽有多孔，但吸附能力很小，并不能用作吸附剂。

固体表面积和吸附能量虽有很大关系，但吸附剂和吸附质的本质起实质性作用，也就是说，吸附剂的吸附是有选择性的。不同吸附剂对同一种吸附质的吸附能力是不一样的，例如氢氧化铁凝胶，尤其是硅胶对水蒸气的吸附能力较小；而活性炭与它们正好相反。此外，同一种吸附剂对不同的吸附质的吸附能力也不一样，一般来说，沸点愈高的吸附质（蒸气）愈容易被吸附。

吸附作用与压力有关。恒温下吸附作用是压力的函数。佛郎德里希（Frenndlich）建立了经验吸附方程式：

$$q = \frac{x}{m} = kp^{\frac{1}{n}} \text{ 或 } \lg q = \lg k + \frac{1}{n} \lg p \tag{5-1}$$

式中，q 为单位质量固体上吸附气体的量；x 为被吸附的气体的质量；m 为吸附剂的质量；p 为吸附达到平衡后的蒸气分压；k、n 为常数，n 大于 1。常数 n 反映了吸附作用的强度，k 与吸附相互作用、吸附量有关。常数 k 与 n 依赖于吸附剂、吸附质的种类和吸附温度。该方程式属于经验公式，符合物理吸附，在一般低压范围内适用。

郎缪尔（Langmuir）根据化学吸附，提出下面方程式：

$$q = \frac{x}{m} = \frac{kq_m p}{1 + kp} \tag{5-2}$$

式中，q_m 为饱和吸附量；k 为 Langmuir 平衡常数，与吸附剂和吸附质的性质以及温度有关，其值越大，表示吸附剂的吸附性能越强。式（5-2）在比较低的压力范围内，比佛郎德里希方程式更合乎实际，但在较高的压力范围内则与实验值不符合。

巴特瑞克（Patrick）等则提出与佛郎德里希经验公式不相近的方程式：

$$V = k\left(\frac{p\sigma}{P}\right)^{\frac{1}{n}} \tag{5-3}$$

式中，V 为被单位重量吸附剂所凝结的蒸气体积（按液体测量）；p 为和固体呈平衡时的蒸气分压；σ 为在该温度下液体的表面张力；P 为在同一温度下的液体蒸气压；k、n 为常数，与气体的本质无关，而只与固体吸附剂的物理性质有关。这一方程适用于毛细管凝聚式的吸附，对分子引力的吸附不适用。

吸附过程是放热的。吸附能力随温度的提高而降低。提高温度会减少吸附剂的表面张力，从而降低它的吸附能力。这与实际相符合。

吸附剂吸附气体有静活性和动活性之分。静活性是指在一定温度和压力下吸附剂在一定的浓度气体中能够吸住吸附剂的最大量，也就是到达饱和点时所能吸附的最大量。动活性（或有效活性）则是在一定温度和压力下，当混合物通过吸附剂进行吸附，直到废气中开始出现吸附质时（尚未达到平衡）为止所能吸附的量，此过程的程度称为转效点（或称断点）。从吸附到达此点所需的时间为转效时间。

一般情况下，吸附剂的动活性相当于静活性的 85%～95%。实际上，吸附时多利用吸附剂的动活性，亦即进行到转效点以前结束。至今尚无一个适当公式计算吸附速度和转效时间，多由实验确定。

5.1.1　物理吸附理论基础

物理吸附是由于吸附剂表面的分子由于作用力没有平衡而保留有自由的力场而引起的吸附。在物理吸附过程中，一个气体分子与固体表面的几个原子同时发生作用。相互作用包括相互吸引和相互排斥，前者与分子到固体表面距离的 6 次方成反比，后者与此距离的 12 次方成反比，此作用力可以用兰纳-琼斯（Lennard-Jones）势函数描述：

$$\phi\ (r)\ =4\varepsilon_{sf}\left[\left(\frac{\sigma_{sf}}{r}\right)^{12}-\left(\frac{\sigma_{sf}}{r}\right)^{5}\right] \tag{5-4}$$

式中，ε_{sf} 为势阱深度；σ_{sf} 为吸附分子的有效直径；r 为气体分子与固体表面之间的距离。

当吸附剂为碳质材料，并且具有由石墨微晶构成的狭缝孔结构（如活性炭）时，则兰纳-琼斯势函数可表述为：

$$\phi\ (r,\ z)=\frac{5}{3}\varepsilon_{si}^{*}\left\{\frac{2}{5}\left[\left(\frac{\sigma_{si}}{r+z}\right)^{10}+\left(\frac{\sigma_{si}}{r-z}\right)^{10}\right]-\left[\left(\frac{\sigma_{si}}{r+z}\right)^{4}+\left(\frac{\sigma_{si}}{r-z}\right)^{4}\right]\right\}$$
$$-\frac{5}{3}\varepsilon_{si}^{*}\left(\frac{\sigma_{si}^{4}}{3\Delta\ (0.61\Delta+r+z)^{3}}+\frac{\sigma_{si}^{4}}{3\Delta\ (0.61\Delta+r-z)^{3}}\right) \tag{5-5}$$

式中，Δ 为石墨基平面之间的距离，此处取 0.335nm；ε_{si}^{*} 为一个吸附分子与单层石墨基平面之间的最小作用能，$\varepsilon_{si}^{*}=\frac{6}{5}\pi\rho_{s}\varepsilon_{si}\sigma_{si}^{2}\Delta$；$\rho_{s}$ 为单位体积碳原子的数量密度，此处取 114nm^{-3}；σ_{si}、ε_{si} 为吸附分子与吸附剂间的兰纳-琼斯交叉作用参数，按照洛伦兹-贝塞那（Lorentz-Berthelot）法则，分别取做单一作用的几何平均值和算术平均值：

$$\sigma_{si}=\frac{\sigma_{ss}+\sigma_{ii}}{2} \tag{5-6}$$

$$\varepsilon_{si}=\sqrt{\varepsilon_{ss}\varepsilon_{ii}} \tag{5-7}$$

对于氢分子，$\sigma=0.2958$nm；$\varepsilon/k=\frac{36.7}{K}$，$k$ 是波尔兹曼常数。

分子的势能在大约一个吸附质分子半径的距离处呈现最小值。能量的最小值为 0.01~0.1eV（1~10kJ/mol）。不同的表面几何形状可能影响表面势场的强度。然而，表面几何形状对吸附势场的影响不足以改变气体分子与固体表面之间作用力的性质。

由于物理吸附是弱势作用的结果，所以只是在相对较低温度下才发生显著的物理吸附，如图 5-1 所示。其中，n_0 为氢气在活性炭上的饱和吸附量参数，其对数值与热力学温度成反比。对于氢气，常温下的吸附量可能比 80K 左右的低温吸附量低一个数量级，因此，基于物理吸附的常温储氢是很困难的。

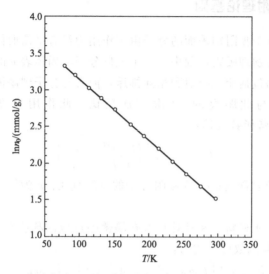

图 5-1　氢在高表面活性炭上饱和吸附量参数与温度的关系

　　氢的临界温度非常低（−240℃），具有商业兴趣的吸附储氢温度都显著高于其临界温度。既然吸附储氢条件下氢气是超临界温度气体，吸附储氢的理论基础必然是超临界温度气体的吸附。明确超临界温度气体的吸附规律，是吸附储氢研究成功的前提。

　　根据吸附的平衡温度和吸附材料的几何结构特征可知，气体在固体（吸附剂）上发生吸附的机理是不一样的。若发生吸附的温度低于气体的临界温度，则在开放的表面上发生多分子层吸附，在微孔（孔径 $\phi<2nm$）中发生空间填充；在中孔（$2nm<\phi<50nm$）发生毛细管凝聚；在大孔（$\phi>50nm$）中发生的吸附机理与开放表面相同。但是，发生这些吸附机理的前提条件是被吸附的气体具有发生凝聚的可能性。由于在物质的临界温度以下，任何气体都可看作是蒸气，因此都是可以凝聚的。事实上，蒸气被吸附以后，在固体表面基本呈饱和液体状态，密度可以提高 2 个数量级。物质虽具有气、液、固三态，但能够呈现何种状态则受温度、压力条件的约束。其中一条重要的法则就是：临界温度以上只能呈现气态，无论在多高的压力下也不能变成液态。因此，超临界温度气体的吸附机理必然是不同于蒸气的吸附的，超临界温度的氢即使被固体材料吸附，也绝不可能变成液氢。

　　由于在临界温度以上气体不能凝聚，所以任何 2 个气体分子的紧密结合都是不稳定状态，因此在固体表面上不可能存在 2 层以上的吸附相。换言之。超临界温度下，气体的吸附机理只能是吸附剂表面上的单分子层覆盖。这一机理与固体吸附剂的几何结构特征或表面性质无关。实验测得的吸附等温线的特征是内在吸附机理的反映。与蒸气吸附的不同机理相对应，发现了5种（或6种）类型的吸附等温线。但临界温度以上的吸附只有一种吸附机理，与此相应地，实验测得的超临界吸附等温线也只有一种类型，从而为超临界吸附的单一机理提供了有力的证明。临界温度以下的各种类型的吸附等温线均是吸附压力的增函数。这是因为蒸气的吸附压力不高，最大吸附压力是饱和蒸气压。当气相压力达到饱和蒸气压时，所发生的不再是吸附，而是凝聚。但超临界温度气体根本不是蒸气，自然没有饱和蒸气压的限制，吸附实验压力可以无限制地提高，结果发现吸附等温线有极大值。在气相压力超过极大吸附压力之后，记录到的吸附量随吸附压力的升高而下降。这一看似不合理的现象其实可以得到合理的解释。回顾吸附现象的产生，是源于两相界面处流体受到的作用力不同于主体相中的作用力，其标志是界面处与主体相流体密度的差异。若两者之间没有密度差异，便没有吸附发生。因此，只有界面密度高出主体相密度的部分才能算作吸附量。所以，吸附量本身是一个过剩量，将之定义为表面过剩吸附量，而将吸附剂表面以上流体密度明显高于主体相密度的部分称为吸附空间或吸附相，如图5-2所示，以数学形式将上述意思表达清楚，便是吸附的 Gibbs 定义式：

$$n = \int [\rho(z) - \rho_g] dV_a \tag{5-8}$$

式中，n 为过剩吸附量；ρ_g 为主流体相的密度，由于垂直于固体表面的密度分布函数 $\rho(z)$ 无法测量，为使用方便，通常假定吸附相密度均匀或取其平均密度 ρ_a；V_a 为吸附相体积。式（5-8）变为：

$$n = V_a(\rho_a - \rho_g) = n^s - \rho_g V_a \tag{5-9}$$

式中，n^s 为绝对吸附量，$n^s = V_a \rho_a$，n^s 与过剩吸附量 n 之间的差值是 $V_a \rho_g$。

基于式（5-9），可以对超临界吸附等温线的特殊性做出合理的解释。在吸附压力比较低时，吸附量很少，无论是 ρ_g 还是 V_a 的值都小，其乘积更是小到可以忽略，绝对吸附量与过剩吸附量是一致的。基于单分子层吸附机理，吸附等温线表现出 Langmuir 方程所描述的特征。当气相压力升高到一定程度，气相密度 ρ_g 和吸附相的体积都增大了，其乘积不再是可以忽略的了，所以 n 的增长速率必然趋缓，终至出现极大点和极大点以后的等温线下降。由于只能发生单分子层吸附，所以绝对吸附量 n^s 的值受到吸附剂比表面积的制约。在一定的吸附压力下，n 的值等于零，甚至负值都是可能的。

超临界温度气体的单分子层吸附机理其实是获得普遍认同的 BET 吸附理论的推论。按照该理论，固体表面吸附的第一层气体分子是气固间相互作用的结果，而第二层以后各吸附层的存在是气体凝聚的结果。如果这个认识是正确的，反映作用力大小的各吸附层的吸附热不相同。图5-3给出了从吸附数据求解出的

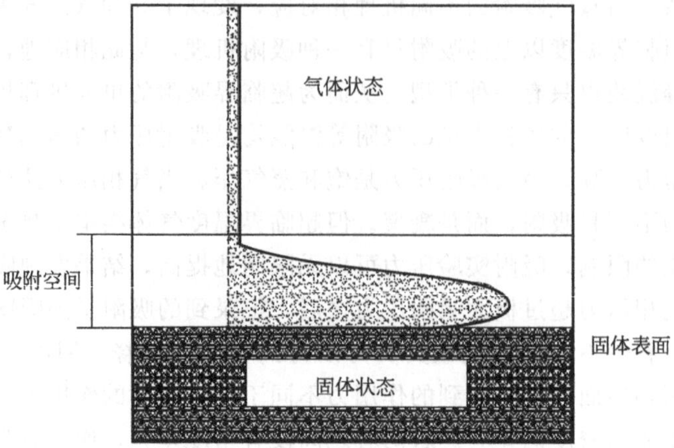

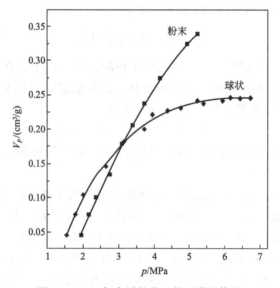

图 5-2 气固吸附体系的特征描述

在活性炭粉末和活性炭压片上的吸附相体积，其值远小于活性炭的微孔体积（1.3m³/g）。

图 5-3 77K 氢在活性炭上的吸附相体积

　　顺便指出，通常所说的超临界流体，例如著名的超临界萃取所指的超临界流体，实际上应称为临界流体或临界区流体，因为这些应用都是借助于临界区（临界点附近大约 10K 的温度范围）流体所具有的特定物理性质及其密度介于液体和气体之间以及与此相关的其他过渡性物理性质，但此性质只存在于临界区，温度超过临界区便不具有这样的性质了。其实，临界区流体的吸附也表现出机理的过渡，即在临界区内完成从多分子层或孔填充吸附机理到单分子层吸附机理的过渡。

简言之，只要氢气与吸附剂之间的作用不超出范德华力的范畴，吸附储氢便遵循超临界温度气体的吸附规律。其吸附机理是在吸附剂表面的单分子层覆盖，吸附量受温度的影响很大，随温度的升高呈指数规律地下降。所以，若吸附剂的比表面积不高，吸附量不会高，储氢温度高，储氢量也不会高。为增大吸附剂的比表面积，储氢材料都具有发达的孔隙度。多孔材料总的储氢量不仅仅是吸附量，还要加上在自由空间中的压缩气量。

$$C_{\text{tot}} = n + \rho_g V_{\text{tv}} \tag{5-10}$$

式中，C_{tot} 为总储气量；n 为实测的吸附量；V_{tv} 为吸附前吸附剂床层的自由体积。

5.1.2 化学吸附理论基础

化学吸附是由于固体表面存在不均匀力场，表面上的原子往往还有剩余的成键能力，当气体分子碰撞到固体表面上时便与表面原子间发生电子的交换、转移或共有，形成吸附化学键的吸附。

化学吸附是通过化学键维系的。由于化学键的强度大，被吸附的气体分子只在升高温度条件下才能脱附下来。因此，氢的化学吸附不可能实现在常温下可逆的吸/放氢。

化学吸附机理可分以下 3 种情况：①气体分子失去电子成为正离子，固体得到电子，结果是正离子被吸附在带负电的固体表面上。②固体失去电子而气体分子得到电子，结果是负离子被吸附在带正电的固体表面上。③气体与固体共有电子成共价键或配位键。例如气体在金属表面上的吸附就往往是由于气体分子的电子与金属原子的 d 电子形成共价键，或气体分子提供一对电子与金属原子成配位键而吸附的。

与物理吸附相比，化学吸附主要有以下特点：①吸附所涉及的力与化学键力相当，比范德华力强得多。②吸附热近似等于反应热。③吸附是单分子层的。因此可用朗缪尔等温式描述，有时也可用佛郎德里希公式描述。捷姆金（Temkin）吸附等温式只适用于化学吸附：

$$V/V_{\text{m}} = 1/a \ln c_0 p \tag{5-11}$$

式中，V 是平衡压力为 p 时的吸附体积；V_{m} 是单层饱和吸附体积；a 和 c_0 是常数。④有选择性。

5.2 活性炭储氢材料

活性炭是含碳的物质经过炭化和活化制成的多孔性人造炭质材料，具有高度发达的孔隙结构和巨大的比表面积、吸附能力强、化学稳定性好、机械强度高、使用失效后易再生等特点。作为一种优良的吸附剂及催化剂载体，活性炭广泛应用于化工、食品、交通、新能源器件、医疗、农业、国防、环境保护等人类生产生活的各个领域。

活性炭是一种传统而现代的人造材料，有着悠久的使用历史。公元前 1550 年，古埃及已有用木炭作为药物的记载。从 18 世纪开始，卡尔·舍列（1773 年）和方塔纳（1777 年）先后科学地证明了木炭对气体有吸附能力；随后，洛维茨（1785 年）首先记载了木炭对各种液体具有脱色能力。这一发现导致木炭于 1794 年在英国精制糖厂中首次获得工业应用。在 1900～1901 年两年中，荷兰奥斯特里科采用化学活化法和物理活化法制备出活性炭而获得专利，这两项专利打通了活性炭现代工艺途径。1911 年，门高德博士在维也纳附近的工厂首次将活性炭工业化生产，这是世界上第一家工业化生产工厂。在第一次世界大战中，活性炭作为军需品得到急剧发展，其原因是化学武器在战场上出现，对化学毒气的防护被提到议事日程来，第二次世界大战开始后，活性炭由于其能高效防止毒气的侵害，作为防毒面具的重要材料，被广泛应用于战争。这样就刺激了世界各国对活性炭的研究和生产。这一时期的特点是煤被用作活性炭的原料和压块、压伸工艺制造技术的发展。20 世纪 60 年代后，活性炭又被广泛用在城市用水、废水、废气的处理上，又促进了活性炭工业的发展。70 年代后，许多国家采用石油残渣以及其他工业废料为原料制造各种用途的活性炭，随着科技进步，活性炭的产量和质量不断提高，活性炭不仅在净水方面，在其他领域也得到了广泛应用，由此，活性炭进入全面发展阶段。

活性炭制备传统上分为化学活化和气体活化法两种，但由于制备活性炭的原料越来越广泛，从木屑、木炭、煤、石油、沥青为原料，到近年来利用椰壳、各种果核、纸浆废液以及其他农、林副产品以及许多含碳的工业废料，使得活性炭的制备有了许多新颖方法和途径。

5.2.1 活性炭结构及特性

活性炭（AC）在国外有 activated carbon 和 active carbon 两个通用的名词，即经活化的炭和有活性的炭，前一个说明活性炭的制法，后一个说明了活性炭的性能。无论是活化，还是活性，活就活在多孔上。于是活性炭有一个顾名思义的、从俗从简的定义，即活性炭是一类经活化、有活性的炭。活性炭外观示意如图 5-4 所示。

活性炭 80％甚至 90％以上是碳，除碳元素外还包含 2％～5％氧和 1.5％以下氢以及少量的灰分，有的活性炭甚至含有微量的硫元素，活性炭的成分与原材料和制备过程有关。例如，以木材类作原料，活性炭中含有 1％～2％金属化合物；当以煤为

(a) (b)

图 5-4 活性炭外观示意

（a）纤维状活性炭；（b）粉末状活性炭

原料，活性炭中金属化合物含量很高，达到 5%～10%。活性炭几乎不含氮。

活性炭中所含一些微量有害杂质必须尽可能地控制，特别是砷等重金属物质。由于砷在自然界中也存在，尤其是使用椰壳及木质类原料时特别需要注意。加之现在环境污染的影响，使用各种废弃物质为原料生产活性炭前，有必要预先调查是否受重金属污染。活性炭的显微结构如图 5-5 所示。

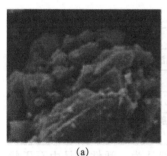
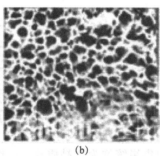
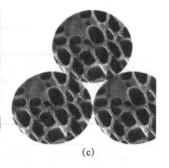

(a) (b) (c)

图 5-5 活性炭的显微结构

活性炭因为外观形态、制造方法及用途等不同，有多种分类方法。按原料来源分，可分为植物类原料活性炭（木材、椰壳、竹材、稻草等）、矿物类原料活性炭（煤、石油焦、石油沥青、煤焦油等）、塑料类原料活性炭（聚氯乙烯、聚丙烯、呋喃树脂等）和其他原料活性炭（废轮胎、除尘灰、蔗糖等）。按制造方法分，通常可以分为物理法活性炭或物理炭、化学（药品）法活性炭或化学炭、物理化学法活性炭。此外出于研究水平的还有铸型法、聚合体烙印法及溶胶-凝胶法等多种制造方法。但在制造成本、活性炭的性能等方面还存在一些问题，尚未达到规模化生产水平。从外观形态上分类，可以分为粉状活性炭、颗粒状活性炭（破碎状炭、球形炭、中空微球状炭等）、纤维状活性炭、其他形状活性炭

（包括二次加工成的各种形状，如蜂巢状活性炭、活性炭成形物）等。其特征如表 5-1 所列。

表 5-1　活性炭的形状分类及其特征

分类	特征
粉状活性炭	90％以上通过 80 目标准筛或者粒度小于 0.175mm 的活性炭
颗粒状活性炭	粒度大于 0.175mm 的活性炭，从形状上分为破碎状、圆柱状、球状、中空微球状等。破碎状炭：外表面因破碎而具有棱角，椰壳活性炭、煤质活性炭属于此类；球形炭：有将炭化物作为球形以后再活化及以球形树脂为原料生产的活性炭两种；中空微球状炭：大多以树脂为原料，有时直径在 50μm 以下，使用时生成的粉末少
纤维状活性炭	以纤维状的物质为原料制成的活性炭。有丝状、布状及毡状几种
其他形状活性炭	蜂巢状活性炭：挤压成形为蜂巢状的活性炭，压力损失小；活性炭成形物：有将活性炭粉末附着在纸、不织物或海绵之类基材上的产品，以及将活性炭单独或者与其他材料一同复合制成各种形状的成形物

目前，活性炭不仅使用在与净化环境有关的一些领域，在电偶层电容器及吸附储存氢气、甲烷之类与能源相关的领域中也开始应用。按使用用途可以分为高比表面积活性炭、分子筛活性炭、添载活性炭、生物活性炭等四种，其分类如表 5-2 所列。

表 5-2　活性炭的用途分类

分类	用途
高比表面积活性炭	比表面积在 2500m²/g 以上的活性炭，用强碱法制造，用于吸附气体
分子筛活性炭	孔径非常小，用于分离气体
添载活性炭	在活性炭上添载了金属盐之类各种化学药品，用于脱臭、催化剂等
生物活性炭	水处理的方法之一。使活性炭表面形成生物膜，通过微生物的分解作用进行净化。与臭氧处理配合，用于净水的深度处理

活性炭与木炭、炭黑和焦炭统称为微晶质碳。一般认为，活性炭是由石墨状微晶为结构主体和一些单一网平面状碳以及无序碳三部分组成。其中石墨状微晶之间有两种排列：非石墨型结构和石墨状型结构，前者基本微晶排列不规则，混乱无序，孔隙很多，即使温度高达 2000℃ 以上也难以转化为石墨，大多数活性炭即属于此种结构；后者基本微晶排列较有规则，在石墨化处理时，可以转化为石墨，少数活性炭属于这种结构。活性炭材料在制备过程中由于灰分和其他杂原子的存在，使其基本结构产生缺陷和不饱和键，氧和其他杂原子在活化过程中可以吸附于这些缺陷上，形成各种官能团，如羧基、酚羟基、羰基、醌基、内酯基、乳醇基、醚基，还有酰胺、酰亚胺、内酰胺、吡咯和嘧啶等官能团。官能团的存在可以改变活性炭的基础吸附特性。活性炭孔隙结构示意如图 5-6 所示。

在《中国大百科全书》中，活性炭定义为经过活化处理的黑色多孔的固体物

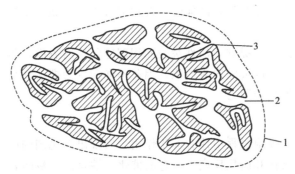

图 5-6 活性炭孔隙结构示意
1—外部膜；2—大孔；3—微孔

质，而国际纯粹化学和应用化学联合会（IUPAC）将活性炭定义为在炭化时、炭化前、炭化后经与气体或与化学品（如氯化锌）作用以增加吸附性能的多孔的炭。以上的定义中，有的涉及性质，有的涉及制造，有的涉及应用，唯有一点大都提到的是"多孔"。多孔就是活性炭的主要特征。正因为多孔，活性炭具有以下特性。

（1）吸附性

吸附性质是活性炭的首要特性。活性炭在结构上由于微晶碳是不规则排列，在交叉连接之间有细孔，在活化过程中微晶间产生了形状不同、大小不一的孔隙，使得活性炭具有发达的孔隙结构，孔径分布范围较广，具有孔径大小不同的孔隙，能吸附分子大小不同的各种物质。假定活性炭的孔隙是圆筒孔形状，按一定方法计算孔隙的半径大小可分为三类：

微孔＜150nm；

中孔 150～20000nm；

大孔＞20000nm。

由于这些孔隙，特别是微孔提供了巨大的表面积。微孔的孔隙容积一般为 $0.25～0.9mL/g$，孔隙数量约为 1020 个/克，全部微孔表面积为 $500～1500m^2/g$。活性炭几乎 95％以上的表面积都在微孔中，微孔型呈现出很强的吸附作用，适用于气相吸附、催化剂载体等，因此除了有些大分子进不了外，微孔是决定活性炭吸附性能高低的重要因素。

中孔的孔隙容积一般为 $0.02～1.0mL/g$，表面积最高可达几百平方米，一般约只有活性炭总表面积的 5％。其作用能吸附蒸气，并能为吸附物提供进入微孔的通道，又能直接吸附较大的分子，适用于液相吸附（脱色）、气体脱硫等。

大孔的孔隙容积一般为 $0.2～0.5mL/g$，表面积只为 $0.5～2.0m^2/g$，大孔本身无吸附作用，但其作用一是作为通道，使吸附质分子快速深入活性炭内部较小的孔隙中去；二是作为催化载体时，催化剂常少量沉淀在微孔内，大都沉淀在大孔和中孔之中。

需要指出的是，所提到的活性炭表面积理应包括内表面积和外表面积，事实上吸附性质主要来自巨大的内表面积，因此不能误认为把活性炭研碎磨细会明显提高表面积从而提高吸附力。

（2）催化性

活性炭在许多吸附过程中伴有催化作用，表现出催化剂的活性。常用于各种异构化、聚合、氧化和卤化反应中。它的催化活性是由于炭的表面和表面化合物以及灰分等的作用。例如活性炭吸附二氧化硫经催化氧化变成三氧化硫。由于活性炭有特异的表面含氧化合物或络合物的存在，对多种反应具有催化剂的活性，例如使氯气和一氧化碳生成光气。由于活性炭和载持物之间会形成络合物，这种络合物催化剂使催化活性大增，例如载持钯盐的活性炭，即使没有铜盐催化剂的存在，烯烃的氧化反应也能催化进行，而且速率快、选择性高。

此外，由于活性炭具有发达的细孔结构、巨大的内表面积和很好的耐热性、耐酸性、耐碱性，在化学工业中常用作催化剂载体，即将有催化活性的物质沉积在活性炭上，一起用作催化剂。例如，有机化学中加氢、脱氢、环化、异构化等的反应中，活性炭是铂、钯催化剂的优良载体。

（3）化学性

活性炭的吸附除了物理吸附，还有化学吸附。活性炭的吸附性既取决于孔隙结构，又取决于化学组成。活性炭不仅含碳，而且含少量的化学结合、功能团形式的氧和氢，例如羰基、羧基、酚类、内酯类、醌类、醚类。这些表面上含有的氧化物或络合物，有些来自原料的衍生物，有些是在活化时、活化后由空气或水蒸气的作用而生成。在活化中原料所含矿物质集中到活性炭里成为灰分，灰分的主要成分是碱金属和碱土金属的盐类，如碳酸盐和磷酸盐等。这些灰分含量可经水洗或酸洗的处理而降低。活性炭化学成分不同，是活性炭具有化学吸附的主要原因。

此外，活性炭的化学性还体现在其抗酸、耐碱、化学稳定性好，解吸容易，在较高温度下解吸、再生，其晶体结构没有什么变化，再加上活性炭热温度性高，经多次吸附和解吸操作，仍保持原有的吸附性能等优点，活性炭作为一种很具潜力和竞争力的炭质吸附储氢材料，引起了各国科技工作者广泛关注。

5.2.2 活性炭制备方法

活性炭的制备方法一般要经过原料的选择、预处理、炭化、冷却和活化及后处理等几个工艺。预处理是经过脱灰、破碎、筛分、成型、干燥等过程，使原料的粒度、灰分、水分、形状等达到生产活性炭的要求。

（1）活性炭原料选择

制备活性炭的原料非常广泛，几乎所有含碳的原料都可以作为制备的原料，其中以煤的用量占其总用量的一半以上。目前，国内外选用的制备活性炭的原料可分为以下几大类。

① 植物类原料（木质原料） 早期制备活性炭的原料主要是木质原料，近年来制备活性炭谋求廉价原料的探索受到重视，使原料范围增广：除传统的优质木材、锯木屑、木炭、椰壳炭、棕榈核炭，另外还有农、林副产物和某些食品工业废弃物，包括废木材、竹子、树皮、风倒木、核桃壳、果核、棉壳、咖啡豆梗、油棕壳、甘蔗渣、糠醛渣等。其中，椰子壳和核桃壳最优，通常果壳经初步炭化，再用水蒸气活化，所得到的活性炭具有较高的强度和极精细的微孔，这种活性炭主要用于防毒保护上。炭化的树皮以气体活化可得到廉价的活性炭，这种活性炭可用来作为造纸废水的脱色剂。用椰树皮纤维为原料，通过化学法可以得到一种活性炭，能有效除去工业废水中的有毒废金属。甘蔗渣作为制糖厂的废弃物，回收利用可用来制造价格低廉具有特定性能的活性炭，用于污水处理和颜料吸附。

② 矿物质类原料 矿物质类原料主要包括煤炭类原料和石油类原料。

a. 煤炭类原料 煤炭类原料包括煤（无烟煤、烟煤）、褐煤、泥煤、煤焦油沥青、烟灰、粉煤灰。几乎所有的煤都可以制出多孔炭。通常煤的煤化程度越高，制得的活性炭微孔越发达。无烟煤内部含有分子大小的孔隙，是制备微孔炭的合适原料，且其产品还具备分子筛特性，利用难转化无烟煤资源获得高回收率的活性炭日益受到重视。我国有丰富的煤炭资源，成为煤质活性炭的生产大国，常用的是无烟煤和不黏煤、弱黏煤，生产的活性炭品质不高，品种单一，因此以煤为主要原料用常规生产方法得到高比表面积、高吸附量的活性炭成为具有很大意义的课题。另外，在煤炭开采和浮选过程中，常伴随大量低品质成分，如劣质煤、煤矸石等。利用这些废弃物中的宝贵碳资源制成活性炭将有可能进一步降低成本，获得在环保和化工生产中大量需求的高效吸附剂和催化剂，如利用碳和硅、铝成分共存的特点制备硅胶复合吸附剂。Deng报道了从煤矸石出发，用碱熔活化结合强酸处理制备了一种复合吸附剂，它以硅胶为骨架，活性炭均匀分散在硅胶骨架中。此外，煤泥炭、煤沥青也是制备活性炭的原料，最近关于这方面的研究也有很多。

b. 石油类原料 石油类原料是指石油炼制过程中含碳产品及废料，如石油沥青、石油焦、石油油渣等。特别值得关注的是，石油焦作为石油加工副产物量大、价低，且含碳量高达80%以上，挥发分一般在10%左右，杂质含量低，能制得高收率、低杂质、高比表面积的活性炭。目前，美国、日本拥有利用石油焦

制备比表面积超过 $3000m^2/g$ 的超级活性炭的专利技术，并实现了产业化。国内学者也做了类似的研究，吴明铂等用大庆石油焦为原料、NaOH 为活化剂制得高性能活性炭；宋燕等利用盘锦石油焦以 KOH 为活化剂，制备比表面积为 $3730m^2/g$ 的高比表面积活性炭。但此类活性炭生产成本昂贵，仅限于医药、电子、气体吸附储存等领域。今后要开发适宜工业化应用的石油焦生产的新技术，进一步提高石油焦的附加值，拓宽活性炭的原料来源。

另外，催化油浆的有效利用是炼油行业的难题，目前多采用回炼的办法，利用率低且耗能高。油浆中含有大量芳烃，芳构化程度较高，如果利用它来制备活性炭也不失为一种好办法。

③ 塑料类原料　聚氯乙烯、聚丙烯、呋喃树脂、酚醛树脂、聚碳酸酯、聚四氯乙烯等，这些原料可用来制活性炭。20 世纪 80 年代，有人研究了以有机树脂（树脂前驱体，如苯乙烯-二乙烯苯共聚物、聚偏二氯乙烯、聚丙烯脂等）为原料合成活性炭，这种活性炭纯度高，机械强度优于普通煤质活性炭，并具有孔径分布可控的优点，广泛用于生物医学领域；粒状酚醛树脂是制造高性能活性炭的好原料，用它生产的活性炭具有独特的微细孔，经表面处理，可用于电池电极材料、净水器、氮气发生装置用炭分子筛等方面。

④ 其他含碳废弃物

a. 废轮胎　随着汽车工业的发展，全世界每年有 3.3 亿汽车轮胎报废被丢弃，造成严重的环境污染问题。人们曾经采取一些措施减少废轮胎的数量，但从经济和环保的角度出发，最好的办法是将这些废轮胎回收利用转化成有用产品。将废轮胎经过炭化、活化处理，生产活性炭作为吸附剂使用已有该方面的报道，如 P. Ariyadejwanich 等将废轮胎橡胶炭化，在 HCl 中浸泡后用水蒸气进行活化，制得的比表面积为 $1119m^2/g$ 活性炭。但是用废轮胎生产活性炭也存在着一系列问题：轮胎进行炭化处理时，橡胶成分气化而炭黑几乎全保留在炭化产物中。炭黑是活化时生成孔隙的主要碳质部分，而炭黑结晶化程度比较高，难以被水蒸气活化。所以为了使其孔隙发达，就必须提高活化的温度或者延长活化的时间。当活化条件太苛刻时，会增加所制的活性炭的灰分；另一个问题是废轮胎活性炭中含有重金属锌，不能用于水处理及土壤处理中，仅限于处理气体使用。

b. 除尘灰　除尘灰是钢铁企业在生产过程中排放的大量粉尘和副产品，量大且粒度极细，主要成分是铁和碳，还有少量的钙、镁、硅、铝的氧化物。目前，我国对除尘灰的利用主要是将其粒化后作为炼钢原料进行回炉，或作为水泥等的加入料、填料、氧化铁红等一些技术含量较低的材料。国外对除尘灰的回收利用非常重视，回收其中的碳作为橡胶补强填料、墨水、油漆和炭黑，或制成活性炭用于水处理、空气净化。国内学者对此也有研究。

以除尘灰分离炭粉为原料制备活性炭，一个主要问题是降低灰分。由于原料中存在无机杂质（如 SiO_2、Al_2O_3、Fe_2O_3、$CaCO_3$ 等），采用物理活化的方法只有碳元素与水蒸气反应，活化后这些杂质仍存在于制得的活性炭中，灰分的存在直接影响活性炭的品质和吸附性能，实验证明，采用酸碱改性处理可以降低灰分。

c. 剩余污泥　在利用生物处理过程中产生的剩余污泥，制造活性炭方面也进行过不少研究。所研究过的泥种有处理食品工业中排水的剩余污泥，纸浆工厂排水的凝聚沉淀污泥，处理综合废水过程中产生的污泥。所制得的活性炭由于灰分含量大，吸附能力只有市售活性炭的 1/6 左右，为提高吸附性能，将导致成本的增加和活性炭得率的降低。

需要说明的是，活性炭制备所用原料不同，其产品组成及结构也不同，性能也有很大差异，图 5-7 为分别使用木材、泥煤、椰壳、烟煤为原料制备的活性炭 SEM 图谱。

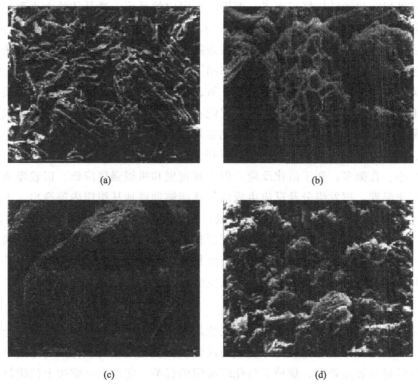

图 5-7　不同原料制备的活性炭 SEM 图谱

（a）木材；（b）泥煤；（c）椰壳；（d）烟煤

近年来，活性炭原料有两种发展趋势：一是制造应用量大而广、性能一般但价格低廉的制品；二是制造性能优良具有特殊用途的高性能活性炭，多使用特制高价原料。

（2）炭化

炭化也称热解，就是在惰性气氛条件下对预处理后的原料加热，去除其中挥发成分，制成适宜于活化的初始孔隙和具有一定机械强度的富碳的固态热解产物（炭化产物）。

炭化大致可分为三个阶段：温度低于400℃的一次分解反应；400～700℃的氧键断裂反应；700～1000℃的脱氧反应三个反应阶段。原料无论是链分子物质还是芳香族分子物质，经过三个反应阶段获得缩合苯环平面状分子而形成三向网络结构的碳化物。

炭化时，原料会分解放出水汽、一氧化碳、二氧化碳及氢气等气体，一氧化碳、氢气可收集用作燃料。炭化后，原料分解成碎片，并重新结合成稳定的结构，这些碎片可能是由一些微晶体组成。微晶体是由两片以上的、由碳原子以六角晶格排列的片状结构堆积而成。但堆积无固定的晶形。微晶体的大小和原材料的成分和结构有关，并受炭化温度的影响，大致是随炭化温度的升高而增大的。炭化后微晶体边界原子上还附有一些残余的烃类。炭化的实质是有机物的热解过程，包括热分解和缩聚反应，在高温作用下，有机物中的氢、氧、氮等元素被分解，碳原子不断环化、芳构化，使氢、氧、氮等原子不断减少，碳不断富集。

由于原材料不同，热解开始的温度就不同，且各阶段没有明显界限。炭化温度、保温时间和升温速度都是影响炭化效果的主要因素。炭化温度较高时，颗粒变实、空隙度减小、反应能力降低，不利于活化反应进行；炭化温度过低，形成的微晶小、孔隙多，利于活化反应，但表观密度和机械强度降低。以较慢速度升温到炭化温度，挥发组分及反应生成的气体能够彻底地从组织内部逸出，不容易残留焦油类物质，有利于初始孔隙形成；升温速度过快，则不利于初始孔隙形成。在炭化温度下保温足够的时间，使原材料颗粒得到充分炭化，过短的炭化时间会造成原材料内部炭化不足。当然，原材料一旦得到充分炭化后，进一步延长炭化时间，炭化料孔隙结构基本不再发生变化。

（3）活化

活化是制造活性炭的关键工艺。炭化后的产物的比表面积只有每克几十平方米左右。因此，必须经过活化才能成为活性炭。活化是在有氧化剂的作用下，对炭化后的材料加热处理，烧掉了炭化时吸附的烃类，把原有空隙边上的碳氢原子烧掉，起了扩大孔隙的作用，并把孔隙与孔隙之间烧穿。活化使活性炭变成一种良好的多孔结构。

活化第一阶段就是除去吸附质物质，并使被堵塞的细孔开放，进一步活化，使原来细孔和通路扩大；随后，由于碳质结构反应性能高的部分选择性氧化而形成微孔组织。由于所用活化剂的不同，活化方式常常分为以下几种：物理活化法、化学活化法、化学物理法等。

① 物理活化法　物理活化法又称为气体活化法，就是将炭化产物与活化气体进行反应以形成孔隙的工艺。物理活化通常包括两个步骤：首先是对原料进行炭化处理以除去其中的可挥发性成分，使之生成富碳的固体热解物，然后用合适的氧化性气体在 $600\sim1200℃$ 下进行活化，通过开孔、扩孔和创造新孔，形成发达的微孔结构。

物理活化反应的实质是碳的氧化反应，炭材料内部碳原子与活化剂发生反应，并以气态形式逸出，在发生反应的位置上就形成了孔。随着大量碳原子参与反应，在炭材料内部就形成了丰富的孔结构。最常见的活化气体是水蒸气、二氧化碳以及它们的混合气体。物理活化活性炭的孔隙率除了与原材料性质有关外，主要与炭化、活化条件（炭化温度、炭化时间、活化温度、活化时间、活化剂等）关系密切。孔隙的生成与碳的氧化程度有密切的关系，而炭的氧化必然要消耗炭，因此常用烧失率，即活化期间炭减少的质量分数来度量炭的活化程度。杜比宁（Dubinin）认为，烧失率小于 50%，得到微孔活性炭；烧失率大于 75%，得到大孔活性炭；烧失率介于两者之间时，得到的是混合结构。

物理活化常用的活化剂有空气、二氧化碳和水蒸气，其活化反应如下。

水蒸气为活化剂：

$$C+H_2 \rightleftharpoons CO+H_2 \tag{5-12}$$

在实际活化过程中（800℃以上），还会发生以下可逆反应：

$$CO+H_2O \rightleftharpoons CO_2+H_2 \tag{5-13}$$

二氧化碳为活化剂：

$$C+CO_2 \rightleftharpoons 2CO \tag{5-14}$$

采用氧气活化时，由于反应速率很快，大部分氧气分子来不及扩散到炭材料内部，就在表面与碳原子发生反应，致使炭材料的烧失率过大。因此，采用空气活化几乎不可能得到高比表面积活性炭。水蒸气活化的速率也非常快，在几十分钟内就可以使活性炭比表面积达到 $1000m^2/g$。由于在高温下水分子非常活泼，在活化过程中容易造成微孔表面烧失，因此，采用单一的水蒸气活化一般很难使活性炭比表面积超过 $2000m^2/g$。与水蒸气活化相比，二氧化碳活化反应比较温和。因此，在物理活化制备高比表面积活性炭过程中，一般采用二氧化碳或水蒸气与二氧化碳混合进行活化。但是，二氧化碳活化反应速率很慢，耗时非常长，一般需要几十甚至上百个小时的活化时间。Bessant 用二氧化碳在 950℃ 活化无烟煤，经过 20h 活化后，活性炭比表面积达到 $1825m^2/g$。Rodriguez-Reinoso 以二氧化碳为活化剂，活化时间 70h，得到的活性炭微孔体积为 $0.78mL/g$。李梦青采用单一的二氧化碳活化，经过 200 多小时才使活性炭的比表面积达到

$2166m^2/g$。

研究表明，某些金属及一些化合物，例如碱金属和碱土金属的盐类，几乎全部氯化物、硫酸盐、醋酸盐和碳酸盐，还有大多酸类和氢氧化物，在气体活化中具有催化加速作用，使活化反应速率显著提高，因此，反应时常加入金属催化剂。例如，Rodriguez-Reinoso用二氧化碳活化橄榄核时发现，在炭化料内加入0.4%的铁后，活化反应速率成倍加快，但其产品的吸附能力差，其中微孔较少而大孔多，这是因为过快的反应速率使微孔壁面被烧穿，破坏了微孔结构。Marsh分别用氯化铁和硝酸镍为催化剂，结果表明，两者都可以提高反应速率。以硝酸镍为催化剂时，活性炭中微孔体积并没有随中孔和大孔的出现而减小，但采用氯化铁催化时，微孔体积明显下降。李梦青的实验表明，活化前加入一定量的铁，活化时间可以由原来的200多小时缩短到30h。已有研究发现，大多数碱性钾盐催化剂有着优良的催化效果，但在高温下容易引起设备腐蚀。同时，其用量较大，活化后需要清洗，使后续生产工艺复杂化，提高了生产成本，并造成一定的环境污染。而过渡金属化合物用量比碱性催化剂要少得多，活化后炭颗粒内部催化剂对吸附量的影响很小，因此活化后不必清洗，这样便大大简化了生产工艺，降低了生产成本。总之，选用合适的催化剂可以达到事半功倍的效果，但过快的反应速率可能会使微孔壁面被烧穿，破坏微孔结构，因此如何控制好催化反应速率成为活化过程的关键。

物理活化的优点在于制备工艺简单、清洁。由于活化剂为气体，活化反应的产物也是气体，因此活化反应结束后，活性炭产品不需要进行后续漂洗除杂处理就可以直接使用，从而使整个生产工艺大大简化，并且不存在设备腐蚀和环境污染的问题。物理活化的不足在于产量低、活化反应速率低、耗时长、能耗高。如何有效提高反应速率、缩短反应时间成为开发物理活化工艺的关键。

② 化学活化法　化学活化是通过选择合适的活化剂，然后把活化剂与原料混合后，在惰性气体的保护下进行加热，同时进行炭化和活化，直接一步可制得活性炭的方法。即通过化学试剂镶嵌入炭颗粒内部结构，通过一系列的交联或缩聚反应从而开创出丰富微孔。通常采用木质素含量较高的植物性原料。目前应用较多、较成熟的化学活化剂有 $ZnCl_2$、KOH、H_3PO_4。按活化剂不同分 $ZnCl_2$ 法、KOH 法、H_3PO_4 法，其中 KOH 活化法应用最为普遍。

a. KOH 活化法　KOH 活化法是20世纪70年代兴起的一种制备高比表面积活性炭的活化方法。活化过程可以分为两个主要阶段，即低温活化阶段和高温活化阶段。前一段活化属于预活化阶段。在这个阶段，活化剂经过脱水转化为创造孔隙的活性组分。另外，也存在石油焦表面含氧基团与活化剂作用而发生脱水反应。这种作用使石油焦表面被改性，变成活性表面，为进一步活化奠定了基础。活化除了生成水汽以外，没有其他气体的生成。这也意味着开创微孔的活化反应不可能在这一温度阶段发生，在这一阶段属于原材料表面含氧基团与碱性活化剂相互作用，更多的反应是活化剂本身的脱水形成活性中心的过程。这些反应只有水汽生成，不存在其他气体。可能发生的反应如下：

$$2KOH \longrightarrow K_2O + H_2O \uparrow \tag{5-15}$$

$$KOH + \cdot OH \longrightarrow \cdot O^- K^+ + H_2O \uparrow \tag{5-16}$$

$$KOH + \cdot CO_2H \longrightarrow \cdot CO_2^- K^+ + H_2O \uparrow \tag{5-17}$$

后一阶段原材料骨架中的碳原子开始被反应置换出来，以气态形式挥发出去，在原来的位置上则出现"空穴"，从而形成了新的孔隙。这一阶段主要发生如下反应：

$$-CH_2 + 4KOH \longrightarrow K_2CO_3 + K_2O + 3H_2 \uparrow \tag{5-18}$$

$$2-CH + 8KOH \longrightarrow 2K_2CO_3 + 2K_2O + 5H_2 \uparrow \tag{5-19}$$

$$K_2O + C =\!=\!= 2K + CO \uparrow \tag{5-20}$$

$$K_2CO_3 + 2C =\!=\!= 2K + 3CO \uparrow \tag{5-21}$$

活化过程中，一方面，通过生成 K_2CO_3 消耗碳使孔隙发展；另一方面，反应生成金属钾，当活化温度超过金属钾沸点（762℃）时，钾蒸气会扩散进入不同的碳层，形成新的孔结构，气态金属钾在微晶的层片间穿行，撑开芳香层片，使其发生扭曲或变形，创造出新的微孔。

在 KOH 活化方法中，活化工艺效果也受到活化剂用量、活化温度、活化时间、KOH 与原材料的混合比例、混合方式、原材料粒度等影响。

在活化过程中，KOH 与原材料的混合比例是影响活化效果最主要的因素。KOH 用量较低时，原材料中被反应置换出来的碳原子数量就比较少，因此形成的微孔就少。增大 KOH 用量，就会有更多的碳原子参与活化反应，从而形成较多的微孔，使活性炭的比表面积得以提高。进一步增大 KOH 的用量，大量的碳原子被反应掉，反应初期形成的微孔结构容易被扩宽，甚至将孔隙的壁面烧穿而形成大孔，使得活性炭的比表面积不再增大，甚至出现下降趋势。

活化温度对孔隙发展也有重要影响。一般来说，原材料不同，相应的活化条件也不尽相同。对于同一种原材料，其最适宜的活化温度也不是固定不变的。最佳活化温度与其他因素有交互作用。通常降低原材料的粒度、提高 KOH 与原材料的混合比例、延长活化时间都会使最佳活化温度有所降低。

活化时间的长短直接影响活性炭的比表面积。在活化反应初期，微孔的形成占主导地位，因此活性炭的比表面积随着活化时间的延长迅速增长。但是，当活化反应进行到一定程度后，原先生成的一部分微孔结构有可能被破坏，进而引起孔径变大，比表面积有所下降。当 KOH 充分反应后，继续延长活化时间，活性炭的比表面积基本不再发生变化。可见，KOH 用量和活化速率的快慢将直接决定最适宜活化时间的长短。小的原材料粒度、高的 KOH 用量和高的活化温度都利于缩短活化时间。

原材料与 KOH 的混合方式不同，相应的活化效果也有差别。通常采用三种混合方式。ⓐ溶解混合：将一定量的 KOH 溶于少量水中，与原材料按一定比例混合，经过充分搅拌后，加热干燥混合物，然后再进行活化；ⓑ研磨混合：将原材料与 KOH 按一定比例混合，在研钵中研磨混合物并使之充分混合；ⓒ机械混合：将原材料与一定量的 KOH 进行充分的搅拌混合。在这三种混合方式中，机械混合效果最差。从理论上讲，溶解混合的效果应当是最好的，但是水分的存在可能会在一定程度上抑制 KOH 与原材料表面基团的脱水反应，从而影响到了活化反应的进行。

原材料粒度的大小直接影响活化效果。当原材料粒度较大时，活化剂向颗粒内部的扩散就会受到限制，非常容易出现活化不均匀现象。颗粒表层的碳骨架容易被过度活化，而颗粒内部的碳骨架几乎没有与 KOH 发生活化反应。适当减小原材料粒度就可以保证 KOH 均匀浸渍到颗粒内部。但是粒度也不宜过小，以免原材料被过度活化而破坏已经形成的微孔。

采用 KOH 活化法进行实际生产时，不直接采用木屑为原料，而是先将木屑炭化后而加以利用。在制备工艺上，原则上要求碱炭比（2～3）∶1，活化温度一般在 700～900℃之间，活化时间 1～5h。此外，活化后的洗涤也是关键，经过酸洗、热水洗、蒸馏水洗后把产品中的非本体物质洗去，它们原来占据的空间就形成了孔。

KOH 具有非常好的活化能力，多种原材料经过 KOH 活化后都可以得到高比表面积活性炭，国内外学者在这方面做了大量研究工作。其中，用 KOH 活化石油焦的研究最为广泛，并且这一技术已经实现了工业化。早在 20 世纪 80 年代，美国 Amoco 公司就利用 KOH 活化石油焦，开发出比表面积超过 $2500m^2/g$ 的活性炭，并推出了 AX 系列的高比表面积活性炭。随后日本也推出了其工业化产品，商品代号为 MAXSORB，活性炭的比表面积高达 $3000～4500m^2/g$。我国学者在这方面也做了大量工作。杨绍斌、詹亮等均采用 KOH 活化石油焦，并且制备出比表面积超过 $3000m^2/g$ 的活性炭。可见，物理活化也能够得到高比表面积活性炭，但比较困难，必须严格控制活化速率。

为了有效提高活性炭吸附能力、降低制备成本，研究人员在 KOH 活化基础上进行了多种尝试。Teng 等在活化前对 KOH 与酚碳酸甲醛树脂的混合物进行氧化处理。结果表明，当 KOH 混合比例较小时，活性炭比表面积随氧化作用加强而减小，这是由于树脂内羧基、酚基等含氧基团与氢氧根发生中和反应，使活化过程中活化剂不足；当 KOH 混合比例较大时，氧化作用使 KOH 交联于骨架内，中和反应虽消耗了一部分活化剂，但不会影响活化反应进行，此时活性炭比表面积会有明显提高。活性炭产率随氧化温度的升高呈先增后减的趋势，氧化温度在 120℃ 时活性炭产率最高。这是由于氧化处理强化了聚合物之间的交联反应,使活性炭产率增大。但随着氧化温度进一步提高,树脂内吸收了过量的氧,活化过程中气化量加大,致使活性炭产率开始下降。邢伟等对石油焦进行预氧化处理,能够显著改变活化反应的进程,抑制高温活化时中、大孔的形成。红外测试也显示石油焦的预氧化处理能够促进活化过程中稠环芳香结构的解体和活性炭表面含氧物种的生成。Vertheyen 将沥青煤用 HNO_3 处理后再用 KOH 活化,得到比表面积在 2000 m^2/g 左右的活性炭,HNO_3 的氧化作用有效去除了其中的灰分,并使活性炭具有较好的机械强度。用 KOH 活化煤沥青、煤、椰壳、核桃壳等多种原材料都可以制备出高比表面积的活性炭。

NaOH 的活化原理与 KOH 活化基本相同,但关于 NaOH 活化的研究报道不多。与 KOH 活化相比,NaOH 活化的优点在于 NaOH 成本比较低,并且对设备腐蚀较轻,这一点非常适合工业化生产的需要。Lillo-Rodenas 用 NaOH 活化西班牙无烟煤,实验表明,惰性保护气体(氮气)、NaOH 与无烟煤的混合比例和混合方式都是影响活化效果的重要因素。尽管用 NaOH 活化得到的活性炭孔隙度不如 KOH 活化的发达,但其比表面积仍然可以达到 2700 m^2/g,微孔体积超过 1mL/g。

b. $ZnCl_2$ 活化法　$ZnCl_2$ 活化法是商品化活性炭广泛使用的活化方法,已工业化多年,是我国目前最主要的生产活性炭的化学方法。它主要以木屑为原料采用回转炉或平板法制备,制得的活性炭收率高,中孔发达。其活化原理众说纷纭,被大家认可的说法是 $ZnCl_2$ 是一种脱氢剂,在 300℃ 左右的温度下,氯化锌具有催化有机化合物的羟基的消化和脱水作用。以 Caturla 为代表的学者认为 $ZnCl_2$ 的存在使纤维素质原料发生脱氢并进一步芳构化,从而形成了孔,充分洗涤后,多余的 $ZnCl_2$ 等杂质被除去,它们原来占据的位置就形成了孔。

氯化锌法活性炭生产是用木屑原料经过氯化锌溶液浸渍、炭化、活化、回收氯化锌、烘干、粉磨等过程而成。该法适宜的活化温度一般为 500℃,活化时间 1~2h。锌屑比、原料、活化温度和活化时间是影响氯化锌法活化过程的主要因素。在这些参数中最重要的是锌屑比,可以通过改变锌屑比,在相同的制备工艺条件下制得微孔活性炭和中孔活性炭,锌屑比低于 1.0 时得到微孔炭,超过 1.5 时得到中孔炭,当锌屑比达 3.5 时,中孔率高达 80%。

就原材料的碳含量的利用来说,氯化锌法是最有效的方法。此法的活性炭总得率约 35%,代表原炭中约 60%~70% 的碳。这样的碳回收率高于 Carlisle 法。

与气体活化法相比,$ZnCl_2$ 活化所用原料消耗少,产品得率高,灰分低,控制锌屑比可以生产出不同孔径的活性炭,所以氯化锌法生产的活性炭产品受到用户欢迎。但从环保角度看,氯化锌法生产污染比较严重,但并非不可治理。

c. H_3PO_4 活化法　H_3PO_4 活化法的原理在于磷酸在活化过程中具有脱水

的作用，也起着酸催化的作用，磷酸进入原料内部与原料的无机物生成磷酸盐，具有膨胀的作用，增大炭微晶的距离，通过洗涤除去磷酸盐，可以得到发达的孔结构。同时，磷酸对于已经形成的碳能起到进一步缓慢氧化的作用，侵蚀碳体而造孔。

磷酸法生产活性炭和氯化锌法相比，污染较小且产量大。磷酸法活化温度一般在 400～500℃范围内，活化时间一般为 1～2h。相比于氯化锌法的 500～600℃，工艺温度降低了不少。磷酸法最大的缺点是灰分高，而磷酸法的产品得率高，活化温度低，消耗燃料省，成本比较低，污染少，这些都是磷酸法的优点，因此，这些年来有不少原生产氯化锌法的活性炭厂家转向磷酸化生产。美国工业生产活性炭多采用 H_3PO_4 法，我国 H_3PO_4 活化法的研究还处于实验室阶段。

与物理活化相比较，化学活化的优点在于能在几小时之内制备出高比表面积活性炭，并且活化温度相对较低，因此制备过程中能耗较少。另外，在化学活化中，特别是 KOH 活化，高比表面积活性炭的产率很高，可以达到 60％以上，并且可以使活性炭的 BET 比表面积达到 $3000m^2/g$ 以上，而物理活化一般很难使其 BET 比表面积超过 $3000m^2/g$。

化学活化的缺点也是显而易见的。活化剂的用量非常大，大量化学试剂的使用不仅提高了成本，而且在高温下对设备造成特别严重的腐蚀，还使后续处理工艺复杂化，活化后活性炭需要用大量水清洗，这些废水经过复杂处理工艺后才能达到环保排放要求，这些都使活性炭制备成本大大提高。

③ 化学物理法　活化前对原料进行化学改性浸渍处理，可提高原料活性并在材料内部形成传输通道，有利于气体活化剂进入孔隙内刻蚀。化学物理法可通过控制浸渍比和浸渍时间制得孔径分布合理的活性炭材料，并且所制得的活性炭既有高的比表面积又含有大量中孔，在活性炭材料表面获得特殊官能团。

④ 其他制备方法

a. 催化活化法　金属及其化合物对碳的气化具有催化作用，所用的金属主要有碱金属氧化物及盐类、碱土金属氧化物及盐类、过渡金属氧化物及稀土元素。采用催化活化的方法可以提高活性炭的中孔容积。用催化活化制得的活性炭中会残留部分金属元素，用于液相吸附、催化剂载体和医用材料时是不良因素。

b. 界面活化法　不同富碳基体间存在较大内应力使界面成为活化反应中心。富碳基体间的内应力大于界面结合强度时界面出现裂纹，这些裂纹使活化分子易于通过，进而形成中孔。界面活化法采用的添加剂主要是炭黑复合物、制孔剂、有机聚合物。

c. 铸型炭化法　将有机聚合物引入无机模板中很小空间（纳米级）并使之炭化，去除模板后即可得到与无机物模板空间结构相似的多孔炭材料。铸型炭化的优点是可以通过改变模板的方法控制活性炭孔径的分布，但该方法制备工艺复杂，需用酸去除模板，使成本提高。

d. 聚合物炭化法 由两种或两种以上聚合物以物理或化学方法混合而成的聚合物如果有相分离的结构，热处理时不稳定的聚合物将分解并在稳定的聚合物中留下孔洞。现在所利用的形成孔隙的聚合物由于热解形成孔隙而不能回收利用，将来可采用不进行热解而使用蒸发的孔隙形成剂考虑对它回收利用，还可以考虑缩短不融化处理时间，提高经济性。

相对于物理活化，化学活化有以下优点：化学活化需要较低的温度，活化产率高，通过选择合适的活化剂控制反应条件可制得高比表面积活性炭。但化学活化对设备腐蚀性大，污染环境，其制得的活性炭中残留化学药品活化剂，应用受到限制。

（4）后处理

活化冷却后的活化料，还需要一系列的后处理工序方可投入到市场使用。后处理工序随制备方法和产品要求不同而异，其中主要工序是干燥和粉磨。

干燥的目的是使活性炭的含水率降低到10％以下。干燥的方法很多，较常用的是回转干燥炉。粉磨的目的是为了增加活性炭的外表面积。常用球磨机粉碎到120～200目。对于化学活化法来说，活化料冷却后，在干燥之前还必须进行漂洗除杂，漂洗的目的是除去来自原料和加工过程中的各种杂质，使活性炭的氯化物、总铁化物、灰分等含量和酸碱度都达到规定的指标。

除上述工序外，针对特定用途的产品还需要进行浸渍处理。例如，用于防护毒气的活性炭需要进行铜盐和铬盐浸渍，用于去氮的活性炭以锌盐进行浸渍处理等。有时还需要成型工序，以便根据用户要求制成不同形状和大小的产品。为了改善活性炭的吸附特性和空隙分布。有时也采用高温氧化、浸渍、涂层等处理工艺等。

活性炭工业形成于21世纪初的欧洲。20世纪40年代，活性炭工业在美国大力发展，从那以后，美国的活性炭产量一直居世界第一位，美国活性炭生产原料主要是木材、褐煤、椰壳、木炭等，制造方法多采用水蒸气活化和磷酸活化，生产活化炉采用多层耙式炉、回转炉、液化床炉。日本也是活性炭生产和消费量最大国之一，粉状活性炭主要用于精制脱色和净水，颗粒活性炭主要用于水处理和吸附气体。俄罗斯也是从事活性炭研究、生产较早的国家。由于国外活性炭工业起步较早，20世纪六七十年代已经形成规模，80年代后这些活性炭公司不仅经营活性炭产品，还扩大到活性炭生产设备和使用设备领域。

我国也是世界活性炭生产大国，活性炭总产量仅次于美国，位居世界第二，出口量位居世界第一，但还存在一些问题，如工艺设备陈旧、生产方法落后、效率低、原料利用滞后、资源浪费。目前生产主要以木材、煤炭为主，应转向其他含碳材料；生产部门和科研部门缺乏沟通，新产品开发力度小。随着各国工业的发展和环保意识的提高，活性炭市场需求扩大，这对中国活性炭生产发展有很大影响。由于配煤技术、催化活化技术、原料煤处理技术及新型成型技术在我国活性炭厂的广泛推广应用，我国活性炭正向着多品种、高质量的方向发展，以满足国内外不同用户的需求。

5.2.3 活性炭储氢性能研究

最初人们用普通活性炭吸附氢，即使在低温下储氢量也达不到 1％（质量分数），室温下更低。因此，活性炭作为储氢材料的应用受到限制。直到 20 世纪 60 年代末，人们采用比表面积更大、孔径更小、更均匀的活性炭，又称为超级活性炭（比表面积约在 2000m^2/g 以上）作为储存燃料气体的主要载体，发现其储氢量明显增大。如有人用比表面积高达 3000m^2/g 的活性炭储氢，在 -196℃、3MPa 下吸附储氢量达到 5％（质量分数），此后，这种活性炭储氢技术引起研究人员的广泛关注。

超级活性炭储氢是利用超高比表面积的活性炭作吸附剂，在中低温（77~273K）、中高压（1~10MPa）下的吸附储氢技术。77~298K 氢在活性炭上的吸附平衡如图 5-8 所示。以前普遍认为超级活性炭（高比表面积活性炭）储氢属于物理吸附，是利用其巨大的表面积与氢分子之间的范德华力来实现的，是典型的超临界气体吸附。首先，活性炭的表面是吸附相赖以存在的场所，活性炭比表面积的大小是物理吸附最重要的属性之一。恒定温度下，H_2 的吸附量与炭材料的表面积成正比，单位质量活性炭上的表面积越大，吸附的氢气量也越大，尤其是在压力较高时情况更是如此。其次是孔分布。较大的孔对于增大吸氢量无益，但只有微孔的活性炭也不实用，因为气体进出微孔的速度将达到无法应用的程度。一般的所谓微孔活性炭是以微孔为主，仍含有一定比例的中孔和大孔。Schwarz J A 等也研究过活性炭表面的功能团和 pH 值对储氢量的影响，即使影响是存在的，但也不是决定性的。

此外，活性炭储氢性能与温度和压力密切相关。压力一定时，H_2 的吸附量随着温度的升高而呈指数规律降低。在某一温度下，吸附量随压力的增大而增大，当压力增加到一定值将趋于稳定。即温度越低、压力越大，则储氢量越大，但压力的影响小于低温的影响。周理对超临界氢在高比表面积活性炭上的吸附特性进行了研究，其吸附储氢的压力不高，吸附量随温度的下降增长很快，说明吸附储氢适宜低温。通过计算得到储氢容量质量分数达到 7.4％。氢气在活性炭上的吸附是一种物理平衡。温度恒定时，加压吸附（吸氢），减压脱附（放氢）。从实测吸附等温线看，脱附线与吸附线重合，没有滞留效应。即在给定的压力区间内，增压时的吸氢量与减压时的放氢量相等。吸氢与放氢仅仅取决于压力的变化，因此吸/放氢条件十分温和。

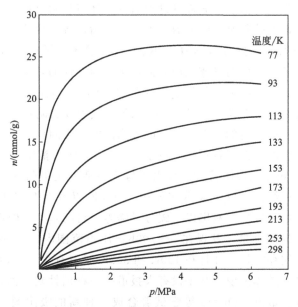

图 5-8 77～298K 氢在活性炭上的吸附平衡

最早关于氢气在高比表面活性炭上吸附的报道出现在 1967 年（A. K idnay 和 M. Hi za）。该项工作主要是考虑低温环境下吸附剂（由椰子壳制作的焦炭）的吸附特性，并获得了 76K 温度下，压力为 0～90atm 的吸附等温线。此外，该文还报道了在 25atm 下，76K 时出现的最大过剩吸附量值 20.2g/kg，相当于 2.0％的重量密度。C. Carpetis 和 W. Peschka 是首先提出氢气能够在低温条件下在活性炭中吸附储存的两位学者。他们在文献中第一次提出可以考虑将低温吸附剂运用到大型氢气储存中，并提出氢气在活性炭中吸附储存的体积密度能够达到液氢的体积密度。CARPETS. C 等在温度为 78K 和 65K，压力为 4.2×10^5 Pa 时，测试活性炭吸氢性能，发现氢气在活性炭中的储存质量分数分别为 6.37％ 和 7.58％。张超等在对低温吸附储氢的技术可行性和经济可行性进行了研究，得到了在温度为 78K 和 65K，压力为 41.5atm 时，氢在多种活性炭上的吸附等温线，并得到相应的实验结果：在温度为 78K 和 65K 时，压力为 42bar 的条件下，氢气在活性炭上的吸附容量分别可以达到 68g/kg 和 82g/kg，如果等温膨胀到 2bar，则可分别得到氢气 42g/kg 和 52g/kg。根据这些数据得到如下结论：在活性炭上的低温吸附储存比金属氢化物储存、压缩储存以及液氢储存更有吸引力。

美国 Syracuse 大学 J. A. Schw arz 领导的课题小组在 20 世纪 80 年代末和 90 年代初在活性炭吸附储氢的研究领域内相当活跃。他们的工作主要集中在活性炭吸附储氢的机理研究上，目的是为了实现在较高温度下较好的吸附效果。以此为目标，该课题小组做了活性炭表面处理的研究，并对吸附过程中的热，动力学特性进行了研究，以期获得重要的参数，如等量吸附热等。尽管他们做出了很大的努力，他们所得到的最好效果是在 87K、59atm 条件下的吸附量为 4.8%。此外，他们还研究了氢气中的气体杂质对活性炭吸附特性的影响，并得到结论：如果用超级活性炭作为吸附剂，氢气中浓度在 500×10^{-6} 范围内的氮气杂质引起的氢气吸附量下降不超过 30%。T. K. Bose 认为，其他在吸附剂上的吸附量取决于吸附剂的特性以及吸附时的工作条件，即吸附温度和吸附压力。同时讨论了这些因素对吸附量的影响，并用容积法测量了 1~80atm 压力范围内，不同温度下氢气在 AX-21 活性炭上的吸附特性，得出了氢气在活性炭吸附剂上的吸附储存是一种可行的方法的结论。Hynek 等在 300K、190K 以及 80K 的温度下测试了一系列炭吸附剂，如活性炭、炭黑以及碳分子筛等，目的是为了确定它们是否能增大压缩储存氢气的储存量，发现在 0~200bar 压力范围内，10 种测试吸附剂中只有一种能增大储存容量，并且在 190K 和 300K 时只有少量的增量，在 80K 时没有丝毫的增量。总体来说，几乎没有人报道有一种活性炭吸附剂在 300K 下有较好的吸附性能。最近，Orimo 等尝试着合成一种新的吸附剂，据报道，吸附容量可以达到 7.4%（质量分数），但是这种吸附剂的吸附和脱附过程却是不可逆的。詹亮等以高硫焦为原料制备了一系列孔半径为 2~4 超级活性炭，并且对它们对氢的吸/脱附性能进行研究，发现氢在超级活性炭上的吸附量在较低压力下随压力的升高而显著增加，在较高压力下，活性炭的比表面积对其影响较为明显。氢在超级活性炭上的吸/脱附速率快、储氢质量分数较高，其中在 93K、6MPa 条件下储氢量可以达到 9.8%，在 293K、5MPa 条件下，储氢量仍可达 1.9%，而且吸/放氢的速率较快。

与其他储氢技术相比，超级活性炭吸附储氢具有储存容器自重轻、储氢量高、解吸快、循环使用寿命长和成本低等优点，是一种很具潜力和竞争力的储氢材料，特别是在低温吸附储氢方法，如作为汽车燃料的储存。对于给定的活性炭，温度越低，储氢量越高。一方面是低温下吸附量高，另一方面，低温下氢气的密度大，在活性炭空隙中以自由态储存的量也大。所以，以液氮为冷源的 77K 低温吸附储氢技术近来受到关注。具有发达微孔的活性炭的堆积密度必然很低，使单位质量的炭吸氢量高，所以需将活性炭粉末压成片以增大其堆积密度。低温吸附储氢的质量储氢量（以活性炭质量为基准）可达 10.8%，体积储氢量可达 41kg/m³。液氮温度下储氢在目前的储氢技术中，具有储氢量和储氢成本的双重优势：①储氢量已可满足行车里程要求；②高比表面积活性炭可以大规模生产，成本较低，且可无限次使用；③储气安全性好；④与"车上制氢"方法相比，设备简单，投资少，不耗能；⑤直接承受热绝缘损失的是液氮，避免氢的泄漏，不但成本低而且更安全；⑥液氮价格低廉。

用超级活性炭作为储氢介质，将会促进低成本、规模化储氢技术的发展，进而对新世纪的能源、交通、环保均具有非常重要的意义。

5.3　活性炭纤维储氢材料

活性炭纤维（activated carbon fiber，ACF）是性能优于活性炭的高效活性吸附材料。自 1962 年，Abbot 以黏胶纤维为原料，首次成功地制成 ACF，1977年商品黏胶（纤维素）基 ACF 问世以来，不同前驱体有机纤维及其活性炭纤维的研究和应用得到快速发展，随后各国迅速推出许多活性炭纤维产品。目前研制、开发成功的主要有酚醛基 ACF、沥青基 ACF、黏胶基 ACF、聚丙烯腈（PAN）基 ACF 和人造丝 ACF。ACF 可以制成布、毡、纸等多种形态，给工程应用带来了很大便利。目前，活性炭纤维作为新一代高效吸附新材料，已在环境保护、水处理、催化、医药、电子等行业得到广泛应用。

美国、英国、苏联，特别是日本，是研究和使用 ACF 的大国，已形成 ACF的一定生产规模，成为世界第一生产大国。国内的 ACF 研究起始于 80 年代末期，大多处于实验室研究阶段。到 90 年代后期，我国在 ACF 的研究与生产方面也已取很大进步，ACF 的生产能力已达数百吨。但是到目前为止仍未形成规模生产，ACF 价格较高，使其应用范围受到了限制，但从开发利用 ACF 的国内外发展趋势看，其前景是相当乐观的。

5.3.1　活性炭纤维结构及其特性

活性炭纤维（ACF），亦称纤维状活性炭，作为一种高效吸附材料，是在碳纤维技术和活性炭技术相结合的基础上发展起来的，是继活性炭之后的第三代活性炭产品。它是由纤维状前驱体（一些有机纤维材料，如沥青基纤维、特殊苯酚树脂基纤维、聚丙烯腈基纤维、人造丝基纤维、聚乙烯醇基纤维等）经一定的程序炭化、活化而成，由于它是纤维状，因此可以进一步制成毡状、蜂窝状、纤维束状、布状、纸状活性炭，以适应不同需求。

活性炭纤维是由不完全的石墨结晶沿纤维轴向排列的物质，由 sp^2 轨道杂化的碳原子组成的六角形网面层状堆积物，碳所组成的微晶是碳纤维的纤维结构单元。它是一种典型的微孔炭，被认为是超微粒子、表面不规则的构造以及极狭小空间的组合。直径一般为 $10\sim30\mu m$，孔隙直接开口于纤维表面，超微粒子以各种方式结合在一起，形成丰富的纳米空间，形成的这些空间的大小与超微粒子处于同一个数量级，从而造就了较大的比表面积。其含有的许多不规则结构——杂环结构或含有表面官能团的微结构，具有极大的表面能，也造就了微孔相对孔壁分子共同作用形成强大的分子场，提供了一个吸附态分子物理和化学变化的高压体系。ACF 的主要成分是碳，此外还有少量氢和氧等元素，采用特殊的纤维原料或特殊制备工艺，可以在 ACF 表面引进 N、S 等杂原子，还可采用金属氯化物或硝酸盐溶液浸渍等方法在 ACF 表面引进各种金属化合物。表 5-3 中是几种 ACF 和粒状活性炭（GAC）的化学组成。ACF 表面存在着大量的含氧官能团，如羟基、羰基、羧基、内酯基等酸式或碱式含氧官能团。

表 5-3　几种 ACF 和 GAC 的化学组成

品种	C/%	H/%	O/%	N/%	金属/%
聚丙烯腈基 ACF	89.3	0.9	4.0	5.8	—
人造丝基 ACF	92.0	0.8	2.9	—	0~0.15
粉状活性炭	93.3	1.0	3.3	—	1.5

活性炭纤维主要有 C、H、O 三种主要元素，N、S 等微量元素，此外还有与 C 结合形成相应的官能团，其中，含氧基团在活性炭纤维表面含量较为丰富。其超过 50% 的碳原子位于内、外表面，构筑成独特的吸附结构。

与粒状活性炭相比，活性炭纤维具有下列特点。

（1）比表面积大，以微孔为主、孔径分布狭窄且均匀，孔直接开口于炭纤维表面，吸附选择性较好。

活性炭纤维比表面积大，约是 GAC 的 10~100 倍。其孔径多为微孔，微孔占 95% 以上，除微孔外还有少量中孔，但基本上无大孔，孔的开口多在炭纤维的表面（图 5-9），所以有利于吸附质的进出。活性炭纤维的孔径多在 2nm 以下，孔径分布均匀且范围比较狭窄，一般在 0.1~1nm 范围内，这是 ACF 吸附选择性较好的原因（图 5-10）。

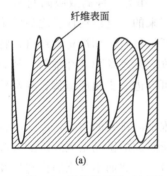
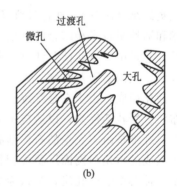

纤维表面

过渡孔　微孔　大孔

(a)　(b)

图 5-9　活性炭纤维（ACF）和粒状活性炭（GAC）的孔结构模型
(a) ACF；(b) GAC

（2）适用于对气体及溶液中、小分子进行吸附，吸附容量大，吸附速率快。

活性炭纤维的吸附能力主要取决于其微孔结构。由于活性炭纤维多为微孔，

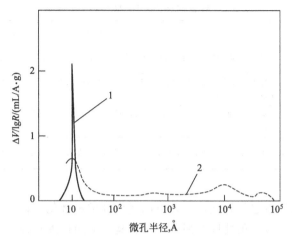

图 5-10　活性炭纤维与粒状活性炭孔径分布

1—ACF；2—GAC

易于吸附气体及小分子（分子量小于 300）物质，不利于吸附大分子物质。活性炭纤维比表面积大，使它吸附容量大，约是 GAC 的 1.5～10 倍。

GAC 有微孔、过渡孔和大孔之分，对 GAC 而言，进入大孔中的吸附质经过过渡孔后才被吸附在微孔中，因此吸附点在微孔上，故 GAC 的吸附行为受扩散速率支配。而 ACF 孔结构简单，扩散通道少，吸附行为受到吸附质的碰撞频率速率支配，所以 ACF 的吸附速率远比 GAC 的要快。

（3）脱附速率快，比活性炭易于再生。这与它的孔径结构特性有关。

（4）纤维直径细，与被吸附物质的接触面积大，增加了吸附概率，且可均匀接触。

（5）ACF 兼有纤维的各种特性，可以根据需要加工成纸、毡、布等各种形态，给工程应用和工艺设备的简化带来方便，吸附、脱附速率快。

5.3.2　活性炭纤维制备工艺

活性炭纤维是由炭纤维及可炭化纤维而制成。原料纤维种类不同，ACF 的制备工艺及条件等有所不同，但从原理上讲，其原料纤维的成形与常规化学纤维类似，而纺丝后需对纤维进行预处理、炭化、活化、后处理等。

（1）原料来源

目前，用于制造 ACF 纤维的原料除了沥青纤维、聚丙烯腈纤维、黏胶纤维（再生纤维素）、酚醛纤维外，还出现了如苯乙烯/烯烃共聚物、聚偏二氯乙烯、聚酸亚氨纤维、木质纤维和一些天然纤维等。前四种已经实现大规模生产并付诸工业化。其生产的 ACF 的主要特点如表 5-4 所列。

表 5-4 典型原料生产的 ACF 的主要特点

品种	主要特点
沥青基 ACF	原料低廉,产品收率高,但杂质含量高,不易制得,连续长丝,深加工困难,强度低
聚丙烯腈基 ACF	结构中含有 S、N 化合物,有催化剂作用,吸附性能好,工艺简单成熟,但比表面积较小,成本高
黏胶基 ACF	原料低廉,制成品比表面积大,吸附性能好,但产品收率低,强度低,生产工艺复杂
酚醛基 ACF	原料低廉、耐热,不需要进行预处理,产品收率高,比表面积大,工艺简单

（2）预处理

预处理又称为稳定化处理,主要目的是使纤维不融化,在炭化和活化的高温过程中保持纤维原形。预处理有两种方式：盐浸渍预处理和预氧化处理。盐浸渍是将原料纤维充分浸渍在盐（磷酸盐、碳酸盐、硫酸盐等）溶液中,然后使其干燥。该法用在黏胶基 ACF 生产中,与直接进行炭化或活化的相比,既可提高收率,同时其纤维力学和吸附性能也得到改善。预氧化处理是指温度控制在 $200\sim400℃$ 之间,原料纤维缓慢预氧化一定时间,或者按一定升温程序升温预氧化,一般采用空气预氧化的方法。预氧化处理是聚丙烯腈基 ACF、沥青基 ACF 生产中的重要工序,其主要目的是为防止聚丙烯腈纤维、沥青纤维等高温炭化时发生熔化或黏结。若将盐浸渍与预氧化处理结合起来,则往往可获得更好的效果。

（3）炭化

炭化是生产活性炭纤维的重要环节。炭化是在惰性气体（如氮气或氩气等）环境下于 $800\sim1000℃$ 对纤维进行热处理,排除大部分非碳成分,形成具有类似石墨微晶结构的炭化纤维。在炭化过程中,影响炭化纤维孔隙形成的条件为保护气体的选择、气氛的浓度、炭化温度及炭化时间,炭化后的冷却速率也应加以控制。

（4）活化

纤维经炭化后,需再进行活化,才能获得具有理想的微孔结构和较高的比表面积的 ACF。活化是指炭化纤维经活化剂处理,产生大量的空隙,并伴随比表面积增大和重量损失,同时形成一定活性基团以及含氧官能团的过程。常见的活化方法有物理活化法、化学活化法和物理化学活化法。活化条件和程度影响产品的结构和性能。影响活化的主要因素有活化剂种类、活化温度、活化时间、活化剂浓度。黏胶纤维、酚醛纤维和聚丙烯腈纤维三种纤维制备活性炭纤维在活化过程中的化学结构变化如图 5-11 所示。

从所得 ACF 的性能和纯度考虑,目前工业上主要采用物理活化法,即以水蒸气、二氧化碳等为活化剂,在温度为 $750\sim900℃$、处理时间为 $10\sim60min$ 下

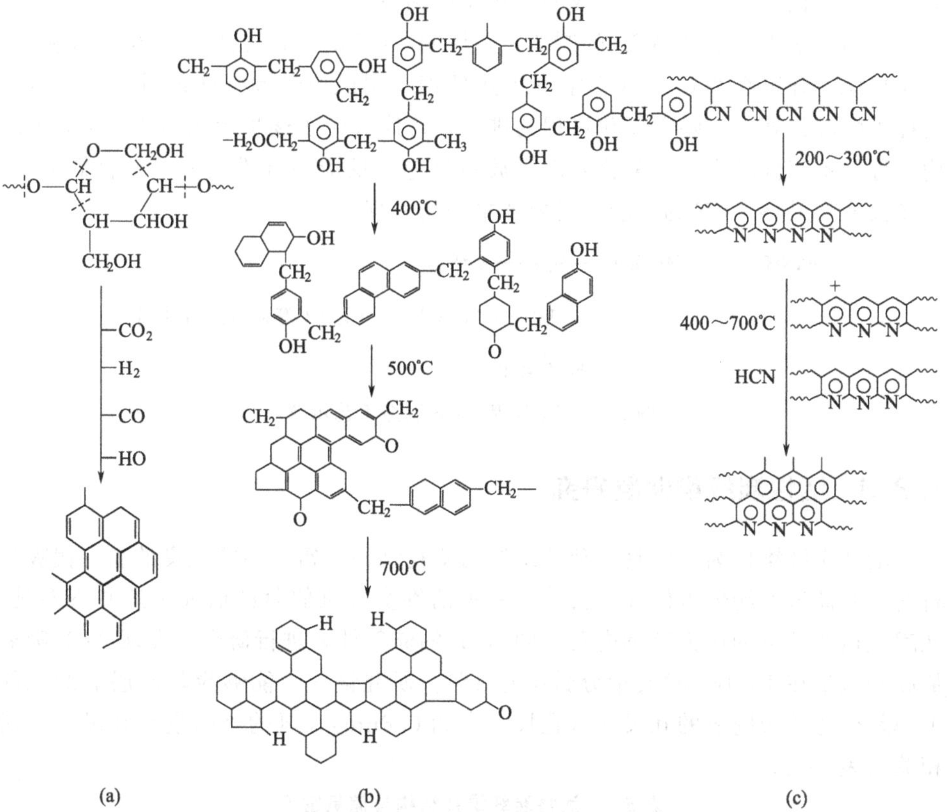

图 5-11　三种纤维制备活性炭纤维在活化过程中的化学结构变化

（a）黏胶纤维；（b）酚醛纤维；（c）聚丙烯腈纤维

进行，过程伴随着碳的烧损，从而达到活化目的。

以水蒸气为活化剂时，反应式可表示为：

$$H_2O + C_x \rlap{=\!=\!=} H_2 + CO + C_{x-1} \tag{5-22}$$

以二氧化碳为活化剂时，反应式可表示为：

$$CO_2 + C_x \rlap{=\!=\!=} 2CO + C_{x-1} \tag{5-23}$$

化学活化法是用氯化锌、氢氧化钾、硼酸、硫酸、磷酸或硝酸等为活化剂，通过浸渍或混合的方式与原料充分接触一定时间，然后置于反应炉中在惰性气体环境下加热至 350～500℃，形成微孔。孔径大小可以通过活化工艺调整。

（5）后处理

与活性炭工艺相同，活化后的原料同样需要一定的后处理工序，从而最终获得所需要的产品。如采用化学活化法制备 ACF，活化后需要用水充分清洗，除去其中的活化剂，而后干燥、成型，从而得到最终产品。

下面以聚丙烯腈基 ACF 的制造工艺说明 ACF 的制备方法，如图 5-12 所示。首先将原料纤维在 200～300℃空气中热处理，制成黑色预氧化纤维，这一过程也称为耐燃化处理。随着氧化过程的进行，纤维大分子逐步形成环状乱层叠堆结构，称为不熔性纤维。预氧化处理是放热反应，反应中纤维大分子结合氧的量，直接关系到最终 ACF 的性能，需要严格控制处理条件。

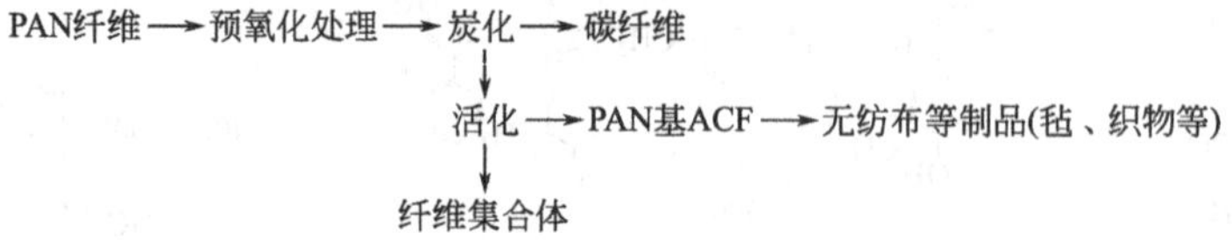

PAN纤维 —→ 预氧化处理 —→ 炭化 —→ 碳纤维

　　　　　　　　活化 —→ PAN基ACF —→ 无纺布等制品(毡、织物等)

纤维集合体

图 5-12　PAN 基 ACF 制造工艺示意

5.3.3　活性炭纤维储氢研究

活性炭纤维作为一种具有独特结构的微孔结构丰富、性能优良的新一代吸附材料，其储氢性能值得研究。目前，有关活性炭纤维储氢的研究报道并不多见。文献报道在较宽的压力范围内对不同 ACF 的储氢性能进行研究，发现 ACF 吸氢最高储氢量在 10MPa 时质量分数接近 1%。研究证实，能够吸附两层氢的孔的大小是合适的吸附氢的孔尺寸（孔尺寸大约 0.6nm），氢的吸附量与孔尺寸密切相关（表 5-5）。

表 5-5　活性炭纤维孔结构与储氢密度

样品	BET 面积 /(m²/g)	平均孔尺寸 /nm	氢吸附密度(10MPa) /(kg/m³)
ACF C_{26}	1 079	0.75	10.89
ACF C_{50}	1 738	1.36	10.12
KUA1	1 058	0.66	16.34

5.4　碳纳米纤维储氢材料

石墨纳米纤维是近年来为吸附储氢而开发的一种材料，R. odriguez 等有关"石墨纳米纤维有较高的氢吸附储存量"的声明引发了人们对这种材料的兴趣。它是乙烯、氢气以及一氧化碳的混合物在特定的金属或合金催化剂表面经高温（700～900K）分解而得，它包括很多非常小的石磨薄片，薄片的宽度在 3～50nm，这些薄片很有规律地堆积在一起，片间距离一般为 0.34nm。选择的催化剂不同，可以形成 3 种不同结构的石墨纳米纤维：管状、平板状以及鱼骨状，最后一种结构的纳米纤维被证明有好的吸附性能。

碳纳米纤维表面具有分子级细孔，内部直径大约 10nm 的中空管，比表面积大，而且可以合成石墨层面垂直于纤维轴向或与轴向成一定角度的鱼骨状特殊结构的纳米碳纤维，大量氢气可以在碳纳米纤维中凝聚，从而可能具有超级储氢能力。例如，Chambers 等用鲱鱼骨状的纳米碳纤维在 12MPa、25℃下竟然得到了储氢质量分数为 67%，但至今无人能重复此结果。

碳纳米纤维吸氢机理目前还不甚清楚，其可能机理为：边缘裸露的石墨片层对氢进行物理吸附，当吸附氢达到一定浓度后，有一部分氢分子开始通过碳纳米纤维表面的微孔以及两端的开口向碳纳米纤维的层间扩散，以进行更深层次的化学吸附。此时，氢与石墨片层上的离域 π 电子发生强相互作用。在吸附过程中，碳纳米纤维中的石墨片层晶格发生膨胀，在这种情况下，石墨片产生一种流动的特性，使得在移动的缝壁上产生多层吸附。此外，由于石墨片层中的许多横断切面结构的存在，使得它们有大量的裸露的石墨片层边缘，扩散的极限很容易克服，这可能就是碳纳米纤维具有极高吸附能力的原因。

碳纳米纤维具有如此高的储氢容量的可能原因有：①碳纳米纤维具有很高的比表面积，使大量的氢气被吸附在碳纤维的表面，为氢气进入碳纳米纤维的内部提供了主要通道；②碳纳米纤维的层面间距远远大于氢分子直径（0.289nm），因此，大量氢气有可能进入碳纳米纤维的层面之间；③碳纳米纤维中间具有中空管，可以像碳纳米管一样具有毛细作用，氢气可以凝聚在中空管中，从而使碳纳米纤维具有超级储氢能力。

1998 年，美国东北大学 Chambers 等描述了他们在不同结构石墨纳米纤维上吸附储氢的新发现。在 11.35MPa、298K 的条件下，鱼骨状纳米纤维、平板状纳米纤维以及石墨的氢吸附量分别为 67.55%（质量分数），53.68%（质量分数）和 4.52%（质量分数）。他们认为氢气分子间以及与纤维壁的强烈作用，使得纤维壁上微孔扩张，氢分子多层吸附并形成类似液体的流体。后来，这个课题组又以更详细的论述证明了这个结论。1999 年，Fan 等也报道过 3%～10%（质量分数）的吸附量。范月英等用碳纳米纤维于 12MPa、25℃下储存了 13.60%（质量分数）的氢气，同时研究发现，碳纳米纤维的储氢量与其直径、结构和质量有密切关系。在一定范围内，直径越细，质量越高，碳纳米纤维的储氢容量越大（表 5-6）。白朔等研究表明，在室温以及 12MPa 条件下，经过适当表面处理的碳纳米纤维储氢量也可达到 10%。毛宗强等用自制的碳纳米纤维在特制的不锈钢高压回路中进行了吸附储氢的验证实验，发现在室温条件下，经适当处理的碳纳米纤维的储氢能力最高可达 9.99%。这些值已经达到了美国能源部颁发的标准，但可惜的是，这个结果依旧没有被其他人从理论上或实验上证明，对于纳米纤维吸附储氢的计算机模拟也不能解释这个现象。在目前的计算机模拟中主要考虑的是氢的物理吸附储存，而 Wang 和 Johnson 证明，即使存在化学吸附，也不可能实现这个吸附量。

表 5-6　几种碳纳米纤维的储氢容量

平均直径 /nm	质量 /mg	压力变化 Δp /MPa	储氢容量	
			L/g	%（质量分数）
80	317	9	1.73	12.4
90	237.8	7	1.79	12.8
100	335	7.5	1.36	10.0
125	674	15.2	1.37	10.1

5.5　C_{60}富勒烯储氢材料

富勒烯（fullerene）是单质碳被发现的第三种同素异形体。1985 年，英国天体物理学家克劳托（Kroto）、斯莫利（Smally）合作进行宇宙尘埃模拟研究时，发现以 C_{60} 为主的质谱仪。C_{60} 是由 60 个碳原子排列而成的一个空间大分子，为使能量最低，受著名建筑学家巴基敏斯特·富勒设计的圆形穹顶结构的启发，将 C_{60} 结构设想采用类似足球 32 面体结构，因此将之命名为富勒烯或巴基球、足球烯。1989 年德国克拉兹摩尔（Kraetschmer）和霍尔曼（Huffman）在实验室制备出 C_{60}，并用仪器证实其设想结构，从而在实验室证实了 C_{60} 的存在。随后，人们又发现了一系列的碳团簇分子 C_{28}、C_{34}、C_{70}、C_{84}、C_{90}、C_{120} 等，学术界将这种笼状碳原子簇统称为富勒烯。富勒烯家族的发现是世界科技史上的一个重要里程碑。由于富勒烯特殊的结构和性能，在材料、化学、超导与半导体物理、生物等学科和激光防护、催化剂、燃料、润滑剂、合成、化妆品、量子计算机等工程领域具有重要的研究价值和应用前景。1991 年，富勒烯被美国《科学》杂志评为年度分子，富勒烯被列为 21 世纪的新材料。

5.5.1　C_{60}富勒烯的结构及特性

富勒烯不同于碳单质如金刚石、石墨，它是一种原子团簇即是由一定数目的原子所组成的聚集体。C_{60} 是富勒烯家族中最容易得到、最容易提纯和最廉价、最稳定的一类，因此，C_{60} 及其衍生物是被研究和应用最多的富勒烯。C_{60} 是一种呈截面正 20 面体的几何球形芳香分子（图 5-13），具有 60 个顶角和 32 个多边形面（12 个正五边形，20 个正六边形），直径约为 0.7nm。在 C_{60} 中碳原子价都是饱和的，以两个单键和一个双键彼此相连，整个分子具有芳香性。C_{60} 分子对称性很高，仅次于球对称。每个顶点存在 5 条对称轴，且为 2 个正六边形＋1 个正五边形的聚合点。两者的内角分别为 120°和 108°。

C_{60} 晶体为面心立方结构，晶体常数为 1.42nm。C_{60} 之间主要是范德华力结合，晶体不完整性明显。存在层错和因 C_{60} 的非球对称而引起的取向无序。相邻

C_{60} 的中心间距为 0.984nm，相邻六角环平面间距为 0.327nm，最近原子间距为 0.336nm。

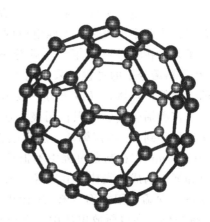

图 5-13 C_{60} 的分子结构

C_{60} 分子中的所有碳原子都分布在表面上，而球的中心是空的。C—C 之间的连接是由相同的单键和双键组成，所以整个球形分子形成一个三维大 π 键，具有较高的反应活性。这种成键与平面分子不同，但键结构可简单地表示为每个碳原子和周围的 3 个碳原子形成了两个单键和一个双键。组成五边形的边为单键，键长为 0.1455nm，六边形与五边形所共有的边也为单键，而六边形所共有的边为双键，键长为 0.1391nm。由这些笼形分子所组成的晶体结构因纯度不同而有所变化。

C_{60} 为黑色粉末状固体，密度（1.65±0.05）g/cm³，熔点＞700℃，微溶于二硫化碳、甲苯、氯仿等溶剂，不溶于水、乙醇等溶剂，但其衍生物则显示出较大的溶解度范围。C_{60} 能在不裂解的情况下升华，具有非线性光学特性。富勒烯独特的笼形结构决定了其具有独特的化学性质，C—C 单键和 C＝C 双键交替相接，整个碳笼表现出缺电子性质，同时它又兼备给电子能力，六元环间的 C＝C 双键为反应的活性部位，可发生诸如氢化、卤化、氧化还原、环加成、光敏化与催化及自由基加成等多种化学反应，并可参与配合作用，其中环加成反应是富勒烯化学修饰的重要途径，迄今为止，有关这一反应的报道在所有富勒烯化学修饰反应中是最多的，通过它可以合成多种类型的富勒烯衍生物。

5.5.2 C_{60} 富勒烯的制备及分离提纯

（1）C_{60} 富勒烯的制备

大量低成本地制备高纯度的富勒烯是富勒烯研究的基础，自从克罗托发现 C_{60} 以来，人们发展了许多种富勒烯的制备方法。较为成熟的富勒烯的制备方法主要有电弧放电法、石墨蒸发法、苯燃烧法和化学气相沉积法（CVD）等。其中，电弧法和石墨蒸发法能够宏观地制备出富勒烯，并且由于装置和操作简便，已为众多研究者所采用；CVD 法和火焰法也均可以得到较高的富勒烯产率，但实验条件难以控制。CVD 法根据不同的热源和裂解对象可分为电加热分解法、催化热分解法、等离子体热解法等。

① 电弧放电法 1990 年，Kratchmer 首次使用电弧放电方法成功合成 C_{60}，

这无疑是一个重大突破，从此，C_{60} 制备研究才迅速展开。电弧放电法就是在以石墨作为两个电极之间的强电流的作用形成电弧，电弧放电使炭棒气化形成等离子体。在惰性气氛下，小碳分子经多次碰撞、合并、闭合而形成稳定的 C_{60} 及富勒烯分子的过程。采用电弧放电法制备富勒烯常需要高纯的氩气或氦气的惰性保护环境，气体压力一般为 0.02MPa 左右。直流电流为几十到几百安培。富勒烯生成后沉积在阴极，通常以烟灰的形式出现。经过收集、提取、纯化后可得到 C_{60} 等富勒烯。所用电极阴极材料通常为光谱级的石墨棒，直径为 10～40mm，在制备过程中不损耗；阳极材料可以是石墨棒，也可以是冶金焦煤和沥青制成的炭棒，其直径一般为几个毫米到三十几毫米。为了更加有效地制备富勒烯，阳极石墨棒/炭棒中还常常添加一些催化剂，如 Cu、Bi_2O_3、WC 等粉体。在电弧放电法中，电极材料、保护气体的种类与压力、电弧室温度、催化剂、电极的几何形状与极间距、电流大小等是影响富勒烯产率的主要因素。如，R. Taylor 等通过控制放电条件，得到产率为 8% 左右的富勒烯；而 Haufler 使用石墨蒸发装置，在电流 100～200A，氦气气氛放电，获得产率为 10% 的富勒烯；Parker 等则在 20A 电流下放电，获得迄今为止富勒烯产量高达 44% 的富勒烯。

② 石墨蒸发法　石墨蒸发法就是在惰性气氛下通过加热源蒸发石墨，使石墨气化，从而得到富勒烯烟灰的方法。石墨蒸发法根据热源的不同又可分为电加热石墨蒸发法，等离子体乙炔炭黑蒸发法，电弧等离子体蒸发法，激光蒸发石墨、太阳能法等。

③ 苯燃烧法　苯燃烧法是 1991 美国麻省理工学院 Howard 等发明的，该法是将用氩气稀释过的苯、甲苯在氧气作用下在燃烧室低压环境下不完全燃烧，所得的炭灰中含有较高比例的 C_{60} 和 C_{70}，经分离精制后可以得到纯富勒烯产物。通过调整压强、气体比例等可以控制 C_{60} 与 C_{70} 的比例（0.26%～5.7%），该法对设备要求较低，且产率可达到 0.3%～9%，苯燃烧法的工业化生产具有较明显的成本优势，已成为国际上工业化生产富勒烯的主流方法。燃烧法形成富勒烯一个很重要的过程是在高温下有五元环和六元环结构的存在，当五元环和六元环结合时就会发生卷曲，从而形成笼状结构。

事实上，除了上述几种制备方法以外，科研人员经过不断的探索和研究，发明了更多生产富勒烯的方法，如机械球磨法、碳离子束注入法、金刚石/炭灰微粒热处理法、CO 的歧化反应法、SiC 激光照射法等。

（2）C_{60} 富勒烯的分离与提纯

富勒烯的纯化是一个获得无杂质富勒烯化合物的过程。制造富勒烯的粗产品，即烟灰中通常是以 C_{60} 为主、C_{70} 为辅的混合物，还有一些同系物。决定富勒烯的价格和其实际应用的关键就是富勒烯的分离与提纯。常用的富勒烯提纯步骤是：首先从制备出的烟灰中提取 C_{60} 和 C_{70} 的混合物，其次对 C_{60} 和 C_{70} 的混合物进行分离。

① 从烟灰中提取 C_{60} 和 C_{70}　提取 C_{60}、C_{70} 混合物的方法有萃取法和升华法两种方法。萃取法是从烟灰中提取 C_{60}、C_{70}，萃取法使用得最为普遍。萃取法是利用 C_{60} 和 C_{70} 可以溶于苯或甲苯或其他非极性溶剂（例如 CS_2、CCl_4 等）中，而烟灰中的其他成分则不溶的特性。含有 C_{60} 和 C_{70} 混合物的苯或甲苯溶液呈酒红色或褐色，溶液中含 C_{60}、C_{70} 越多，溶液颜色越深。将溶液中的溶剂蒸发后，即留下深褐色或黑色的粉末状 C_{60} 和 C_{70} 的结晶物质。升华法是将烟灰在真空或惰性气氛中加热到 $400 \sim 500 ℃$。不同富勒烯分子间作用力不同，挥发难易程度不同。C_{60} 和 C_{70} 将从烟灰中升华出来，凝聚到衬底上，形成褐色或灰色（取决于膜厚）的颗粒状膜。膜中 C_{60} 和 C_{70} 含量约为 $10 : 1$。此法条件难控制，C_{60} 纯度不高，所以没能推广。

② C_{60}、C_{70} 混合物的分离

a. 高压液相色谱法（HPLC）　用该法可获得高纯度（$>99\%$）的 C_{60}（或 C_{70}）样品。这种方法的基本原理是利用混合物中各组分在固定相的吸附能力和在流动相的溶解能力的差异，通过反复吸附和解吸从而使各组分分开。经液相色谱分离后的含 C_{60}、C_{70} 的溶液，颜色与高锰酸钾溶液类似，呈绛紫色，而含 C_{70} 的溶液呈橘红色。由于液相色谱仪器比较昂贵，分离量较小，极大地限制了高纯 C_{60}（或 C_{70}）样品的制备，目前很少采用这种方法来分离大量的 C_{60}。

b. 重结晶法　1992 年，N. Coustel 等用索氏提取器从烟灰中提取富勒烯时发现析出的沉淀中含有比例较高的 C_{60}，纯度可达 98%，若继续重结晶则可获得纯度大于 99.5% 的 C_{60}，此后，该法引起广泛关注，目前该法已经成为大量分离 C_{60} 的一种有效方法。重结晶法主要是利用不同富勒烯在相同条件下在同一种溶液中的溶解度不同，选择合适的溶剂分离富勒烯的一种方法。

c. 化学络合分离提纯法　该法是由 Prakash 首先发现的，所以又称为 Prakash 法。它是基于 C_{60} 与 C_{70} 及其他高级富勒烯与路易斯酸形成络合物的差异提出的一种分离方法。该方法是将富勒烯提取物溶于 CS_2 中，加入 $AlCl_3$，则 C_{70} 及其他高级富勒烯优先强烈而快速地与 $AlCl_3$ 反应生成络合物从 CS_2 中沉析出来，从而达到分离的目的。若在此过程中加入少量水会更有助于纯化过程。

d. 杯芳烃包结分离法　该法是 1994 年由 Atwood 首次提出，所以又称为 Atwood 法。该法主要是用杯芳烃（$n=8$）来处理含 C_{60} 和 C_{70} 混合物的甲苯溶液，由于杯芳烃对 C_{60} 独特的识别能力，形成 $1 : 1$ 杯芳烃（$n=8$）$/C_{60}$ 包结物结晶，该结晶在氯仿中迅速解离，可以得到纯度 $>99.5\%$ 的 C_{60}，从母液中得到富 C_{70} 的组分。利用此方法来获得高纯度的 C_{60}，可使成本下降 50%。另外，

$n=8$的杯芳烃衍生物对 C_{60} 的识别能力优于 $n=6$ 和 $n=4$ 的杯芳烃，且不用任何贵重的仪器设备就可获得克量级的高纯 C_{60}。

5.5.3　C_{60}富勒烯储氢研究

富勒烯储氢有笼内储氢和笼外储氢两种储氢方式，与其他碳质储氢材料不同，它既有物理吸附，又有化学吸附。即氢气为富勒烯所吸收是以富勒烯氢化物或内嵌富勒烯包合物的形式储存。以富勒烯氢化物形式储存又称为笼外储氢、而以内嵌富勒烯包合物的形式储存又称为笼内储氢。

对于笼内储氢来说，由于笼内碳原子与氢的作用力较小，进入笼内的氢原子或氢分子是自由的，但是氢原子由笼外到笼内需要克服一个相当大的阻力，研究表明，当氢原子穿过富勒烯笼的六环结构时需要克服约 3.0eV 的能垒，穿过五环结构时需要克服 3.7eV 的能垒，即氢原子由笼外向笼内通过需要很高能量。为了减少氢由笼外到笼内所需要的阻力，研究人员开发了一种开笼富勒烯氢包合物。如，Schick 等成功制备了开笼富勒烯衍生物，并成功将一个 H_2 分子通过开口处嵌入富勒烯球内部，但由于孔口太小，产率并不高，只有 5%。Murata 等也合成了一种开笼富勒烯衍生物 1（如图 5-14 所示），不过这个化合物的开口很大，由一个十三元环构成，孔长为 0.564nm，宽为 0.375nm。将一个 H_2 分子通过这个孔嵌入富勒烯球内部，产率可达 100%。Iwamatsu 等也成功将一个 H_2 分子嵌入到开笼富勒烯衍生物内部，这种开笼富勒烯衍生物的孔口由一个十六元环组成，在 0.6~13.5MPa 压力下就可以把 H_2 分子嵌入富勒球内部，产率最高可达 83%，产率的高低主要由 H_2 的压力和温度决定。另外，在加热的条件下 H_2 会释放出来，如图 5-15 所示。

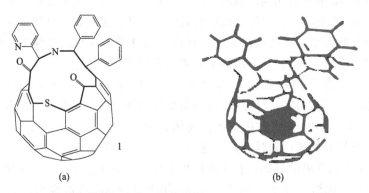

(a) 　　　　　　　　　　　　　　(b)

图 5-14　开笼富勒烯衍生物 1 的结构（a）以及 $H_2@1$ 的优化结构（b）

富勒烯之所以能够化学吸附氢气（笼外储氢），主要是因为氢和富勒烯氢化物之间可以进行可逆反应，当外界有热量加给富勒烯氢化物或内嵌富勒烯包合物时，它就分解为储氢合金并释放出氢气。对于富勒烯氢化物而言，富勒烯具有相对稳定

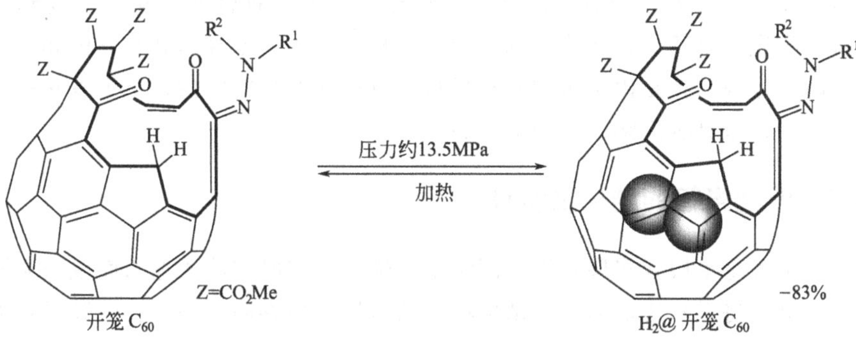

图 5-15 开笼富勒烯储氢和放氢过程

的笼状结构，富勒烯结构中的碳原子处于 sp^2 杂化状态，其六环特性也不同于相应的芳香烃体系。当在富勒烯结构中的 C—C 链上添加一个氢原子，该碳链上的碳原子将由 sp^2 杂化转变为 sp^3 杂化，相应地，富勒烯局部也会发生形变。当更多的氢原子添加到富勒烯结构上时，这种相对理想的 C—H 键将不再存在，因为富勒烯笼的张力会随氢原子的添加而增大，相应地，C—H 键强度会下降。因此，含氢量越高的富勒烯氢化物不仅储氢量高，而且释放氢也更加容易。富勒烯分子结构中拥有 30 个双键，理论上每个富勒烯分子最多可以加 60 个 H 形成 $C_{60}H_{60}$，其储氢量将达到 7.7%（质量分数），这已超过了美国能源部（DEO）规定的新的储氢材料的储氢目标（6.5%）。但是与活性炭吸附储氢不同的是，C_{60} 中碳原子与氢原子形成相对比较稳定的共价键，这也就意味着需要较大的能量才能打破这种键，研究表明，至少需要 400℃ 以上的温度，才能释放出氢气。

5.6 碳纳米管储氢材料

纳米碳管或碳纳米管（carbon nanotubes，CNTs）是一种具有独特结构的一维量子材料。早在 1991 年美海军实验室提交理论文章，预计了一种碳纳米管电子结构，但当时认为不可能合成出来，所以没有发表。1991 年，日本 NEC 公司饭岛澄男（Sumiolijima）采用电弧法蒸发石墨制备 C_{60} 富勒烯时，发现电极上还有一些针状产物。在高分辨电子显微镜下观察发现是直径为 4～30nm，长约 $1\mu m$，由 2～50 个同心管构成物质，相邻同心管间距为 0.34nm。管体两端可能有由富勒烯形成的帽子，这就是多壁碳纳米管（multi-waled carbon nanotube，MWNT）。1993 年，美国 IBM 公司实验室 Bethune 等首先发现报道了观察到合成单壁碳纳米管（single-waled carbon nanotube，SWNT）。1997 年，单壁碳纳米管的研究成果与克隆羊和火星探路者一起被列为当年十大科学成就。十几年来，碳纳米管的相关研究一直是国际纳米技术和新材料领域的研究热点，碳纳米管涵盖了地球上大多数物质的性质，甚至相对立的两种性质、从高硬度到高韧性，从全吸光到全透光，从绝热到良导热，从绝缘体、半导体到高导体和高临界温度的超导体等。正是由于碳纳米管材料具有这些奇异的特性，决定着它在微电子和光电子领域具有广阔的应用前景。

5.6.1 碳纳米管的结构及特性

碳纳米管是单层或多层石墨片围绕中心轴按一定的螺旋角卷曲而成的无缝纳米级管。就是将以六边形为基本结构单元的石墨平面卷曲成碳管。碳纳米管上碳原子电子结构和石墨相近，每个 C 原子与周围三个 C 原子相邻，相互之间以 σ 键结合起来，由 sp₂ 杂化组成，围绕中心轴按一定螺旋角卷曲而成的六边形平面组成的圆柱面。其平面六角晶胞边长为 2.46Å，最短的碳碳键长为 1.42Å。

大多数碳管的两端由五边形和七边形构成半球状封口。碳纳米管有单层，有多层，有笔直，有弯曲，由管中 C 原子层的不同可分为单壁碳纳米管和多壁碳纳米管。单壁碳纳米管是由单层石墨绕和而成，直径与长度大小分布范围相对较小。$D=0.75\sim3nm$，长度 $L=1\sim50\mu m$。结构具有较好的对称性及单一性，不同卷曲方式得到不同结构的碳纳米管（图 5-16）。多壁碳纳米管是由多层 C 原子一层接一层绕和而成，其直径与长度分别为 $D=2\sim30nm$，$L=0.1\sim50\mu m$。片层与片层之间存在一定的角度，扭曲的角度称为螺旋角，可分为螺旋形的多壁管和非螺旋形的多壁管。

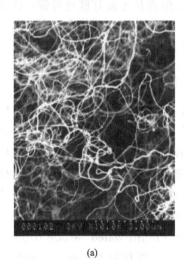
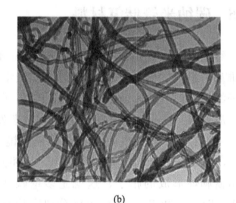

(a)   (b)

图 5-16　碳纳米管的电镜形貌

（a）SEM 图谱；（b）TEM 图谱

由于其独特的结构（图 5-17），使其呈现出非凡的力学特性。根据理论计算得到，碳纳米管强度约为钢的 100 倍，而密度却只有钢的 1/6，同时碳纳米管具有极高的韧性，十分柔软，被认为是未来的超级纤维。同时碳纳米管还具有独特的导电性、很高的热稳定性和本征迁移率，比表面积大，微孔集中在一定范围内，满足理想的超级电容器电极材料的要求。具有优良的长、直发射特性，尤为适于制作新型平板显示器。此外，碳纳米管最令人瞩目的是其储氢性能，由于其较大的比表面积、特殊的管道结构以及多壁碳纳米管之间的类石墨层隙，使其成为最有潜力的储氢材料，在燃料电池方面有着重要的作用。不同类型的碳纳米管如图 5-18 所示。

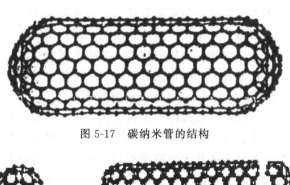

图 5-17 碳纳米管的结构

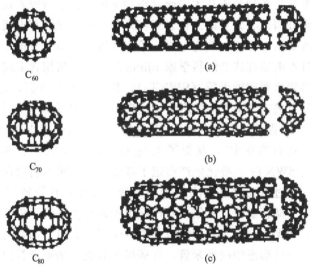

图 5-18 不同类型的碳纳米管

（a）扶手椅结构纳米管；（b）锯齿形结构纳米管；（c）手性结构纳米管

5.6.2 碳纳米管的制备及纯化

（1）碳纳米管的制备

从碳纳米管发现起，其独特的结构以及非凡的性能，揭示了它在各个领域的潜在价值，从而成为全世界的研究热点，到今天，已经 20 多年了，但是目前在日常生产生活中仍然很少看见其应用，其中难以获得高纯的碳纳米管是其主要原因之一。碳纳米管制备工艺是当今碳纳米管研究领域的重要研究方向。

碳纳米管是碳元素的一种热力学不稳定但动力学稳定的亚稳态物质。构成碳纳米管的石墨烯片层有一定的弯曲，从而使处于平衡态的碳原子具有一定的应力较高的能量状态。碳源中的碳原子的能量均低于碳纳米管中碳原子的能量。因此，要将碳源中的碳变为碳纳米管就必须从外部施加额外能量，使其激发从而形成能量更高的碳原子。这些外加能量可以是激光束、等离子束、电子束，也可以是电弧、火焰、太阳能。因此，碳纳米管的制备方法多采用能量来源来命名。目前制备碳纳米管的方法很多，主要有电弧放电法、激光蒸发法、催化裂解法、火焰法、离子（电子束）辐射法、电解方法等，其中电弧放电法、激光蒸发法、催化热裂解法这三种方法研究的较为深入，可以获得大量的碳纳米管。

a. 电弧放电法　电弧放电法是用掺有金属催化剂（Fe、Co、Ni、Pt、Ni 等）的石墨棒作阳极，通过电弧放电在阴极上沉积出 SWNTs 的方法。该方法主要影响因素：载气类型、气压，电弧的电压、电流、电极间距等。利用石墨电极放电获得碳纳米管是各种合成技术中研究得最早的一种。研究者在优化电弧放电法制取碳纳米管方面做了大量的工作。近年来，人们通过调节电流、电压，改变气压及流速，改变电极组成，改进电极进给方式等优化电弧放电工艺，取得了很大进展。如，日本电器株式会的科学家 Iijima 的研究小组用含金属催化剂的炭棒通过电弧放电得到单壁碳纳米管（SWNTs），其产率大于 70%，通过研究温度、催化剂种类及其组成对 SWNTs 的影响，发现用镍-钇作为催化剂在 600℃时产率最高（＞70%）。王淼等用含有金属 Y-Ni 的复合电极（金属 Y 1.0%，Ni 4.2% 的比例均匀混合在石墨棒中），获得了 1.0g 以上含有 60% 左右 SWNTs 的生成物，这为高纯度 SWNTs 规模化生产奠定了基础。成会明等利用含铁、钴、镍及硫化铁的炭棒，通过电弧放电方法制备出大量（2g/h）且管径均匀的 SWNTs，该材料能在室温下储存氢气，其结果在国际上引起高度关注。朱绫等采用等径石墨棒交流放电，在烟灰（而不是阴极沉积物）中得到大量长而直的碳纳米管，同时还得到了一些特殊形态的碳纳米管，即碳纳米胶囊、碳锥形管以及碳环管，并指出这些特殊形态产物的生成可能与其采用的等径炭棒交流放电有关。韩红梅等用高纯石墨电极为原料，用电弧蒸发法制备 CNT，分别收集阴极棒状沉积物和沉积于反应器内壁上的烟灰，发现棒状沉积物外壁上是一层银灰色的玻璃碳，内芯为富含 CNT 的黑色炭材料，并夹杂着无定形碳和石墨碎片等杂质，烟灰经处理后可制得粗富勒烯。

采用石墨电弧放电法制备的碳纳米管形直、壁薄（可以是单壁）且管的缺陷少，比较能反映出碳纳米管的真正性能，但产率偏低，电弧放电过程难以控制，而且所得碳纳米管纯度不高，含有许多无定形碳和金属颗粒，无序、易缠结、分离纯化比较困难、制备成本偏高，其工业化规模生产还需探索。

b. 激光蒸发（烧蚀）法　激光蒸发法是制备单壁碳纳米管的一种有效方法。该法是将一根掺有金属催化剂（Fe、Co、Ni 或其合金）的石墨靶放置于一长形石英管中间，该管则置于一加热炉内。当炉温升至 1200℃时，将惰性气体充入管内，并将一束高能 CO_2 激光或 Nd/YAG 激光聚焦于石墨靶上。石墨靶在激光照射下将生成气态碳，这些气态碳和催化剂粒子被气流从高温区带向低温区，在催化剂的作用下生长成单壁碳纳米管。管径可由激光脉冲来控制。研究人员发现激光脉冲间隔时间越短，得到的单壁碳纳米管产率越高，而单壁碳纳米管的结构并不受脉冲间隔时间的影响。用 CO_2 激光蒸发法在室温下可获得单壁碳纳米管，若采用快速成像技术和发射光谱可观察到氩气中蒸发烟流和含碳碎片的形貌，这一诊断技术使跟踪研究单壁碳纳米管的生长过程成为可能。激光蒸发（烧蚀）法的主要缺点是单壁碳纳米管的纯度较低、易缠结。1996 年，Thessa 等通过改进实验，在 1473K 温度下，采用 50ns 双脉冲激光照射含有 Ni-Co 的催化剂的石墨靶，获得高质量的碳纳米管，这是首次采用该法获得相对较大质量的单壁纳米碳管。采用激光蒸发法制备的碳纳米管纯度低，易缠结且设备复杂、能耗大、投资成本高。

c. 催化裂解法　催化裂解法是目前应用较为广泛的一种制备碳纳米管的方法。该方法主要是以易分解的有机物为碳源，在 500～1200℃温度范围内的过渡金属元素（Fe、Co、Ni 等）催化剂的作用下，碳源分解产生碳原子自由沉积形成碳纳米管的过程，也称为化学气相沉积（CVD）法。碳源可以是乙烯、乙炔、甲烷、聚乙炔和丙烯等。采用催化裂解法可以制备单壁纳米碳管和多壁纳米碳管，其装置如图 5-19 所示。

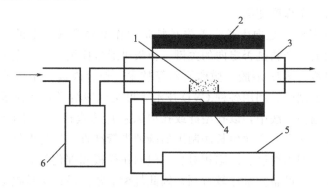

图 5-19　催化裂解法制备碳纳米管装置

1—催化剂；2—电炉；3—石英管；4—热电偶；5—温度控制器；6—混合气体

催化裂解法所合成的碳纳米管的典型结构为一端呈半球面封口状，另一端

（管基端）附着催化剂颗粒，利用某些溶剂容易将其溶解而除去使管基端得以开口。其碳纳米管长可达数十到数百微米，管壁较厚，管径分布宽达 2～100nm。该制备方法影响因素主要有催化剂的选择、反应温度、时间、气流量等。目前，研究者们主要着眼于其催化剂和载体的优化，催化剂优化的目标是催化活性点的密度高，而载体要求表面积和孔隙体积大，以利于碳的扩散。

斯坦福大学 Hongjie Dai 研究小组采用溶胶-凝胶技术合成了含铁、钼的催化剂材料，能在硅铝载体上均匀成膜，由于金属与载体空间相互作用力强，硅铝复合材料高温下表面积和孔隙体积大，因而具有很好的催化活性，每克催化剂可合成 10g 单壁碳纳米管。中科院解思深小组利用内嵌纳米催化粒子的介孔二氧化硅薄膜作基底，采用气相化学沉积方法，在国内外率先实现管径、分布和生长模式可控，首次成功合成了世界上最长的（长度达 2～3mm）、比同期其他方法制备的碳纳米管的长度提高了 1～2 个数量级。英国金融时报以"碳纳米管进入了长的阶段"为题，报道为长碳纳米管问世了。陈萍等采用特定方法制备的催化剂，在 450～700℃间裂解甲烷，可生成具有明显管状结构的碳纳米纤维，温度越高，所得管状物外径越大。唐紫超等以不含金属的固体酸催化剂与丁烯反应也沉积出碳纳米管，但其结构形态与金属微粒催化制备的碳纳米管不同，通过对比，由石墨电弧法、金属催化法和固体酸催化法得到的碳纳米管的 Raman 光谱发现，前者的结构较接近于单晶石墨，而后两者则具有明显的非晶化现象。

催化裂解法制备碳纳米管具有含量高、成本低、产量大和实验条件易于控制等优点，适合于批量生产，是目前最有希望实现大量制备碳纳米管的方法，但也存在管层数多、管径粗细不均匀、石墨化程度较差、存在较多的管壁结构缺陷、并有变形作用等缺点，这些会对碳纳米管的力学性能及物理、化学性能会有不利影响，因此需要采取一些后处理措施，如通过高温退火处理可消除部分缺陷，使管壁变直，石墨化程度变高。

d. 定向生长法　定向生长，首先是特定制作基底模板之上的生长，模板的制作是决定生成的产物是否定向的关键。模板可通过掩模技术、电镀技术、化学刻蚀、表面包覆、溶胶-凝胶、微印刷术等技术，使金属或含金属的催化剂沉积于一定的基底上制得。利用各种 CVD 技术等可实现碳纳米管在模板上的有序生长。已报道的制备方法中，以孔型硅或孔型 Al_2O_3 为模板，通过 CVD 合成定向碳纳米管的方法居多。定向生长法制出的碳纳米管准直、均匀性好、石墨化程度高、相互平行排列不缠绕、缺陷相对少，但制作模板和催化剂需冗长且繁杂的工艺过程，其操作和设备要求比较苛刻，因此规模受限。最近文献报道显示，一定条件下通过浮游催化亦可实现碳纳米管定向生长。这无疑是定向生长值得探究的方向。

除以上四种制备碳纳米管方法的方法外，研究者还发展了其他诸如太阳能法、电解法、球磨法、扩散火焰法、等离子喷射沉积法等制备方法。但是，目前大多数制备方法所得到的碳纳米管都存在着长度短（1～100μm）、夹杂多、缺陷较多、无序分布且不易分散等不利因素，给其应用带来困难，所以对碳纳米管制备方法的研究显得尤为重要。

（2）碳纳米管的纯化

去除碳纳米管中所含有的杂质是碳纳米管储氢应用的一个重要课题。碳纳米管的生长比较复杂，出于要使用催化剂以及反应过程远离平衡态等原因，无论使用上述什么制备方法，其生成的碳纳米管产物或多或少地都含有多种副产品，其中包括无定形碳、碳纳米粒子及催化剂颗粒等杂质，这些杂质的存在，直接影响到碳纳米管的性能测试及其应用研究，因此，需要对碳纳米管进行纯化处理（图5-20），以减少或消除碳纳米管中杂质。而不同制备方法所得碳纳米管的性质以及所引入的杂质都不相同，这就增加了碳纳米管纯化研究的难度。所以，首先需要解决的问题便是如何有效地纯化所制得的碳纳米管。

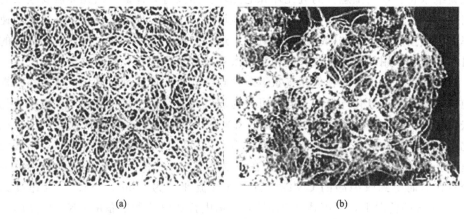

（a） （b）

图 5-20 纯化前后的碳纳米管 SEM 图谱
（a）纯化后的 CNT；（b）纯化前的 CNT

早期，Ajayan 和 Ebbesen 提出了在空气中氧化的方法，英国的 Tsang 先后提出了用 CO_2 氧化的方法以及用浓硫酸和硝酸的混合溶液氧化的方法。此外，还有一些方法诸如重铬酸钾氧化法、固体氧化剂法以及电化学氧化的方法。这些方法基本上还停留在试验经验的积累阶段，对如何实现碳纳米管纯化过程中的准确控制，还缺少一个有效的理论指导。但是人们通过不断地摸索和研究，逐渐认识到纯化中温度和酸度对纯化效果的影响，总而言之，过去方法的落后性往往是因为对温度或酸度的笼统估计导致结果的不理想，要么是无定形碳等杂质去除不干净，要么就是温度或酸度过高而导致碳纳米管损失严重。现在，研究者在前人的基础上，力图寻求一种统一的标准，以改善纯化研究的有效性。

　　到目前为止，已经提出的碳纳米管的纯化方法有许多种，这些方法大致可分为化学法、物理法以及物理化学法。物理法主要是根据碳纳米管与杂质物理性质（如粒度、形状、密度、电性能等）的不同，利用超声波降解、离心、沉积和过滤而将其分离，主要包括离心分离法、电泳纯化法、过滤纯化法和空间排斥色谱法等。Bandow 等利用超声分离技术将质量分数仅为 3%～5% 的 SWNTs 从电弧放电法所得的石墨灰中分离出来，所得产品 SWNTs 纯度为 40%～70%。由于碳纳米管与杂质物理性质差异不大，部分学者认为物理法很难达到碳纳米管与其他形式的碳相分离的目的，但是它仍然不失为纯化碳纳米管的一种有效方式。

　　化学法主要是根据碳纳米管与其他含碳杂质的化学稳定性不同来纯化碳纳米管的，碳纳米管具有很高的结构稳定性，耐强酸、强碱腐蚀性，而其他的杂质稳定性都远不如碳纳米管，利用氧化剂对碳纳米管和碳纳米微粒、无定形碳等杂质的氧化速率不同而逐步分离，其中常用的氧化剂有空气、硝酸、混酸、重铬酸钾等，或者几种氧化剂相结合且分步来氧化、提纯碳纳米管。其基本原理为优先氧化碳纳米管管壁周围悬挂的五元环和七元环，而没有悬挂键的六元环需要较长时间才能被氧化。当碳纳米管的封口遭到破坏时，由六元环组成的管壁被氧化的速率十分缓慢，而碳颗粒则一层层被氧化，最后只剩下碳纳米管，从而达到提纯的目的。通常采用的氧化方法有气相氧化法和液相氧化法，也称为干法和湿法。

　　气相氧化法主要是在氧化气氛下对含碳纳米管的样品进行氧化，从而达到提纯的目的，根据氧化气氛的不同又可分为氧气（或空气）氧化法和二氧化碳氧化法。Sekar 等对由电弧放电法所制备的 CNTs（主要杂质为碳纳米颗粒）进行纯化，发现在流动的氧气环境下，当温度升至 725℃，升温速度 120℃/h，氧气流速 200mL/min 时，氧化速率最大，在该温度持续 1～2h 后，其他碳微粒可被完全氧化从而得到较纯净的 CNTs。当空气气流速度为 50mL/min、升温速度为 20℃/min 的情况下，温度达到 840℃时，由电弧放电法所制备的 CNT 样品的氧化速率达到最大。Ebbesen 和 Ajayan 将由电弧放电法制得的含 CNT 和其他碳杂质的混合物在空气中加热到 700℃时，样品质量出现损失，当损失率达到 99%以上时，残留的样品几乎全是 CNT。Tsang 等将电弧放电法所得的阴极沉积物放入石英管中，在 850℃下以 20mL/min 的速度通入 CO_2，持续 5h 后，约有 10%（质量分数）损失，此时碳纳米管的封口被打开。继续加热，碳纳米颗粒被氧化除去。而且当氧化时间足够长时，MWNTs 的管壁会受到侵蚀，从而变成 SWNTs，样品的比表面积由氧化前的 21.0m^2/g 增加到氧化后的 31.7m^2/g。为了提高纯化效果，Jeong 等用 3mol/L 的盐酸来除去电弧放电法所得 SWNTs 中的金属催化剂颗粒，然后用 H_2S-O_2 的混合气体选择性地氧化碳杂质颗粒。其中，H_2S 既有利于其他碳杂质颗粒的除去，又同时抑制了碳纳米管的氧化。所得碳纳米管的纯度＞95%，纯化产率为 20%～50%。而 Mizoguti 等将激光蒸发法制备出的 SWNTs 加入超细金粉（平均粒径为 20nm）作催化剂，在这相对较低的温度下无定形碳及其他碳杂质都几乎被完全氧化掉了，所得 SWNTs 纯度高且未受到损坏。气相氧化法由于不需要特殊的实验装置，反应条件容易控制，操作简单、易行，有工业化应用前景。

液相纯化法一方面用酸来去除金属催化剂颗粒，另一方面用氧化性酸溶液将比碳纳米管更容易氧化的其他杂质除去。常用的氧化性酸溶液有硝酸、混酸、重铬酸钾和高锰酸钾的硫酸溶液等。Tsang 等将电弧放电法制备出的产物放入 65％的浓硝酸中，在 140℃油浴中加热回流 4～5h，发现约有 2％的质量损失，部分 CNTs 的封口被氧化而打开。随着氧化时间的增加和浓硝酸用量的增加，最终可以得到纯净的 CNTs，但该方法所需时间较长，而且对碳管有损坏。Ivanov 等选用 40％的氢氟酸进行 72h 的浸泡，对由定向生长法制备的 CNTs 进行纯化处理，发现该方法可较好地除去残留的金属催化剂杂质，但其他碳杂质仍然存在。为此，Colomer 等首先用 38％～40％的氢氟酸在不断搅动的情况下 24h 浸泡，通过催化裂解法所得产物过滤后用蒸馏水反复清洗，彻底去除催化剂杂质，而后将其溶于 50mL 含有高锰酸钾（526.3mg）的硫酸溶液（0.5mol/L）中，在 80℃下氧化，结果发现当质量损失率＞60％时，样品中的无定形碳已完全被除去。

化学法还包括高温退火法、红外线照射法、电化学氧化法等。此外，由于单个化学方法的使用，往往只对除去某一种或几种杂质有效，达不到高纯度，因此，许多研究人员将不同的化学法综合起来使用，得到了较理想的纯化结果。如酸处理与气相氧化的结合、高温退火与酸处理的结合、气相氧化与高温退火的结合等化学纯化方法等。

化学纯化方法可以将碳纳米管与其他杂质较有效地分离出来，但是该方法在氧化掉其他杂质的同时，有相当一部分的碳纳米管管壁和管端也相应被氧化掉了，残余的碳纳米管无论是管径还是管长，都小于未纯化前的状态，其结构受到了较大的破坏。而物理纯化法在纯化过程中可避免碳纳米管受到破坏，但是由于碳纳米管和大部分杂质均为碳质，在物理性质上的差异并不大，所以很难得到高纯度的碳纳米管。可见单纯的化学纯化法或物理纯化法都有各自的优势，也存在各自的弊端。因此，就有了物理、化学方法的综合使用。综合法是一种纯化流程，它结合了化学法高效分离和物理法不破坏碳纳米管结构的优势，在尽量高效分离的同时，把对碳纳米管的破坏程度降为最低。如，Huang 等报道了一种可规模化的 SWNTs 的纯化方法。他们将电弧法所得产物首先用体积比为 1：1 的二甲基甲酰胺和纯水的混合液润湿，然后用 70％的浓硝酸处理，在离心分离后，将富集 SWNTs 的溶液在超声振荡后注入转速为 200r/min 的旋转式蒸发器，在压力为 13.3kPa、温度为 50℃的情况下脱水。该方法纯化出的 SWNTs 纯度较高，且自动聚集成排列整齐的管束，其长度可达几个厘米。

目前，碳纳米管的纯化方法已有许多，特别是近几年多种物理化学法的提出，使得碳纳米管的纯化研究进入了一个新时期，大大提高了碳纳米管的纯度。但纯化产率仍然不是很高，且难于规模化、商业化。同时由于各个碳纳米管的生产方法和生产条件不同，使所得碳纳米管性能不同，所含杂质的种类和数量也不相同，这就限制了碳纳米管具体纯化方法的使用推广。因此，碳纳米管的纯化研究还需要进一步地深入和拓展。

5.6.3 碳纳米管储氢

碳纳米管作为一种新型材料，由于其所具有的独特的纳米级中空管状微观结构和理论上潜在的优良储氢性能吸引了国内外研究者的广泛关注，有关碳纳米管作为储氢材料的研究成为 20 世纪 90 年代兴起的一个热门领域。碳纳米管具有以下两个优点：①储氢量大，有的甚至可达到 60%（质量分数）以上。自 1997 年关于碳纳米管储氢的首次报道以来，虽然用各种方法测得的碳纳米管或碳纳米纤维的吸氢量数据出入很大（图 5-21），但其储氢量高于储氢合金却是不争的事实。②质量相对较轻，便于携带。纳米尺寸的碳管和碳纤维具有优异的储氢性能，已被国际能源协会列为重点发展项目。

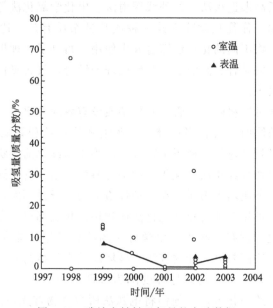

图 5-21　碳纳米材料吸氢量的实验数据

为此，各国科研工作者对碳纳米管的储氢性能和氢气在碳纳米管中的吸附储存过程进行了大量的实验研究工作，取得了许多显著的成果。

（1）碳纳米管储氢机理研究

由于氢气在碳纳米管中吸附储存行为比较复杂，大多数学者们都认可碳纳米管储氢是吸附作用的结果，但是，储氢行为的本质究竟是化学吸附还是物理吸附，还是两种吸附共存，大家还存在争议。

一种观点认为，CNT 储氢过程中只发生物理吸附，与吸附材料不发生化学反应，即吸附过程是物理吸附，氢气分子与吸附材料分子之间的相互作用可以归结为经典位势函数。物理吸附具有吸附作用比较小、吸附热较低、可以产生多层吸附等特点，通过分子力学（molecular mechanics，MM）和分子动力学（molecular dynamics，MD）计算以及 monte carlo 模拟，尤其是巨正则 monte carlo（grand canonical monte carlo，GCMC）模拟，得到储氢过程的吸附等温线，来分析材料的储氢特性。

另一种观点则从化学反应的角度来研究碳纳米管的储氢过程，考虑吸附过程中分子的电子态改变和量子效应，并考察它的结构因素对发生化学吸附的影响，为新型储氢材料结构设计提供理论指导。化学吸附具有吸附作用强、吸附热大、一般只能产生单层吸附、同时吸附和解析的速度较慢等特点，通过应用密度泛函理论（density functional theory，DFT）和从头计算分子轨道（abinitio molecular orbital）的方法，计算碳纳米管的吸附储氢性能，得到氢在碳纳米管结构中的平衡分布，从而分析碳纳米管的储氢特性。

目前，物理吸附和化学吸附共同作用于碳纳米管中储氢行为的观点，占据上风，并被许多科研人员的研究实验所证实。如，郑宏等采用巨正则 monte carlo 分子模拟方法研究 SWNTs 的储氢性能时，发现模拟计算的储氢量小于实验结果，由此推断 SWNTs 存在物理吸附和化学吸附两种储氢机制，同时认为 SWNTs 管壁上存在的缺陷，可能增加了形成化学吸附悬键的位置。另外指出碳纳米管试验样品中还残留部分金属催化剂，这些催化剂也会与氢发生化学反应，生成金属氢化物。郑青榕等通过比较氢在 MWNTs 和碳狭缝孔上的吸附，发现 MWNTs 在 160～180K 时有利于氢分子吸附，由此推断出试样上同时发生了氢的物理和化学吸附，温度降低对物理吸附有利，但对化学吸附起了抑制作用，因此出现一个有利吸氢温区。周振华等研究发现，在进行碳纳米管储/放氢试验时，当系统在常温下卸压到常压时，材料所吸附氢的 97% 都已经释放出来，剩余 3% 的吸附氢在加热升温的过程中也可以陆续得到释放，并由此得出结论：97% 的吸附氢所对应的主要为物理吸附，而 3% 的吸附氢所对应的主要为化学吸附。闫红等在模拟计算氢在碳纳米管中的存储与分布时，结果表明氢分子在碳纳米管中沿轴向呈均匀分布，并可在径向形成多层吸附，而且由表向内的吸附逐渐减弱。作者认为在碳纳米管中，表面吸附分为物理吸附和化学吸附，化学吸附作用较强，物理吸附作相对较弱，碳纳米管中靠近管壁处氢分子数多是由于化学吸附占主导地位，管内氢分子数少是物理吸附和分子间作用的共同结果。周振华等采用 Raman 光谱表征 MWNTs 和 K 掺杂的 MWNTs 的储氢特性时，发现氢气在 CNT 上的吸附态主要包括解离吸附生成表面 CH_x 和非解离吸附分子氢 H_2 两类，同时采用程序升温脱附色谱/质谱法分析发现，MWNTs 在高温（800～900K）附近出现较强的氢气峰以及属于烃的峰（包括 CH_4、C_2H_4、C_2H_2），由此推断氢在碳纳米管上的吸附包括物理吸附和化学吸附。

（2）碳纳米管气-固储氢性能研究

对碳纳米管储氢性能研究最早始于单壁碳纳米管。其储氢研究采用的方法主要还是热脱附法、重量法和体积法。但由于各研究者的处理方法不一样，对其储氢量存在很大争议。1997 年美国再生能源实验室 A. C. Dillon 等采用程序控温脱附仪（TPDS）首次对单壁纳米碳管的储氢性能进行了研究，得出在 130K 和 4×10^4 Pa 条件下的纯单壁纳米碳管的储氢量为 5%～10%（质量分数），进一步的研究表明，采用高温氧化的方法处理碳纳米管，使管末端开放，可以有效增加吸附量并提高吸附速率，并认为 SWNT 是唯一可用于氢燃料电池汽车的储氢材料，这是世界上关于碳纳米管储氢的第一篇报道。1998 年，韩国群山大学的李姝米和她的同事在材料研究学会上宣称，她们研制的碳纳米管可储存其自重 14% 以上的氢。2000 年 Dillon 等又用强超声波处理 SWNT 并使纳米管在室温和 50KPa 条件下吸氢，测得储氢量为 6.5%（质量分数）。1999 年，加州理工大学的 Y. Ye 和莱斯大学的 J. Liu 采用容积法，在不同条件下研究了碳纳米管表面积与储氢量的关系。他们测定出在温度 80K、压力大于 40×10^5 Pa 条件下，纯度为 98% 的 SWNTs 束储氢容量达到最高，所吸附的氢的 H/C 原子比为 1.0，相当于 8.25%（质量分数）。Pradham 等测得碳纳米管束在温度为 77K、压力小于 0.1MPa 时的储氢量大于 6%（质量分数），并由实验结果推断碳纳米管束在非常低的压力下可储存大量的氢。Sudan 等对单壁碳纳米管中氢的相互作用进行了分析，在他们的实验中解析谱由热脱附谱测定，主要的可逆脱附在 77～320K 的范围内。大约在 90K 时，峰值的活化能假定为第一序列脱附，实验发现单壁碳纳米管的最大储氢主要取决于试样的特殊表面积。中科院金属所 Liu 等用半连续氢电弧法合成了高质量的 SWNT，经高温 713K 和浓盐酸浸泡处理后，在室温和 10MPa 条件下，用容积法测得其储氢量为 4.2%（质量分数），但在常温常压下 21%～25% 的氢气不能脱附，加热至 473K 则全部脱附。Liu 等认为常温常压下未脱附的氢气可能与化学吸附有关，并认为其管径较大（普通 SWNT 直径为 1.2～1.4nm）可能是吸附量大的原因。刘畅等将制得的单壁碳纳米管经 HCl 酸洗和 773K 温度下高真空热处理后，在室温和 12MPa 压力下测定出处理后的单壁碳纳米管（纯度 50%）储氢量可达 4.2%～4.7%，由此推测纯单壁碳纳米管的储氢量可达 8% 左右。并且吸/放氢循环实验表明材料具有的良好的循环吸氢性能。成会明等研究了用流动催化法制备的碳纳米管储氢特性。发现在室温和100个大气压下储氢达到 4.2％，并且 78.3％的氢在常温常压下可释放出来，剩余的氢加热后也可释放出来，所用的单壁碳纳米管可重复利用。因为他们所用的储氢方法在常温下进行，更接近实用条件，引起了国际上的高度重视。清华大学毛宗强等也实现了在常温下碳纳米管的储/放氢实验。在室温约 $1.0×10^7$ Pa 条件下，经过某种预处理的碳纳米管储氢量达到了 9.99％。Zuttel 等采用体积法对单壁碳纳米管的储氢进行了研究，发现在 $-196℃$、压力低于 0.01MPa 时能吸附质量分数大于 0.4％的氢，随着压力增大，吸氢饱和时其质量分数约为 0.6％。Luxembourg 等在实验中，单壁碳纳米管在 253K、6MPa 的条件下，测得最大吸氢量为 1％（质量分数）。他们认为单壁碳纳米管的储氢性能与实验的试样无关，在一定程度上，起影响作用的是样品的微孔容量。Hirscher 等用热脱附仪（TDS）测得 SWNT 的储氢量为 1％（质量分数）。他认为纳米管的纯度、两端是否开口、长度和孔径是影响储氢量的关键。Tibbetts 等在 11MPa、$-80\sim+500℃$ 条件下测定了 9 种不同的碳材料的储氢性能，指出任何有关碳材料在常温下储氢量大于 1％（质量分数）的报道都是不可靠的，认为过高的储氢量是由实验误差导致的。Heben 将单壁碳纳米管置于 5mol/L 的 HNO_3 溶液中超声振荡，然后用程序升温脱附光谱测试其储氢量，得出该单壁碳纳米管的储氢质量分数为 6.5％。而 Haluska 等重复了 Heben 的实验，但他测定的碳纳米管的储氢质量分数仅为 1.5％，并且他发现在进行超声振荡时，钛颗粒进入单壁碳纳米管中。因此，他用不锈钢棒代替钛合金棒参与振荡，发现碳纳米管的储氢质量分数降低到只有 0.01％。根据该实验结果，他认为单壁碳纳米管根本不吸氢，而质量分数为 1.5％的吸氢量是由于超声振荡时钛进入碳纳米管中吸氢所致。

多壁碳纳米管吸附储氢直到最近几年才被研究。多壁碳纳米管是由 2～50 层石墨片层绕轴卷曲而成的管状物，直径一般在几十个纳米以下，长度一般在毫米或微米量级。与单壁碳纳米管相比，由于存在层间结构，多壁碳纳米管除了氢气可能吸附在外表面或储存在中空管内以外，还有可能在管间发生吸附。由此推测多壁碳纳米管可能具有更好的储氢能量。Zuttel 等报道了 MWNTs 在 $-196℃$ 时的储氢质量分数可达 5.5％，而在室温下却只有 0.6％。他们认为，氢气在碳纳米管上的吸附只是表面现象，和氢气在高表面石墨上的吸附相似。朱宏伟等在对催化裂解法制备的多壁碳纳米管进行高温（1700～2200℃）退火处理后，在温度25℃和压力 10MPa 条件下测定储氢容量达到了 4％（质量分数）。

为提高多壁碳纳米管的储氢能力，国内外科研人员在表面改性和热处理上进行了大量的试验，并取得了很好的成果。文献报道主要集中在通过不同氧化剂氧化、球磨处理以及掺杂碱金属上来优化多壁碳纳米管微观形态结构方面。如，张雄伟等考察了用空气处理、混酸处理、H_2O_2 处理和等离子体活化处理以及多种活性金属修饰对碳纳米管储氢性能的影响。结果表明，化学改性均能明显提高碳纳米管的储氢性能，其中经过混合酸和 H_2O_2 化学处理并负载质量分数为 20% Ni 的 MWNTs，在常温常压下氢气储存的质量分数达到 2.55%，比未作任何处理的碳纳米管的储氢量提高了 7 倍。Shaijumon 等用催化裂解的方法，得到 Ni/Cr水滑石型的多壁碳纳米管。多壁碳纳米管经过酸处理和热处理后，在 298K、8MPa 条件下，其储氢的性能分别达到质量分数 2.4% 和 1.6%。Huang 等将 MWNTs 在 500℃氮气气氛下进行热处理，并用硝酸回流纯化，然后负载钾离子，测得在室温和 12MPa 压力时的吸氢质量分数为 3.2%。张艾飞等采用 HNO_3/HCl-HNO_3/HF-空气氧化三步法处理了多壁碳纳米管，发现该方法可以显著优化多壁碳纳米管微观形态结构，使管两端封闭的端口几乎全部打开，管平均内径由 5nm 扩大到 20nm，管壁大大变薄，团聚的碳纳米管束解离成为独立存在的碳纳米管，使处理后的碳纳米管储氢量由 0.91%（质量分数）提高到 7.6%（质量分数）。Zhu 等采用球磨机先将 MWNTs 磨短，然后用硝酸回流，以此除去杂质并使 MWNTs 开口，然后进行储氢测试，测得在室温和 10MPa 时的吸氢质量分数为 2.67%。刘芙等研究了碳纳米管经过不同时间和不同方式机械球磨处理后其微观组织和结构的变化，发现机械球磨可以截断碳管，碳管长度从原来的微米级降到几十至几百纳米，同时碳管端口打开，缺陷增多，表面积增大。在球磨的碳管中加入纳米级 MgO，可使球磨效果更显著，经过球磨 2h 处理的碳纳米管的储氢量是未球磨碳纳米管储氢量的 2 倍以上。为研究金属掺杂对碳纳米管储氢容量的影响，P. Chen 等最先对甲烷催化裂解制备的多壁碳纳米管进行了碱金属 Li 和 K 掺杂研究，实验结果表明，碱金属掺杂可明显提高多壁碳纳米管的储氢性能，负载锂的 MWNT 在常压 653K 时的储氢量达到 20%（质量分数），负载钾的 MWNT 在常温常压下达到 14%（质量分数），而没有负载碱金属的 MWNT 常温常压的吸附量仅为 0.4%（质量分数）。他们认为如此高的吸氢量可能与碱金属的作用有关，氢以原子状态吸附在碳纳米管表面，由于碱金属的存在降低了氢分子离解为氢原子所需的能量，从而提高了氢气的吸附量。但这一结果随后被 Ralph T. Yang 证明是错误的。Yang 重复了 Chen 的实验后指出，Chen 的实验是不能被重复的，他改进了实验，使钢瓶中的氢气与吸附剂接触前先被活性炭干燥，结果测得负载锂、钾的 MWNT 的储氢量只有 2.5%（质量分数）和 1.8%（质量分数），Yang 等认为，Chen 等实验中使用的氢气气源中含有的水分与碱金属掺杂物发生反应是导致高储氢容量的原因。由此可知，金属掺杂可以降低吸附势垒，有效提高碳纳米管的储氢容量这一假设还有待进一步研究证实。

近几年来，随着碳纳米管制备技术的提高，碳纳米管这种一维结构处理有序排列成为可能，有关有序排列的碳纳米管储氢性能报道陆续出现。Wang 等测定了由 CVD 法在硅基片上制得的大面积、高密度、分布均匀厚度为 $2.5\sim10\mu m$ 的定向碳纳米管阵列对氢气的吸附，其最大吸氢量可达 8.0%（质量分数）。Chen 等利用等离子体辅助热丝化学气相沉积法，在不锈钢片上制得了直径为 $50\sim100nm$ 的定向纳米碳管，在室温和 1MPa 压力下测得其储氢量为 5%～7%，当样品经浓 HNO_3 浸泡、去离子水漂洗和真空下 300℃ 焙烧 4h 后，储氢量达到 13%。

除了对碳纳米管储氢性能进行实验研究外，许多科研工作者还通过计算机模拟对于碳纳米管对氢的存储量以及其储氢吸附过程进行研究。应当指出的是，由于在模拟过程中，描述气-固之间作用力所用的模型和计算方法的不同，取样方法，气体的热力学状态，碳纳米管的孔径、长度、表面状态、管口的开闭情况等不同，计算所得储氢量也不同，储氢量有大有小。同时碳纳米管的实验储氢量和理论计算储氢量分歧比较大，对碳纳米管的最大吸附性能仍很难得出统一的结论。如，Wang Qingyu 等以 Silvera-Gold-man 势模拟 H—H 作用，Crowell-Brown 势模拟 C—H 作用，并用路径积分方程计入量子效应，计算了阵列和单个 SWNT 以及理想裂缝小孔的吸附量。研究表明，SWNT 阵列由于密排使得有效面积减少，不利于氢气吸附，而单个的碳纳米管吸附性能超过理想裂缝小孔以及活性炭，在 77K、20MPa 条件下达到了约 8.0%。韩国 Seung Mi Lee 等采用密度函数法（density-functional calculations）预测氢在 SWNT 上的吸附量可超过 14.3%。程锦荣等用巨正则系综蒙卡方法，得出在 293K、10MPa 条件下，直径为 $4.0\sim5.0nm$ 单壁碳纳米管的最大吸附性能超过 10%。Darkrim 采用 Monte-Carlo 模拟在理论上证明 SWNT 具有较高的储氢容量，随后的模拟计算给出 77K 时 SWNT 的储氢量为 11.24%（质量分数）。给出碳纳米管低储氢量的模拟结果也不乏其人。Gordon 等用密度函数理论计算 SWNT 的储氢量，结果表明氢在碳纳米管上的吸附量远远小于美国能源部 6.5%（质量分数）的指标。Si-monyan 采用 Monte Carlo 模拟计算氢在负载电荷的碳纳米管上的吸附等温线，表明尽管负载电荷的碳纳米管储氢量在 298K 时有 10%～20% 的提高，但还是远低于 DOE 指标。Wang 等的模拟结果表明，即使最优几何结构的 SWNT，其常温吸氢量也无法满足车用燃料要求。

综合现有碳纳米管储氢性能实验及计算机模拟研究的结果可以看出，由于使用的原料和采用的检测方法不同，实验测定的储氢容量也存在着很大的差异，并且即使采用相同的测试方法，储氢测试结果的重复率也比较低。理论研究在低温和理想的压力和碳纳米管结构条件下得出了 14%（质量分数）的吸附量，然而，实际的吸附过程很可能要复杂得多。实验采用的样品会因为制备手段不同而具有不同的卷曲结构并且含有一定量的杂质，理论计算的是采用理想化的碳纳米管模型，加之碳纳米管储氢机理还不甚清楚，碳纳米管储氢实验和理论计算结果很少能吻合或不能精确吻合的原因也就比较容易理解。氢气压力、温度等外界因素也会影响气体吸附量。例如，在不同的热动力条件下，即使是相同的样品也会有不同的吸附量。一般认为，高压低温有利于碳纳米管吸附氢气，相同的温度下，吸附量会随压力的增加而增加。同样在相同的压力下，吸附量会随温度的降低而增加。此外，碳纳米管的结构因素如管的形式、管径大小、管间距、末端开闭状态、纯化程度以及表面缺陷和表面掺杂等都会对储氢容量产生较大的影响。正是由于上述的种种原因，目前对于碳纳米管最大的储氢能力还很难得出一个一致的结论。但是从现有的研究结果及理论计算来看，碳纳米管储氢能力达到 DOE 标准是非常有希望的。

（3）碳纳米管电化学储氢研究

除直接通过气-固实验测定材料的储氢容量外，国内外众多学者研究发现，由碳纳米管制成的电极材料，具有良好的电化学性能，这为制作储氢电池开辟了途径。电化学储氢法的基本原理是将碳纳米管作为一个工作电极，并与一个辅助电极构成一个两电极体系，若加上参比电极则组成三电极体系。充电时，在碳纳米管电极上，电解液中的水离解为吸附的氢（H_{ad}）和氢氧根离子，吸附的氢原子可能插入碳纳米管或是在表面重新结合形成氢分子并扩散进入碳纳米管中或是在电极表面形成气泡；放电时，碳纳米管释放的氢与电解液中的氢氧根离子结合形成水分子，重新进入溶液中（图 5-22）。

X. Qin 和闫晓琦等先后利用循环伏安法研究了氢在掺杂金属 Ni 碳纳米管上

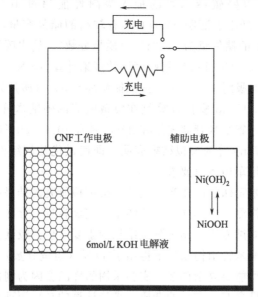

图 5-22　CNT 的电化学储氢充/放电循环装置示意

的电化学储存机理。发现在碳纳米管的充电过程中，吸附为控速步骤；放电过程中，氧化步骤为控速步骤。和 Ni 粉一起压制成的碳纳米管电极反应活性高，具有大的峰电流。而峰电压和金属 Ni 的峰电压相同，则说明活性点为 Ni。储氢机理推测为：

$$Ni + H_2O \Longleftrightarrow NiH_{ad} + OH^- \quad (控速步骤) \tag{5-24}$$

$$NiH_{ad} + MWNT \Longleftrightarrow MWNTH_{ad} + Ni \tag{5-25}$$

S. M. Lee 等通过对电化学储氢后的单壁碳纳米管的 Raman 光谱研究表明，氢是以氢分子形式存在于碳纳米管的空间中。几种可能的中间吸附点为：①管外壁；②管内壁；③管间空隙。利用计算机进行机理计算表明：对于 SWNT，氢原子在管内形成 H_2 分子，以减少能量，减轻管壁扭曲。C. Nützenadel 等最早对单壁碳纳米管和多壁碳纳米管的电化学储氢特性进行了研究，发现利用电弧法制备的未经纯化的仅含有少量单壁碳纳米管试样的电化学储氧容量仅为 100mA·h/g，对应的储氢容量是 0.39%（质量分数）。Qin 等测定的未纯化碳纳米管和镍粉混合制成的电极的比电容量达到了 200mA·h/g。对于纯化后的碳纳米管，N. Rajalakshmi 等发现纯化处理后的单壁碳纳米管和铜粉制得的电极的比容量达到了 800mA·h/g。近几年来，关于碳纳米管（包括单壁和多壁）电化学储氢的报道，多是通过纯化或改性处理（掺杂等）来提高其容量。Y. Wang 等利用机械球磨法对多壁碳纳米管进行处理，最大的放电容量提高到了 741mA·h/g。C. C. Yang 等制备了纳米 Ni 包覆的碳纳米管，并测定了其电化学储氢性能，最高放电容量达到了 1404mA·h/g。E. Z. Liu 等在多壁碳纳米管上沉积了 TiO_2 纳米颗粒，修饰后的碳纳米管最高放电容量为 540mA·h/g。Zhang 等分别对 10～20nm、10～30nm、20～40nm、40～60nm 和 60～100nm 不同尺寸的多壁碳纳米管进行电化学储氢研究，用 $LaNi_5$ 合金颗粒作为催化剂真空中进行处理。实验结果表明，在相同的测试条件下，不同尺寸的多壁碳纳米管在电化学储氢方面有很大的差异。10～30nm 多壁碳纳米管的电化学储氢能力最强，60～100nm 多壁碳纳米管的储氢能力最差。在实验中可以看出，碳纳米管的尺寸是影响电化学储氢性能的一个主要因素。郝东辉等研究认为，定向的多壁碳纳米管更有利于氢气的储存，铜粉对碳纳米管的储氢性能有促进作用。他们将催化裂解二甲苯和二茂铁混合溶液得到的定向多壁碳纳米管和铜粉混合制成电极，由恒流充/放电实验测得电极的最大比电容量达到了 1625mA·h/g，对应的储氢容量为 5.7%，具有优异的电化学储氢性能，有望成为新一代高效氢能电池的制造材料。

碳纳米管储氢性能研究作为新材料科学和新能源技术紧密结合新兴技术领域，长期以来一直备受人们的广泛关注，从实验研究到理论分析，都取得了丰硕的成果，但是，到目前为止还存在一些难题急需解决。例如，碳纳米管储氢容量还存在很大的争议，目前没有一个比较好的标准来衡量其实际储氢能力。氢气在碳纳米管材料上吸附储存的机理非常复杂，至今没有一个比较合理的模型来描述储氢过程。此外，由于制备和纯化技术的限制，碳纳米管的纯度和微观结构难以准确控制，缺乏高纯度、结构均一的实验样品材料是造成同等条件下实验研究结果产生很大差异的主要原因之一。

鉴于碳纳米管和碳纳米管储氢技术的研究刚刚起步，自发现伊始至今仅有数十年的历史，加上氢气在碳纳米管吸附储存过程的复杂性，因此，结合理论研究成果，设计能够准确高效测定材料储氢容量的实验方法和设备，从而准确地定量测定材料的储氢性能，开发能够大量生产的高纯度和结构均一的廉价碳纳米管的新工艺、新技术，对氢气在碳纳米管中的吸附行为进行更为深入的理论分析，是今后碳纳米管研究及开发利用氢能技术的一个主要方向。

5.7 石墨烯储氢材料

石墨烯（graphene）是指一层密集的、包裹在蜂巢晶体点阵上的碳原子排列成二维结构碳材料。与石墨的单原子层类似。关于准二维晶体的存在性，科学界一直存在争论。早在 1934 年 R. E. Peierls 等就认为准二维晶体材料由于其本身的热力学不稳定性，在室温环境下会迅速分解或拆解。1966 年 Mermin 和 Wagner 提出 Mermin-Wagner 理论，也声称不存在二维晶体材料。但单层石墨烯作为研究碳纳米管的理论模型得到了广泛的关注。单层的石墨烯一直被认为是假设性的结构，只是作为研究碳纳米材料（如富勒烯及碳纳米管）的理论模型，一直未受到人们的广泛关注。直到 2004 年，英国曼彻斯特大学的两位科学家安德烈·盖姆（Andre Geim）和克斯特亚·诺沃消洛夫（Konstantin Novoselov）首次通过剥裂高定向性石墨的办法，成功地在实验中从石墨中分离出石墨烯，从而证实它可以单独存在，由此石墨烯得以为世人所知。由于其良好的强度、柔韧、导电性、导热性、光学特性，石墨烯在物理学、材料学、电子信息、计算机、航空航天等领域都得到了长足的发展。石墨烯的问世被认为是人类科技上具有划时代意义的大事，有学者甚至预言石墨烯将开创 21 世纪的新材料纪元，能给世界带来实质性变化。

5.7.1 石墨烯的结构及特性

石墨烯的命名来自英文的 graphite（石墨）＋-ene（烯类结尾），也可称为单层石墨片。与石墨的单原子层雷同，是一种由碳原子以 sp^2 杂化轨道组成六角形呈蜂巢晶格的平面薄膜，这种石墨晶体薄膜只有一个碳原子厚度（0.335nm），非常薄，把 20 万片石墨烯叠加到一起，也只有一根头发丝那么厚。可想象为由碳原子和其共价键所形成的原子尺寸网。石墨烯被认为是平面多环芳香烃原子晶体。作为真实意义上稳定存在的二维晶体材料，科学家们给出了两种解释，一是由于二维材料是从三维材料上提取出来的，所以其属于亚稳状态。然而，由于它们尺寸小、原子键强，所以即使有热扰动，也不会有位错或其他晶体缺陷的增殖，因此能够稳定存在。二是由于片状石墨烯会产生三维褶皱，这样的褶皱会增大其弹性势能，但却抑制了热振动（在二维材料中，热振动非常大），使石墨烯总能量减小，因而二维的石墨烯可以稳定存在。

二维石墨稀结构可以看作是形成所有 sp^2 杂化碳质材料的基本组成单元（图 5-23）。例如，石墨可以看成是多层石墨烯片堆垛而成，而碳纳米管可以看成是卷成圆筒状的石墨烯。富勒烯则可以看成是多个六元环和五元环按照适当顺序排列得到的。而石墨烯可以看成碳原子以六元环的形式周期排列在平面内，每个碳原子彼此之间形成很强的 σ 键，这种极强 C—C 间的相互作用使得石墨烯片具有优异的力学性能。另外，石墨烯面内每一个碳原子提供一个垂直于石墨烯平面 p 电子轨道，与周围形成 π 键，由于石墨烯片平面内轨道的存在，电子可在晶体中自由移动，使得石墨烯具有十分优异的电子传输性能。

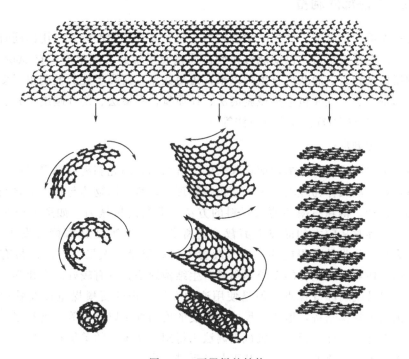

图 5-23 石墨烯的结构

石墨烯是世上最薄、最坚硬的纳米材料，它几乎是完全透明的，只吸收 2.3% 的光；热导率高达 5300W/m·K，高于碳纳米管和金刚石，常温下电子迁

移率超过 $15000cm^2/(V\cdot s)$，比碳纳米管或硅晶体高，而电阻率比铜或银更低，为世上电阻率最小材料。因为电阻率极低，电子跑的速度极快，因此被期待可用来发展出更薄、导电速度更快的新一代电子元件或晶体管。由于石墨烯实质上是一种透明、良好的导体，也适合用来制造透明触控屏幕、光板，甚至是太阳能电池。

石墨烯结构非常稳定，碳碳键（carbon-carbon bond）仅为 $1.42Å$，石墨烯内部碳原子之间连接很柔韧，当施加外力于石墨烯时，碳原子面会弯曲变形，使得碳原子不必重新排列来适应外力，从而保持结构稳定。这种稳定的晶格结构使石墨烯具有优异的导热性。另外，石墨烯中电子在轨道中移动时，不会因晶格缺陷或引入外来原子而发生散射。由于原子间作用力十分强，在常温下，即使周围碳原子发生挤撞，石墨烯内部电子受到的干扰也非常小。

石墨烯是构成下列碳同素异形体的基本单元：石墨，木炭，碳纳米管和富勒烯。完美的石墨烯是二维的，它只包括六边形（等角六边形）；如果有五边形和七边形存在，则会构成石墨烯的缺陷。12 个五角形石墨烯会共同形成富勒烯。

5.7.2　石墨烯的制备

自石墨烯问世以来，大量的学者致力于研究其优异的性能及应用的同时，在其制备方面也投入精力，以期能够得到高质量石墨烯并实现量产。自 2004 年海姆等利用机械剥离法而获得石墨烯以来，短短数年，研究者先后发明出了多种石墨烯的制备方法，主要包括机械剥离法、还原氧化石墨法、剖开碳纳米管法、化学气相沉积法（CVD）、直流电弧法等。

（1）机械剥离法

石墨可以看成是石墨烯片堆垛起来的三维结构，因此剥离石墨可以产生石墨烯。机械剥离法又称物理剥离法或微机械解理法，是利用物体与石墨烯之间的摩擦和相对运动，得到石墨烯薄层材料的方法。即利用机械力，如透明胶带的黏力，将石墨烯片从较大的晶体上剪裁、剥离出来。自 2004 年海姆等发明以来，机械剥离法被认为是获得能够应用于装置中的高质量、大尺寸石墨的最有效途径。采用机械剥离法制备的石墨烯不易产生结构缺陷，具有较好的电化学、热传导、力学以及抗腐蚀等优点。但是使用这种方法制得的石墨煤也存在着很多缺点，如无法大规模制备，形状、尺寸及厚度的均匀性难以控制等。近年来，也有不少研究者通过设计模板改进机械剥离法来得到形状统一的单层石墨烯，但要得到无缺陷、规格一致的石墨烯，其工艺还需进一步改进。

（2）还原氧化石墨法

氧化还原法是通过使用硫酸、硝酸等化学试剂及高锰酸钾、双氧水等氧化剂将天然石墨氧化，增大石墨层之间的间距，在其边缘处接上一些官能团，或者在石墨层与层之间插入一些物质，制得氧化石墨烯，然后再通过机械力作用或超声振荡，使石墨层剥离，之后进行还原，制备出石墨烯。该方法典型的步骤是用氧化法制得氧化石墨，然后超声，最后加入水合肼、硼氢化钠等还原剂还原，制备石墨烯。该法具有工艺简单、所用设备简易、成本低廉等优点，是最有希望实现工业化大规模生产的一种制备方法。近年来，科研人员正在进行通过不断调整改进该方法的过程，如改善氧化石墨的分散性、调整还原剂的组分和溶度等，来获取最佳质量的石墨烯片的研究工作。目前，使用这种方法制备的石墨烯片面积可以达到 $20\mu m \times 40\mu m$；同时结构比较完整。但是这种方法制备出的石墨烯容易残留有氧官能团，对其性能产生不利影响。

（3）剖开碳纳米管法

碳纳米管可以看成是由石墨烯片卷曲而成，因此，将碳纳米管沿着卷轴剪开，就能够得到石墨烯结构。可以通过两种方法剖开碳纳米管，其中一种方法是用过锰酸钾和硫酸切开在溶液中的多壁碳纳米管；另外一种方法是使用等离子体刻蚀一部分嵌入于聚合物的碳纳米管。近年来，碳纳米管的制备技术已经相对完善，通过剖开碳纳米管的方法制备石墨烯是较为可行的。如，Tour 等利用浓硫酸及 500％（质量分数）的 $KMnO_4$ 对多壁碳纳米管进行处理，在酸性 $KMnO_4$ 的强氧化作用下，碳纳米管表面的碳原子与氧原子结合形成并列的酮的官能团，使得碳环发生扭曲，最后碳纳米管沿着氧化的碳原子处断开，从而形成了石墨烯带（图 5-24）。但是这种方法会在石墨烯带的边缘形成含氧官能团，影响石墨烯的质量。Terrones 等利用过渡金属纳米粒子，如 Ni 或 Co 沿着轴向刻蚀多壁碳纳米管，而得到宽 15～40nm，长 100～500nm 的石墨烯带。Dai 等报道了另一种途径，其先将多壁碳纳米管用旋转涂覆的方法，使其表面被聚甲基丙烯酸甲酯（PMMA）覆盖，随后利用氩气等离子刻蚀，通过控制刻蚀时间，得到不同层数

图 5-24　由碳纳米管得到石墨烯带的过程

的石墨烯带。该方法所制备的石墨烯带具有光滑的边缘结构，且宽度均匀分布在 10～20nm。剖开碳纳米管制备石墨烯，虽然可以得到结构较好的石墨烯带，但是这种方法使用碳纳米管作为原料，不利于石墨烯生产成本的降低。剖开碳纳米管法效率高，经最终处理可以获得石墨烯片层和纳米带，但制备过程不可控，产品均一性较差。

（4）化学气相沉积法

化学气相沉积法（CVD）即是使用含碳有机气体为原料进行气相沉积制得石墨烯薄膜的方法。这是目前半导体工业化最广泛一种制备方法，其工艺已经非常完善。因此，此方法也被认为是石墨烯工业化生产中最理想的方法。这种方法制备的石墨烯具有面积大和质量高的特点，但该法现阶段成本较高，成品厚薄不均，因此，该工艺条件还需进一步完善。由于所制备的石墨烯薄膜的厚度很薄，因此大面积的石墨烯薄膜无法单独使用，必须附着在宏观器件中才有使用价值，例如触摸屏、加热器件等。在 2006 年，P. R. Somani 等开始尝试利用该方法来制备石墨烯，其以樟脑为碳源，以镍箔为基体，在 850℃下沉积碳原子，得到约为 35 层厚的石墨烯结构。虽然此次尝试未能获得单层的石墨烯，但是实践说明了这种方法具有一定的可行性，为后续研究提供了新的思路。接着，关于利用气相沉积法制备石墨烯的研究也愈来愈多。多是通过改变碳源和基体材料及控制沉积速率等手段来获得结构更加理想的石墨烯。其中，K. S. Kim 等以气体甲烷为碳源，通入氩气保护，1000℃下在镍基体上沉积碳原子，并对镍基体进行快速冷却，从而在镍基体上得到了 3～5 层厚的石墨烯。通过进一步的化学处理去除镍基体得到石墨烯片。Li 等通过改变基体材料，将镍换为溶解碳能力较低的铜箔作为基体，制备出具有较大面积的单层石墨烯。但是这些方法制备得到的石墨烯，都需要进行化学处理以去除基体材料，这对石墨烯的结构容易造成了一定的损坏，影响其下一步的应用。目前大多研究侧重于如何利用无损的方法去除基体。最近，H. M. Cheng 等利用电化学的方法将 CVD 法制备的石墨烯成功从基体上剥离下来，保持了石墨烯结构完整性的同时还使得贵金属基体能够反复利用，降低了石墨烯的生产成本。

（5）直流电弧法

电弧法是最早应用于制备碳纳米管和富勒烯的一种典型的方法，使用电弧法制备的石墨烯石墨层规则、晶形较好，有望获得较高的导电性和较好的电化学性能。直流电弧法制备石墨烯的研究主要集中在近几年，2009 年 K. S. Subrahmanyam 利用直流电弧法，采用两根直径不同的石墨棒作为阴、阳电极，在 H_2 和 He 的混合气氛中，进行电弧放电，得到 2～4 层厚的石墨烯结构。2010 年 C. X. Wu 等研究了在不同的 He 气压和放电电流下制备石墨烯结构的变化，得到了单层、双层及少数层石墨烯结构，并根据实验结果给出石墨烯片层间距与其层数之间的关系图。通过电弧法还可以制备掺杂的石墨烯材料。2010年N. Li等在He气氛中加入适量的NH_3，利用直流电弧法制备出掺杂氮的石墨烯材料。直流电弧等离子体具有高的导热性、高的温度梯度及高的化学活性等特点，使得化学反应迅速进行，有利于产物的生成。利用该方法制备纳米材料，反应气氛可控、产物纯度高、容易实现量产。

5.7.3 石墨烯的储氢研究现状

碳质材料，尤其是具有大的比表面积、大的孔隙率的活性炭、活性炭纤维、富勒烯及碳纳米管等，一直是储氢材料研究和开发的热门材料。新型碳纳米材料——石墨烯的问世，其独特的结构、优异的性能，使其在储氢方面展现出了良好的应用前景，众多国内外科学家都致力于开发石墨稀及其复合结构的储氢潜能。S. Patchkovskii理论研究显示：具有多层和较大片层间距的石墨烯结构更加有利于储氢。当石墨烯的片层间距达到6Å时，一层氢气分子可以安插在片层之间，形成三明治结构，可以达到2%～3%（质量分数）的储氢容量。N. J. Park等利用第一原理研究了共价键结合具有3D结构的石墨烯（CNGs）的储氢性能。研究发现，相对于孤立的石墨烯结构，氢分子与3D结构的石墨烯的结合键能要强，也就是说这种结构更加有望在温和的条件下储氢。C. Ataca等也在理论上得出由Li原子包覆的石墨烯结构作为高效储氢的介质，其储氢容量可以达到12.8%。Dimitrakakis G L利用石墨烯和碳纳米管设计了一个三维储氢模型，如果这种材料掺入锂离子，其在常压下储氢能力可以达41g/L。G. Srinivas等利用还原氧化石墨法制得到石墨烯，研究了其物理吸附储氢性能，并与其他碳纳米材料（单壁和多壁碳纳米管、纳米碳纤维等）进行对比研究，显示石墨烯的储氢性能要优于其他材料。

目前，关于石墨烯储氢性能实验的报道还比较罕见，相关储氢性能研究相对比较少，其储氢机理也还不甚清楚，因此，需要进一步加强对石墨烯储氢性能的研究和探索。

● 参考文献

［1］ Iijima S. Helical microtubules of graphitic carbon ［J］. Nature, 1991, 354（6348）: 56-58.

［2］ Dillon A C, Jones K M, Bekkedahl T A, et al. Storage of hydrogen in single-walled carbon nanotubes ［J］. Nature, 1997, 386 (6623): 377-379.

［3］ 刘美琴, 李奠础, 乔建芬, 等. 氢能利用与碳质材料吸附储氢技术 ［J］. 化工时刊, 2013, 11(27): 35-35.

［4］ Ebbesen T W, Ajayan P M, Hiura H, et al. Purification of nanotubes ［J］. Nature, 1994, 367(6463): 519-519.

［5］ Tsang S C, Harris P J F, Green M L H. Thinning and opening of carbon nanotubes by oxidation using carbon dioxide ［J］. Nature, 1993, 362 (6420): 520-522.

［6］ Tsang S C, Chen Y K, Harris P J F, et al. A simple chemical method of opening and filling carbon nanotubes ［J］. Nature, 1994, 372(6502): 159-162.

［7］ Dillon A C, Jones K M, Bekkedahl T A, et al. Carbon nanotube materials for hydrogen storage ［J］. Nature, 2000, 386.

［8］ Zhou Y P, Zhou L. Utility Study of Conventional Adsorption Equations for Modeling Isotherms in a Wide Range of Temperature and Pressure ［J］. Separation Science, 1998, 33(12): 1787-1802.

［9］ Jeong T, Kim W Y, Hahn Y B. A new purification method of single-wall carbon nanotubes using H_2S and O_2 mixture gas ［J］. Chem. Phys. Lett. 2001, 344(1－2): 18～22.

［10］ Everett D H. IUPAC Manual of Symbols and Terminology for Physico-Chemical Quantities and Units. Appendix II, Part I, London: Butterworth, 1971.

［11］ Zhou L, Yang B, Bai S P, et al. A Study on the Adsorption Isotherms in the Vicinity of the Critical Temperature ［J］. Adsorption, 2002, 8(2): 125-132.

［12］ Colomer J F, Piedigrosso P, Fonsecaetal A. Different purification methods of carbon nanotubes produced by catalytic synthesis ［J］. Synth. Met, 1999, 103(1-3): 2482-2483.

［13］ Huang H J, Kajiura H, Yamadaetal A. Purification and alignment of arc-synthesis single-walled carbon nanotube bundles ［J］. Chem. Phys. Lett, 2002, 356 (5): 567-572.

［14］ Brunauer S, Emmett P H, Teller E. Adsorption of gases in multimolecular layers ［J］. J. Am. Chem. Soc, 1938, 60(2): 39-319.

［15］ Beebe B A, Biscoe J, Smith W R, et al. Heats adsorption black ［J］. J. Am. Chem. Soc, 1947, 69(1): 95-101.

［16］ Zhou L, Zhou Y P, Bai S, et al. Studies on the Transition Behavior of Physical Adsorption from the Sub- to the Supercritical Region: Experiments on Silica Gel ［J］. J. Colloid & Interf Sci, 2002, 253(1): 9-15.

［17］ Zhou L, Zhou Y P, Sun Y. Enhanced storage of hydrogen at the temperature of liquid nitrogen ［J］. Int J. Hydrogen Energy, 2004, 29(3): 319-322.

［18］ 马捷, 苏秋利, 张忠利, 等. 质子交换膜燃料电池的湿度特性和水的迁移途径 ［J］. 华北电力大学学报, 2003, 30(5): 58-63.

[19] 郑青榕，顾安忠，鲁雪生，等．碳基吸附剂储氢吸附热的密度泛函理论 [A]．化工学报，2003，54(7)：995-1000.

[20] 郑青榕，顾安忠，蔡振雄，等．氢分子在活性炭上的吸附特性分析 [J]．西安交通大学学报，2008，42(4)：505-508.

[21] Ströbel R，Garche J，Moseley P T，et al. Hydrogen storage by carbon materials [J]．Journal of Power Sources，2006，159(2)：781-801.

[22] Bhatia S K，Myers A L．Optimum conditions for adsorptive storage [J]．Langmuir the Acs Journal of Surfaces & Colloids，2006，22(4)：1688-1700.

[23] Menon P G．Adsorption at high pressures [J]．Chemical Reviews，1968，60(1)：277-294.

[24] 周理，周亚平．关于氢在活性炭上高压吸附特性的实验研究 [J]．中国科学，1996，26(5)：473-480.

[25] 张晓昕，郭树才，邓贻钊．高表面积活性碳的制备 [J]．材料科学与工程，1996，14(4)：34-37.

[26] 刘海燕，凌立成，刘植昌，等．高比表面积活性炭的制备及其吸附性能的初步研究 [J]．新型碳材料，1999，14(2)：21~25.

[27] 范艳青，冯晓锐，陈雯，等．活性炭制备技术及发展 [J]．昆明理工大学学报，2002，27(5)：17-20.

[28] Duret B，Saudin A．Microspheres for on-board hydrogen storage [J]．Int. J. Hydrogen Energy，1994，19(9)：757-764.

[29] 崔静，赵乃勤，李家俊．活性炭制备及不同品种活性炭的研究进展 [J]．炭素技术，2005，24(1)：26-30.

[30] 贺福，杨永岗．中孔活性碳纤维 [J]．化工新型材料，2004，32(1)：12-15.

[31] 曹雅秀，刘振宇，郑经堂．活性炭纤维及其吸附特性 [J]．炭素，1999，2：20-23.

[32] 陈诵英，孙予罕，等．吸附与催化 [M]．郑州：河南科学技术出版社，2001. 1-2.

[33] Steel E W A．The Interaction of Gases with Solid Surfaces [M]．Oxford：Pergamon Press，1974.

[34] 闫晓琦，郭雪芹，王达，等．碳纳米管的储氢机理研究 [J]．实验室科学，2007，5：69-70.

[35] 周理，孙艳，苏伟．纳米碳管储能的化学原理与储存容量研究 [J]．化学进展，2005，17(4)：660-664.

[36] Qin X．Electrochemical Hydrogen Storage of Multiwalled Carbon Nanotubes [J]．Advanced Materials Research，2000，26-28(12)：831-834.

[37] 杨洪润，刘吉平．纳米碳管吸附储氢 [J]．炭素，2004，1：17-21.

[38] 程锦荣，闫红，陈宇，等．碳纳米管储氢性能的计算机模拟 [J]．计算物理，2003，20(3)：255-259.

[39] Adams G B，Sankey O F，Page J B，et al. Energetics of Large Fullerenes：Balls，Tubes，and Capsules [J]．Science，1992，256(5065)：1792-1799.

[40] Yacaman M J，Yoshida M M，Rendon L．Catalytic growth of carbon microtubules

with fullerene structure ［J］. Applied Physics Letters, 1993, 62（2）: 202-204.

［41］ Zhang Haiyan, Fu Xiaojuan Yu, Jiangfeng, et al. The effect of MWNTs with different diameters on the electrochemical hydrogen storage capability ［J］. Physics Letter A, 2005, 339（3）: 370-377.

［42］ Ning G Q, Wei F, Luo G H, et al. Hydrogen storage in multi-wall carbon nanotubes using samples up to 85g ［J］. Applied Physics A, 2004, 78（7）: 955-959.

［43］ 郭连权，马常祥，张玉洁，等. 碳纳米管的电化学储氢 ［J］. 东北大学学报（自然科学学报），2004, 25（5）: 427-430.

［44］ Kosynkin D V, Higginbotham A L, Sinitskii A, et al. Longitudinal unzipping of carbon nanotubes to form graphene nanoribbons ［J］. Nature, 2009, 458（7240）: 872-876.

［45］ Yao Y J, Zhang S P, Yan Y J. Ball Milling Process and Its Effect on Hydrogen Adsorption Storage of MWNTS ［J］. Chinese Journal of Process Engineering, 2006.

［46］ Wang Z Y, Li N, Shi Z J, et al. Low-cost and large-scale synthesis of graphene nanosheets by arc discharge in air ［J］. Nanotechnology, 2010, 21（17）: 175602.

［47］ Jiao L Y, Zhang L, Wang X R, et al. Narrow graphene nanoribbons from carbon nanotubes ［J］. Nature, 2009, 458（7240）: 877-880.

［48］ Kim K S, Zhao Y, Jang H, et al. Large-scale pattern growth of graphene films for stretchable transparent electrodes ［J］. Nature, 2009, 457（7230）: 706-710.

［49］ Dervishi E, Li Z R, Xu Y, et al. Carbon nanotubes: synthesis, properties, and applications ［J］. Partical. Sci. Technol, 2009, 27（2）: 107-125.

［50］ Li N, Wang Z Y Zhao K K, et al. Nitrogen-DopedGraphene ［J］. Carbon, 2010, 48: 255-259.

［51］ Patchkovskii S, Tse J S, Yurchenko S N, et al. From The Cover: Graphene nanostructures as tunable storage media for molecular hydrogen ［J］. Acad Sci, 2005, 102（30）: 10439-10444.

［52］ Hong S Y, Tobias G, Ballesteros B, et al. Atomic-scale detection of organic molecules coupled to single-walled carbon nanotubes ［J］. Journal of the American Chemical Society, 2007, 129（36）: 10966-10967.

［53］ Srinivas G, Zhu Y, Piner R, et al. Synthesis of graphene-like nanosheets and their hydrogen adsorption capacity ［J］. Carbon, 2010, 48（3）: 630-635.

［54］ Ataca C, Akturk E, Ciraci S, et al. High-capacity hydrogen storage by metallized graphene ［J］. Appl. Phys. Lett, 2008, 93（4）: 043123.

［55］ Dimittrakakis G K, Tylianakis E, Froudakis G E. Pillared graphene: a new 3-D network nanostructure for enhanced hydrogen storage ［J］. Nano Letters, 2008, 8（10）: 3166-3170.

［56］ Nishihara H, Yang Q H, Hou P X, et al. A possible buckybowl-like structure of zeolite templated carbon ［J］. Carbon, 2009, 47（5）: 1220-1230.

无机化合物

现已开发的传统金属氢化物储氢材料，可以在较温和的条件下实现可逆吸/放氢，但是其质量分数均低于 3%（质量分数），难以满足未来车载储氢材料的要求。1996 年，NaALH$_4$ 中掺杂含 Ti 催化剂可在温和条件下实现可逆脱/加氢的发现，掀起了人们对轻金属配位氢化物的研究热潮。在过去 10 年中，以 [ALH$_4$]$^-$、[BH$_4$]$^-$、[NH$_2$]$^-$ 等配位阴离子和 Li、Na、Mg 等轻金属阳离子形成离子型含氢化合物，因具有较高的含氢量而成为储氢领域研究的新热点，并被认为是最具发展潜力的储氢材料，现已开展的研究体系主要包括 NaAlH$_4$、LiALH$_4$、NaBH$_4$、LiBH$_4$、LiNH$_2$ 和 NH$_3$BH$_3$。虽然上述配位氢化物具有较高的储氢容量，但存在脱/加氢温度过高、动力学性能较差或者可逆性差等问题，离实际应用还有距离。为此，在解析配位氢化物结构和吸/放氢机理的基础上，研究人员投入大量工作对其进行储氢性能的改性研究。

6.1 轻金属-B-H 化合物储氢

轻金属-B-H 配位氢化物体系拥有比轻金属-Al-H 配位氢化物体系和轻金属-N-H 配位氢化物体系更高的可逆储氢容量，成为高容量储氢材料应用基础研究的候选者，但该体系较差的热力学性能以及较高的动力学能垒导致了轻金属硼氢配位氢化物的放氢温度位于 260～500℃之间较高的温度范围内。常见的硼氢化物有 LiBH$_4$ 和 NaBH$_4$。

LiBH$_4$ 作为轻金属-B-H 配位氢化物体系的典型代表最早合成于 1940 年，在 275℃或者 278℃发生熔化反应，并于 400℃开始进行分解反应生成 LiH 和 B，最终于 600℃释放出约 9.0%（质量分数）的氢气。LiBH$_4$ 的分解反应方程式为：

$$LiBH_4 \longrightarrow LiH + B + 3/2H_2 \tag{6-1}$$

LiBH$_4$ 的理论储氢容量约为 13.6%（质量分数），在 600℃和 155MPa 氢压以上的条件下可以非常缓慢并部分地实现式（6-1）的可逆反应。通过添加 MgH$_2$ 形成 2LiBH$_4$-MgH$_2$ 样品，能够有效地降低 LiBH$_4$ 的热力学稳定性，实现 8%～10%（质量分数）的可逆储氢容量，其反应方程式如下所示：

$$LiBH_4 + MgH_2 \Longrightarrow LiH + MgB_2 + 4H_2 \tag{6-2}$$

该反应使 LiBH$_4$ 放氢反应焓变减少了 25kJ/mol。此外，通过将 LiBH$_4$ 纳米化并装填入多孔碳纳米框架结构中能够有效改善 LiBH$_4$ 的动力学性能，实现放氢操作温度降低了 75℃以及放氢速率约 50 倍的提升。

除 LiBH$_4$ 外，常见的轻金属硼氢配位氢化物还有 NaBH$_4$、KBH$_4$ 与 Mg（BH$_4$）$_2$ 和 Ca（BH$_4$）$_2$。这些碱金属与碱土金属硼氢化物均具有较高的氢含量，并随着碱金属与碱土金属电负性的增加而逐渐降低放氢操作温度。同样地，轻金属硼氢配位氢化物体系表现出类似于轻金属铝氢配位氢化物体系的较差的可逆储氢能力。因此，改善轻金属硼氢配位氢化物体系的吸/放氢能力是实现实用化高容量储氢材料的最大期望所在，本章节以 LiBH$_4$ 为例，系统介绍轻金属-B-H 化合物储氢特性及研究进展。

6.1.1 LiBH$_4$ 的合成

1940 年，Schlesinger 和 Brown 首次报道了利用 B$_2$H$_6$（乙硼烷）在 LiC$_2$H$_5$ 中合成 LiBH$_4$，随后又报道了 LiH 和 B$_2$H$_6$ 可以在乙醚溶液中合成 LiBH$_4$ 而在没有溶剂存在的条件下不发生反应。与 Schlesinger 等认为溶液条件下才能实现 LiBH$_4$ 的生成不同，瑞士的一个研究小组报道了在没有溶剂的条件下通过以下的气固反应合成了 LiBH$_4$：

$$2LiH_2 + B_2H_6 \Longrightarrow LiBH_4 \tag{6-3}$$

指出 B—H 键的形成是单质元素制备 LiBH$_4$ 的限制步骤，使用 B$_2$H$_6$ 作为起始反应物可以有效降低单质硼中 B—B 键断裂的能量能垒。

1958 年，Goerri 通过单质元素在 550～700℃和 30～150bar 氢压的条件下按照如下的反应合成了 LiBH$_4$：

$$M + B + 2H_2 \Longrightarrow MBH_4 \quad (M = Li、Na、K、1/2Mg 等) \tag{6-4}$$

并以同样的方法制备了 IA 族和 IIA 族金属硼氢化合物。但是至今没有其他的报道表明遵照式（6-4）可以实现单质元素与氢气反应制备 LiBH$_4$，理论计算也表明 LiH 代替单质 Li 在热力学上更为适宜。

商业化的 LiBH$_4$ 是在乙醚或者异丙胺的溶液中通过 NaBH$_4$ 和卤化锂之间的

离子置换的湿化学反应实现工业化制备，其反应如下：

$$NaBH_4 + LiCl \xrightarrow{\text{有机溶液}} LiBH_4 + NaCl \qquad (6\text{-}5)$$

$$NaBH_4 + LiBr \xrightarrow{\text{有机溶液}} LiBH_4 + NaBr \qquad (6\text{-}6)$$

反应后生成的 $LiBH_4$ 和卤化钠可以通过一些特定的有机溶剂（如 $LiBH_4$ 溶于四氢呋喃而卤化钠具有很小的溶解度）进行分离，最后将溶液在适宜的条件下进行挥发处理获得固态 $LiBH_4$。

近年的研究结果表明，通过 LiH 和 B 在特定的条件下与氢气按照如下的反应也可以制备 $LiBH_4$：

$$LiH + B + 2/3H_6 = LiBH_4 \qquad (6\text{-}7)$$

该反应在 35MPa 的高氢压条件下将 LiH 和 B 加热至 600℃ 时能够检测到 $LiBH_4$ 的生成，此外，通过在氢气气氛下高能球磨 LiH 和 B 的混合物同样能够合成 $LiBH_4$。但不论是高温高压还是高能球磨 LiH 和 B，产物中的 $LiBH_4$ 只有不超过 30% 的产率，表明单质硼中较强的 B—B 键键能是阻碍 $LiBH_4$ 生成的关键因素。

另外也有报道可通过合成 Li 和 B 的中间化合物降低 $LiBH_4$ 的生成条件。该方法是在氩气气氛下将过量的 Li 与 B 的混合物加热至 330℃ 和 450℃ 制备得到 LiB_3 和 Li_7B_6 化合物，然后将上述产物在 150MPa 氢气压力下加热至 700℃ 制备得到 $LiBH_4$。该反应利用的原理是通过预处理 Li 和 B 的混合物生成 LiB_3 和 Li_7B_6 化合物，再使其与氢气反应生成 LiH，该反应路径降低了氢化反应的能垒（如图 6-1 所示），能够明显地促进 $LiBH_4$ 的生成。通常，通过中子衍射测试能够辅助研究人员确定化学反应历程，通过对 LiB 和 D_2 反应生成 $LiBD_4$ 的过程进行分析，发现，LiB 首先与 D_2 反应生成 LiD 和 B，随后在 623K 时（180MPa D_2）即可观测到 $LiBD_4$ 的生成。反应路径如图 6-2 所示。

6.1.2 $LiBH_4$ 的结构变化

$LiBH_4$ 在 25℃ 时密度为 $0.66\sim0.68g/cm^3$，可溶于极性较强的配位溶剂，在 110℃ 附近发生由正交晶系（$o\text{-}LiBH_4$）向六方晶系（$h\text{-}LiBH_4$）的吸热型结构转变，随后在 $275\sim278$℃ 发生熔化反应。因此，最早 $LiBH_4$ 的相结构被认为是 $Pcmn$ 空间点群结构，但很快被证明是错误的。后来通过同步 X 射线衍射测试发现：$LiBH_4$ 常温的正交结构相中每个 $[BH_4]^-$ 都被 4 个 Li^+ 所包围，每个 Li^+ 也被 4 个 $[BH_4]^-$ 所包围，其空间结构均为四面体结构，空间点群应为 $Pnma$（♯62），$[BH_4]^-$ 中 B—H 键的键长为 $1.04\sim1.28$Å，夹角为 $85°\sim120°$，

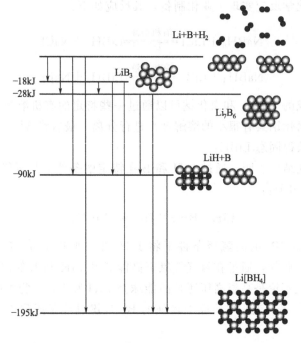

图 6-1 Li—B 相互作用生成 LiBH$_4$ 的热力学焓变

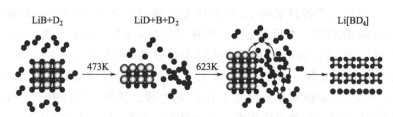

图 6-2 LiB 与 D$_2$ 反应生成 LiBD$_4$ 反应过程示意

晶胞体积约为 217Å^3。另有研究表明单个晶胞单元含有四个 LiBH$_4$ 的分子，25℃下相结构的晶格常数为 $a = 7.1730$Å、$b = 4.4340$Å，$c = 6.7976$Å，计算所得的密度为 0.669g/cm^3；此时 [BH$_4$]$^-$ 发生明显畸变，B—H 键的键长不一致，其中两个键长 1.30Å，另外两个分别为 1.28Å 和 1.44Å。LiBH$_4$ 的晶体结构及其晶格常数如表 6-1 所列。

表 6-1 LiBH$_4$ 的晶体结构及其晶格常数

相	空间群	a/Å	b/Å	c/Å	T/℃
o-LiBH$_4$	$Pnma$	7.17858(4)	4.43686(2)	6.80321(4)	20
o-LiBH$_4$	$Pnma$（♯62）	7.1730	4.4340	6.7976	25
o-LiBH$_4$		7.1942(8)	4.4465(5)	6.8193(7)	25

续表

相	空间群	$a/\text{Å}$	$b/\text{Å}$	$c/\text{Å}$	$T/℃$
h-LiBH$_4$	$P6_3mc$(＃186)	4.27631(5)	4.27631(5)	6.94844(8)	135
h-LiBH$_4$		4.2991(2)	4.2991(2)	6.9922(6)	200
h-LiBH$_4$		4.93(2)	4.93(2)	13.47(3)	263
o-LiBH$_4$		8.70(1)	5.44(1)	4.441(8)	327

进一步研究不同温度下 LiBH$_4$ 的晶体结构发现，在118℃发生的由 o-LiBH$_4$ 向 h-LiBH$_4$ 的变化是一个微吸热（4.18kJ/mol）的相转变过程，而 h-LiBH$_4$ 在 287℃的熔化潜热为 7.56kJ/mol，两个相变过程都是可逆的，并伴随着微弱的温度滞后，但声子态密度的理论计算结果对高温的 h-LiBH$_4$ 结构仍有一定的异议。

利用同步 X 射线衍射测试 o-LiBH$_4$（20℃）和 h-LiBH$_4$（135℃）的衍射图谱并进行精修处理，所得相结构如图 6-3 所示。当加热至 135℃时，LiBH$_4$ 由常温下的正交结构转变为六方结构，晶胞体积减小一半变为 110Å^3；此时 [BH$_4$]$^-$ 沿着 C 轴重排，B—H 键的键长为 1.27（2）～1.29（2）Å，B—H 键之间的夹角为 106.4（2）°～112.4（9）°。随着温度的升高，h-LiBH$_4$ 的相结构膨胀，晶格常数明显变大，至 263℃时（接近熔点）晶胞体积膨胀至约 283Å^3。理论计算表明，h-LiBH$_4$ 具有较高的能量和较大的振动频率，而 $P6_3mc$ 结构状态也表现出稍微的不稳定性。当温度升高至熔点之上的 327℃时，LiBH$_4$ 重新转变为正交结构，此时晶胞体积反而缩小至约 210Å^3，与常温相的晶胞体积较为一致。

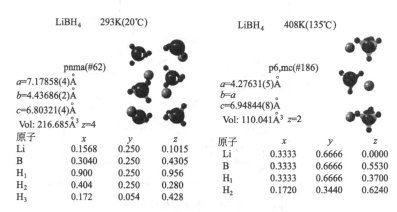

图 6-3　低温和高温 LiBH$_4$ 相结构示意

通过系统的研究压强变化对 LiBH$_4$ 相结构转变的影响，他们发现，在 1.2GPa 的条件下，LiBH$_4$ 由 $Prima$ 的相结构（相Ⅰ）转变为一种未知结构的相（相Ⅱ），Li$^+$ 和 [BH$_4$]$^-$ 相互渗透形成一种独特的配位平面正方形结构。理论计算表明，在 2.4GPa 的条件下该相的晶格常数为：$a=6.4494$（9）Å、$b=5.307$

(1) Å、$c = 5.2919$（9）Å。当压强增加至 10GPa 时，该相开始转变为另一种结构的相（相Ⅲ），具有配位八面体结构，是 LiBH$_4$ 最终的高压相；增加压强至 18GPa 时仍有 40%（体积分数）的相Ⅱ残余，在 10GPa 时加热至 500K 才完全转变为相Ⅲ。相Ⅰ到相Ⅱ到相Ⅲ的转变均为一阶相变。

6.1.3 LiBH$_4$ 的吸/放氢反应

LiBH$_4$ 在加热的过程中呈现出三个明显的吸热峰，分别对应于相转变、熔化和放氢反应，表明三个阶段均是可逆的过程。LiBH$_4$ 在 100～200℃ 之间的热分解过程大约释放 0.3%（质量分数）的氢，相当于理论储氢容量的 1.5%，主要的放氢大约起始于 400℃，并于 500℃ 附近时反应速率达到最大值，至 600℃ 释放出理论容量一半的氢量，最终产物可以名义上认为是 "LiBH$_2$"，当加热至 680℃ 时单个分子中的四个氢脱出三个，并且本阶段的放氢反应为压力控制过程。可以看出，LiBH$_4$ 在加热过程中的相变和各个反应过程的熔变如图 6-4 所示。常温状态下，LiBH$_4$ 最稳定的状态是 Pnma 结构，熔化之后很快有大量的氢释放，生成 LiH 和 B。LiH 极其稳定（$\Delta H_f = -90.7$kJ），分解温度在 700℃ 之上，因此 LiH 分解之前的放氢反应过程是改善 LiBH$_4$ 放氢性能的关键。

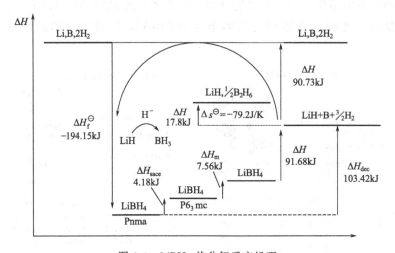

图 6-4　LiBH$_4$ 热分解反应机理

通过第一性原理计算发现，LiBH$_4$ 的分解反应分为两步：首先分解为 LiBH，然后分解为 LiB，并且在这过程中可能存在中间相 LiB$_3$H$_8$ 和 Li$_2$B$_n$H$_n$（$n = 5 \sim 12$）。晶体结构稳定性研究表明，具有单斜晶结构的 Li$_2$B$_{12}$H$_{12}$ 是最稳定的，该物质由 Li$^+$ 和 ［B$_{12}$H$_{12}$］$^{2-}$ 组成，能够与实验结果有较好的符合。随后，大量的研究结果通过拉曼光谱（Raman）和固态核磁共振（MAS NMR）证实了

$Li_2B_{12}H_{12}$ 的生成，较好地符合了理论计算预测的结果。因此，$LiBH_4$ 的放氢反应可以用如下的方程表示：

$$LiBH_4 = \frac{1}{12}Li_2B_{12}H_{12} + \frac{5}{6}LiH + \frac{13}{12}H_2 = LiH + B + \frac{3}{2}H_2 \qquad (6-8)$$

$Li_2B_{12}H_{12}$ 的生成机理表明，在放氢反应过程中生成的硼烷等物质很有可能与剩余的 $LiBH_4$ 反应生成 $Li_2B_{12}H_{12}$，甚至有可能是 $Li_2B_{10}H_{10}$。为了更好地探明 $LiBH_4$ 的放氢机理，大量的研究集中于动力学方面，如 $[BH_4]^-$ 的旋转和振动、单元素的原子振动以及 $LiBH_4$ 晶胞中的 H—D 交换等。因此，$LiBH_4$ 的放氢机理有待进一步地深入研究。

$LiBH_4$ 的放氢反应是可逆的，其分解的产物 LiH 和 B 可在 600℃和 35MPa 的氢压下保温 12h 或者 1000K 和 15MPa 的氢压下保温 10h 生成 $LiBH_4$。LiH 和 B 与氢反应的过程中需要打破具有较强键能的硼晶格，然后 Li 和 B 原子交互扩散并发生反应，这种极差的氢化反应动力学导致 $LiBH_4$ 的吸氢温度高于 600℃。改善 $LiBH_4$ 的氢化动力学性能可以通过 Li 和 B 在原子尺度的均匀散布解决，例如，前文中通过预处理生成 Li—B 的中间化合物可以有效促进生成 $LiBH_4$ 的动力学性能。总体而言，$LiBH_4$ 的氢化生成过程起始于 LiH，其氢化过程有两种观点：

① B 与 H 在高温和高压的条件下生成 B_2H_6（该反应是吸热的），随后 LiH 将 H^- 快速转移给 BH_3 生成 $LiBH_4$（该反应是放热的），方程式如下：

$$2LiH + 2B + 3H_2 = 2Li^+H^- + (BH_3)_2 = 2Li^+[BH_4]^- \qquad (6-9)$$

② LiH 和 B 直接与氢反应生成中间产物，然后再氢化生成 $LiBH_4$。早期有报道认为中间相为 $LiBH_2$；近期研究结果表明这种中间相另有其物，$Li_2B_{12}H_{12}$ 最有可能，其反应方程式为：

$$12LiH + 12B + 18H_2 = Li_2B_{12}H_{12} + 10LiH + 13H_2 = 12LiBH_4 \qquad (6-10)$$

式（6-10）是式（6-9）的逆反应过程，表明 $LiBH_4$ 的放氢反应过程直接可逆。

6.1.4 LiBH₄ 储氢性能的改性研究

与传统储氢合金的储氢机理不同，配位氢化物在吸/放氢可逆过程中伴随着氢化物结构的完全破坏与重组，从而决定了技术手段改善性能的复杂性和困难性。热力学计算表明，$LiBH_4$ 的 T（1bar）=370℃，放氢过程的峰值温度超过 400℃，因此研究人员尝试了大量方法以改善 $LiBH_4$ 的放氢性能、降低其放氢反应的操作温度，主要包括反应物去稳定、离子替代、催化改性和纳米化等。

（1）反应物去稳定

反应物去稳定是在样品中添加另外一种单质或化合物，在加热过程中与样品发生反应改变反应路径，进而改变反应焓变的方法。自 2005 研究人员首次利用 MgH_2 改变了 $LiBH_4$ 的分解反应，进而改善了 $LiBH_4$ 的吸/放氢性能后，大量的研究工作围绕着 $LiBH_4/MgH_2$ 体系展开。研究表明，MgH_2 对 $LiBH_4$ 的去稳定作用可使含有 2%～3%（摩尔分数）$TiCl_3$ 的 $2LiBH_4$-MgH_2 样品放氢反应的操作温度降至约 350℃，并于 500℃ 之前完成反应，在 100bar 氢压条件下在 230～250℃ 保温 10h 实现 8%～10%（质量分数）的可逆储氢容量，其反应方程如式（6-11）所示，该反应焓变为 46kJ/mol，T（1bar）＝225℃，但整个反应在测试过程中表现出较差的动力学性能。进一步的研究表明，不同的反应条件下 $2LiBH_4$-MgH_2 样品有不同的反应机理，式（6-11）需要大于 3bar 的氢压作为起始条件，而当静态真空或者惰性气体填充作为起始条件时，加热过程中 MgH_2 与 $LiBH_4$ 将各自单独分解，其方程式如下：

$$2LiBH_4 + MgH_2 \Longrightarrow 2LiBH_4 + Mg + H_2 \Longrightarrow 2LiH + Mg + 2B + 4H_2$$

（6-11）

静态真空条件下，MgH_2 过量的 $0.3LiBH_4$-MgH_2 样品在任何条件下的热分解过程中，温度高于 420℃ 时 Mg 会与 LiH 反应生成 Li-Mg 合金。产物中 B—B 键的键强大于 MgB_2，使该反应难以可逆，因此 $LiBH_4/MgH_2$ 体系的样品需要一定的起始氢压（＞3bar）以避免 $LiBH_4$ 的单独分解。

（2）纳米化

相比于晶体材料，纳米材料中晶界的无序区域比例升高，为氢和其他轻质元素的快速扩散提供条件，可以有效提高吸/放氢性能，所以通过机械纳米化的手段将 $LiBH_4$ 限制在介孔尺度或者混合 $LiBH_4$ 与碳纳米管及介孔凝胶也是有效的改进手段，同时热处理过程中保持材料的纳米颗粒结构也是改善储氢材料性能的关键。

纳米化改性手段同样适用于 $LiBH_4/MgH_2$ 等硼氢配位氢化物复合体系。体系中添加部分单壁碳纳米管可使样品 450℃ 保温 20min 即可释放 10%（质量分数）的氢，研究人员认为，性能改善可能是"网状"的碳纳米管嵌入氢化物基体中产生微尺寸限制的效果。$LiBH_4$ 和 MgH_2 纳米颗粒嵌入孔径不超过 21nm 的多孔碳气凝胶支架中可实现放氢动力学的明显提升和产物中 MgB_2 的生成，这种纳米限域的体系具备了高度可逆和循环稳定性，同时有可能促进热力学性能的改进。

（3）催化改性

催化作用于 $LiBH_4$ 效果较为微弱，大部分催化剂难以通过直接添加的方式与 $LiBH_4$ 发生反应，进而起到改变其放氢反应历程的作用。以 $LiBH_4/MgH_2$ 为代表的硼氢配位氢化物复合体系虽然具有较好的可逆储氢性能，但仍然在热力学和动力学方面有较大的不足，因而一些催化剂掺杂被用于改善复合体系的吸/放氢性能。添加 Pd 的纳米颗粒作为催化剂，$2LiBH_4-MgH_2$ 样品起始放氢温度由 340℃降至 260℃，并在 400℃总失重 8.0％（质量分数），该温度下 35atm 氢压氢化 6h 即可完全可逆。反应分为两个阶段：首先自 260℃起 MgH_2 自分解并伴随与 Pd 的反应生成 Mg_6Pd，之后于 350℃第一步生成的 Mg 与 $LiBH_4$ 反应生成 MgB_2 和 LiH。Nb_2O_5 添加也有类似的效果，6.8％（质量分数）的可逆储氢容量可在 400℃和 19bar 氢压的条件下实现，XRD 和 SEM 检测表明球磨过程生成的中间化合物 NbH_2 改变反应路径并生成 MgB_2。

此外，以 CeH_2、CeF_3 和 $CeCl_3$ 为代表的 Ce 化合物可以有效促进体系的放氢动力学，并实现较好的循环稳定性，在此期间放氢产物中 CeB_6 的生成是储氢性能改善的原因。NbF_5 在众多氟化物中（NbV_5、TiF_3、CeF_3、LaF_3 和 FeF_3）表现出最好的催化效果，$2LiBH_4-MgH_2-0.05NbF_5$ 样品可在 450℃以下可释放全部 8.1％（质量分数）的氢，并促使 MgB_2 完全生成。

6.2 轻金属-Al-H 化合物储氢

铝氢化物中的 4 个 H 原子与 Al 原子通过共价作用形成 $[AlH_4]^-$ 四面体，而 $[AlH_4]^-$ 再以离子键与金属阳离子相结合，其典型代表有 $LiAlH_4$ 和 $NaAlH_4$。上述复合价键结构造成铝氢化物具有高的热稳定性，如纯 $NaAlH_4$ 在 220℃时才开始缓慢脱氢，其两步分解反应如下：

$$NaAlH_4 \Longrightarrow \frac{1}{3}Na_3AlH_6 + \frac{2}{3}Al + H_2 \Longrightarrow NaH + Al + \frac{3}{2}H_2 \qquad (6-12)$$

通过两步反应分别放出 3.7％（质量分数）和 1.8％（质量分数）氢气，而 NaH 则需要在 425℃以上才能分解，此时认为 $NaAlH_4$ 的储氢特性无实用意义。然而，自从研究人员报道 $NaAlH_4$ 掺杂含 Ti 催化剂可实现可逆吸/放氢循环以来，使 $NaAlH_4$ 成为最受关注的储氢材料之一。而对于 $LiAlH_4$，由于 Li^+ 化学活性较强，使其在存储、运输过程中存在极大的安全隐患，因此，将其作为可应用的储氢材料的研究目前还开展较少。本章节以 $NaAlH_4$ 为例，系统介绍轻金属-Al-H 化合物储氢特性及研究进展。

6.2.1 NaAlH₄ 的合成

1955 年，人们发现利用 NaH 与 $AlBr_3/AlCl_3$ 在二甲醚溶液中的反应成功合成 $NaAlH_4$，反应方程如下：

$$4NaH + AlBr_3 \longrightarrow NaAlH_4 + 3NaBr_3 \qquad (6\text{-}13)$$

通过将反应产物中的 $NaBr_3$ 过滤除去，蒸去溶剂二甲醚，即可得 $NaAlH_4$ 晶体。之后，人们为了提高产率，用矿物油-四氢呋喃作溶剂，利用 NaH 和 $AlCl_3$ 制得 $NaAlH_4$，不过反应进行比较缓慢，主要是由于 NaH 不溶于所用溶剂中，造成反应产物 NaCl 沉积在 NaH 表面，从而阻碍了反应的进行。

1960 年，研究人员发现，通过将单质 Na 和 Al 在 140℃、H_2 气氛下施加高压，利用四氢呋喃或烃类溶剂作为介质、三乙基铝作催化剂，可以得到 $NaAlH_4$，并且产率可高达 99%，该反应方程式如下：

$$Na + Al + 2H_2 \xrightarrow{\text{THF413K、25MPa}} NaAlH_4 \qquad (6\text{-}14)$$

虽然采用上述方法合成 $NaAlH_4$ 产率较高，但是合成条件苛刻，这是因为较高的氢气压力难以通过常规手段获得，并且该条件容易造成安全隐患。因此，在常规的制备中，倾向于采用间接反应的合成方法。例如，在乙醚（Et_2O）溶液中，以 $LiAlH_4$ 为起始反应物来制备 $NaAlH_4$，反应式如下所示：

$$3LiAlH_4 + AlCl_3 \xrightarrow{\text{Et}_2\text{O}} 4AlH_3 + 3LiCl \qquad (6\text{-}15)$$

$$AlH_3 + NaH \xrightarrow{\text{THF}} NaAlH_4 \qquad (6\text{-}16)$$

该方法所得到 $NaAlH_4$ 的纯度较高。在此基础上，还可以通过循环合成法将其产率提高到 98%。1991 年，南开大学申泮文等提出了一种新的合成方法，即首先合成微细分散的 NaH 固体，接着与 $AlCl_3$ 的 THF 溶液按计量比进行反应生成 $NaAlH_4$，该合成方法的优点在于不需添加引发剂。

除上述湿法制备之外，人们还发现采用干法的氢气气氛下机械球磨同样可制得高纯 $NaAlH_4$。例如，将掺杂含钛催化剂的 NaH、Al 混合物在较为温和的条件下直接氢化即可合成 $NaAlH_4$；以 NaH 和 Al 为起始原料在 2.5MPa 氢气压力下，直接机械球磨 50h 同样可制得高纯的 $NaAlH_4$。迄今为止，合成 $NaAlH_4$ 的研究仍然是该物质研究的重要方面。

6.2.2　$NaAlH_4$ 的结构特征

对于 $NaAlH_4$ 晶体结构的研究最早报道于 1979 年，通过对 $NaAlH_4$ 的晶体结构进行单晶 XRD 分析，发现常温常压下其晶体为体心四方结构，空间群为 $I4_1/a$。其中，Na^+ 为平衡阳离子，$[AlH_4]^-$ 为配位阴离子。每个 Na^+ 被 8 个 $[AlH_4]^-$ 所包围。通过 XRD 数据计算得到 Al—H 键的键长为 1.532（0.07）Å，但与红外图谱所显示的结果相矛盾。直到 2003 年，通过运用中子衍射对

NaAlD$_4$ 的结构进行了更详细的分析，发现在不同温度下，其晶体结构如图 6-5所示。

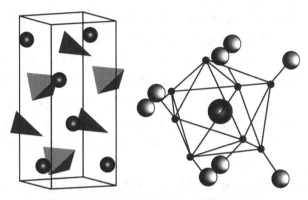

图 6-5 不同温度下 NaAlD$_4$ 晶体结构示意

在高压环境下（＞6.43GPa），NaAlH$_4$ 会产生晶形转变。由体心四方 α 相转变为高压斜方 β 相，过程中其体积会减小 4% 左右。

6.2.3 NaAlH$_4$ 的储氢原理

纯 NaAlH$_4$ 在加热时，首先会在 180℃左右熔化，之后继续升温，第一步分解反应会在 185～230℃之间发生，第二步分解反应在 260℃以上才会进行，而第三步分解反应的开始温度则高于 400℃。多步放氢以及各自不同的放氢条件是配位氢化物一个显著的特点。三步分解反应理论放氢量为 7.4%（质量分数），反应式如下所示：

$$3NaAlH_4 \Longrightarrow Na_3AlH_6 + 2Al + 3H_2 \quad [3.7\%（质量分数）] \quad (6-17)$$

$$Na_3AlH_6 \Longrightarrow 3NaH + \frac{3}{2}H_2 + Al \quad [1.9\%（质量分数）] \quad (6-18)$$

$$3NaH \Longrightarrow 3Na + \frac{3}{2}H_2 \quad [1.9\%（质量分数）] \quad (6-19)$$

由于第三步放氢温度过高，对于 NaAlH$_4$ 放氢性能和机理研究目前主要集中于前两个阶段，即 NaAlH$_4$ 的实际可逆放氢容量为 5.6%（质量分数）。

6.2.4 NaAlH$_4$ 的改性研究

纯 NaAlH$_4$ 由于其较高的热稳定性，很难直接用来进行可逆储氢。截至目前，提高 NaAlH$_4$ 的动力学性能的改性方法主要有颗粒纳米化、掺杂改性和多元化改性三种。

（1）颗粒纳米化改性

NaAlH$_4$ 在吸/放氢过程中会伴随着 Al、Na 等元素的长程迁移，因此颗粒尺寸不可避免地会对其吸/放氢性能产生影响。这一点与传统金属合金储氢材料有所不同。传统金属储氢材料在吸/放氢过程中通常只存在 H 原子的扩散，而不会有金属原子的长程扩散。而相对而言，氢原子的扩散速度要比金属元素的扩散快得多。因此可以想象，一旦将 Al、Na 等元素的扩散局限于非常狭小的空间，其动力学性能应该可以得到改善。研究发现，当颗粒减小到 2～10nm 时，NaAlH$_4$ 在室温下即可开始放氢。随着尺寸的增加，开始放氢温度和峰值温度随之增加。当颗粒尺寸大于 1µm 时，NaAlH$_4$ 表现出块体本征特性，其能够进行放氢分解的温度在 180℃以上。

不同形状的 NaAlH$_4$ 的纳米颗粒热分解所需能量经过密度泛函理论并结合团簇展开方法进行理论计算发现。结果表明，当 NaAlH$_4$ 的颗粒尺寸小于某一值时，会对其放氢热力学性能产生影响，导致在其放氢过程只需一步反应即生成 NaH 和 Al。这也解释了为何纳米颗粒的放氢动力学性能比块状 NaAlH$_4$ 的好很多。

（2）掺杂改性

NaAlH$_4$ 储氢体系掺杂改性是目前研究最多，也是最有可能实用化的改性方法。自首次发现 Ti 的醇盐可以有效改善 NaAlH$_4$ 体系的吸/放氢动力学性能以来，多国学者纷纷投入到 NaAlH$_4$ 体系掺杂改性的研究中。目前的主要研究方向为掺杂方法的改善、有效掺杂剂的探索和掺杂体系的催化本质以及催化机理的研究三个方面。

① 掺杂方法的改善　"湿法掺杂"是最早应用于 NaAlH$_4$ 催化改性的方法，由德国科学家率先采用。掺杂时，首先将提纯的 NaAlH$_4$ 悬浮于甲苯或乙醚溶液中，然后加入 Ti 的醇盐 [Ti（OBu^n）$_4$] 或 TiCl$_3$ 等催化剂进行搅拌，最后真空干燥得到无色掺杂的 NaAlH$_4$ 粉末。实验表明，此种方法制备的 NaAlH$_4$ 能够在较低温度下吸/放氢，其可逆储氢量可达 4%（质量分数）左右，但吸/放氢动力学性能和循环稳定性较差。

"半干法掺杂"是指将固态的 NaAlH$_4$ 和液态掺杂剂 [如 Ti（OBu^n）$_4$、Zr（OPr）$_4$ 等] 在研钵中机械研磨混合制备掺杂 NaAlH$_4$ 的方法。此种掺杂方法制备的 NaAlH$_4$ 初始放氢温度比之前用湿化学方法掺 Ti（OBu^n）$_4$ 的 NaAlH$_4$ 的温度要低 30℃左右，并且能够有效提高吸/放氢速率，经几次吸/放氢循环后，其可逆储氢量为 4%（质量分数）左右。

"干法掺杂"是目前应用最广的掺杂方法，也是最有效的掺杂方法。所谓干法掺杂是指将吸氢态的 NaAlH$_4$ 或放氢态的 NaH/Al 混合物与固态掺杂剂（如

TiCl₃、TiF₃ 等）通过机械球磨的方法制备成能够可逆吸/放氢的掺杂复合物。

② 有效掺杂剂的探索　自发现掺杂添加剂后的 NaAlH₄ 在较温和的条件下可逆吸/放氢以来，寻找更加有效的催化剂即是 NaAlH₄ 储氢体系研究的重点。最先发现的掺杂剂是 Ti、Zr 等的醇盐。此类掺杂剂分子量很大，添加 2%（摩尔分数）进入体系的质量分数即可达 11% 以上。此外，此类有机醇盐会在体系中引入碳、氧等杂质。

为降低掺杂剂在体系中所占的质量，提高掺杂 NaAlH₄ 有效储氢量，减少 NaAlH₄ 储氢体系中碳氧杂质，TiCl₃、FeCl₃、ZrCl₄、TiF₃ 等过渡金属卤化物被选作添加剂，通过球磨的方式引入 NaAlH₄ 体系中。实验发现，与 Ti 等的醇盐添加体系相比，添加 TiCl₃ 的 NaAlH₄ 可逆吸/放氢量更高，放氢动力学性能也更好。但之后深入研究表明，在球磨过程中，TiCl₃ 中的高价钛离子会被还原成单质钛，同时伴随生成非活性副产物 NaCl 等。故添加 TiCl₃ 的 NaAlH₄ 的有效储氢量要比理论储氢量低。目前对 NaAlH₄ 配位铝氢化物体系的掺杂改性所面临的主要问题是：掺入添加剂在提高配位铝氢化物吸/放氢动力学性能的同时会造成体系可逆储氢容量的显著降低，同时这也是目前其他配位氢化物体系储氢材料所面临的共性问题。为进一步开发出 NaAlH₄ 体系中催化活性高、选择性强和稳定性好的高效催化剂，基本前提是首先阐明催化剂在 NaAlH₄ 吸/放氢反应过程的微观作用机理。

③ 掺杂体系的催化本质以及催化机理的研究　NaAlH₄ 掺杂体系的催化本质和催化机理是整个研究体系的重要内容。虽然现已证实 Ti、Zr、Sc、Ce 等过渡金属化合物都能催化 NaAlH₄ 体系的可逆吸/放氢反应，但准确的催化机理迄今为止依然没有完全确立。Ti 掺杂 NaAlH₄ 是众多掺杂体系中研究最为深入的，几乎任何一个涉足金属配位铝氢化物的研究人员都想弄清其催化机理，在此基础上开发更为有效的催化剂，进而使金属配位铝氢化物实用化。目前关于掺杂 NaAlH₄ 催化机理主要分为以下三种观点。

a. TM（过渡金属）或 TM-Al 团簇表面催化机理　即掺入的 Ti、Zr 等过渡金属的化合物与氢化物基体发生氧化还原反应，在表面生成了活性物质 TM 或 TM-Al 纳米级的团簇，这些活性物质附着在 NaAlH₄ 的表面，对材料的吸/放氢过程起到很好的催化作用。

b. 点阵替代机理　该理论认为催化剂的掺入不只简单地改变 NaAlH₄ 的表面性能，还可通过催化阳离子对 NaAlH₄ 中阳离子的替代而改变其点阵参数，正是由于这种体积性能的变化导致了 NaAlH₄ 的不稳定性，使其有效分解放氢。

c. TM 的氢化物催化机理　研究发现，直接添加 TiH₂ 所起到的催化效果与球磨生成的 Ti-H 化合物的效果相似，研究人员认为球磨过程中原位生成的 Ti-H 化合物能弱化 Al—H 键，对体系的可逆吸/放氢起着催化作用。

（3）多元化改性

NaAlH$_4$体系掺杂后，其动力学性能得到了很大改善，但其放氢温度和动力学性能仍不能够满足移动式储氢系统的要求。材料学家采用了多元化改性的方法，以期能够进一步提高储氢量，改善其吸/放氢动力学性能。目前研究的多元化铝氢化物体系有：Na-Li-Al-H体系、Na-K-Al-H体系、Na-Al-B-H体系等。这是由于Na$_3$AlH$_6$分解生成NaH和Al这一步反应为NaAlH$_4$体系的最为困难的一步反应，当用部分其他元素取代部分Na后，会引起体系热力学性能的改变，从而对吸/放氢动力学产生影响。如果用部分Li取代NaAlH$_4$/Na$_3$AlH$_6$体系中的Na后，其储氢量会进一步提高。因此用Li来取代Na，尤其是放氢过程的中间产物Na$_3$AlH$_6$的取代得到了比较广泛的研究。

6.3 M-N-H化合物储氢

金属氮氢化物储氢材料主要为氨基-亚氨基体系，即金属-N-H体系，其中金属主要是指一种或多种碱金属或碱土金属。自从2002年陈萍等发现Li$_3$N能够可逆吸/放氢，且其储氢容量达到11.4%（质量分数）后，国内外研究者对金属-N-H的制备、吸/放氢反应和可逆性能等方面进行了广泛研究。具体的反应步骤如下所示：

$$Li_3N + 2H_2 \rightleftharpoons Li_2NH + LiH + H_2 \rightleftharpoons LiNH_2 + 2LiH \qquad (6-20)$$

金属-N-H体系可以根据含有金属种类的数量进行分类，含有一个金属离子有Li-N-H体系、Mg-N-H体系、Ca-N-H体系和Al-N-H体系，含有两种金属离子的有Li-Mg-N-H体系、Li-Ca-N-H体系、Na-Ca-N-H体系和Mg-Ca-N-H体系等。在现有体系中研究较多的为Li-N-H体系和Li-Mg-N-H体系。

本章节以基础的Li-N-H体系和Li-Mg-N-H体系作为研究对象，详细介绍轻金属-N-H化合物的结构及储氢性能。

6.3.1 LiNH$_2$的结构

LiNH$_2$具有四方晶体结构，空间群为$I4$，晶格常数$a = 5.03442$（24）Å，$c = 10.25558$（52）Å，由图6-6给出的LiNH$_2$晶体结构示意可以看出，H原子占据LiNH$_2$晶胞中的8g$_1$与8g$_2$位置，N原子占据8g位置，Li原子占据2a、4f、2c位置，Li原子位于4个最近邻的NH$_2$基团组成的四面体中心。两个N—H键长分别为0.986Å和0.942Å，键角∠H-N-H约为99.97°。氘代LiNH$_2$（LIND$_2$）的空间群与LiNH$_2$一样，晶格常数为$a = 5.03164$（8）Å，$c =$

10.2560（2）Å。两个 N—D 键长分别为 0.967（5）Å 和 0.978（6）Å，键角∠D-N-D 为 104.0（7）°。第一性原理计算表明，LiNH$_2$ 是一种离子化合物，Li$^+$ 的平均价态为 +0.86，Li 原子与 [NH$_2$]$^-$ 基团以离子键的方式结合，[NH$_2$]$^-$ 中的 N 原子与 H 原子以共价键结合，但 N 原子与两个 H 原子的键合作用并不完全相同，这导致 LiNH$_2$ 具有两种解离中间步骤，即 Li$^+$ + [NH$_2$]$^-$ 和 [LiNH]$^-$ + H$^+$。通过第一性原理计算，得知 LiNH$_2$ 存在两种高压稳定相：β-LiNH$_2$（正交结构，*Fddd*）和 γ-LiNH$_2$（正交结构，$P2_12_12$），在 10.7GPa 的压力下会发生 β-γ 晶形转换。

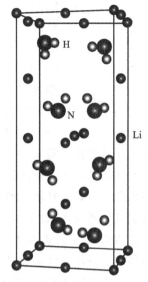

图 6-6　LiNH$_2$ 晶体结构示意

6.3.2　Li-N-H 体系储氢性能的研究

在 Li-N-H 体系材料中，LiNH$_2$-LiH 复合材料是具有优良储氢热力学/动力学性能的复合材料，在研究了 LiNH$_2$-LiH 的放氢反应后发现，体系放氢由两个连续反应组成，首先 2LiNH$_2$ 分解为 Li$_2$NH 和 NH$_3$，然后放出的 NH$_3$ 与 LiH 反应生成 LiNH$_2$ 和 H$_2$。由于前者是吸热反应，后者是放热反应，所以第一步反应为体系放氢速率的控制步骤。因此，放氢过程可以理解为：第一阶段，LiNH$_2$ 分解为 1/2Li$_2$NH 和 1/2NH$_3$，而后 1/2NH$_3$ 与 1/2LiH 快速反应转化为 1/2LiNH$_2$ 和 1/2H$_2$；第二阶段，1/2LiNH$_2$ 分解为 Li$_2$NH$_{1/4}$ 和 NH$_{3/4}$，然后 NH$_{3/4}$ 和 LiH$_{1/4}$ 转化为 Li$_2$NH$_{1/4}$ 和 H$_2$。该体系放氢的控制步骤为 NH$_3$ 从 Li$_2$NH 层到内部的 LiNH$_2$ 扩散过程。此外，LiNH$_2$-LiH 体系的放氢也被认为存在协同作用，即 LiNH$_2$ 和 LiH 是通过固相-固相间分子-分子静电荷相互作用而产生氢气。LiNH$_2$ 分子的 H 带正电荷，LiH 分子中的 H 带负电荷，正、负电荷相互作用产生 H$_2$ 分子。在 573K 以下，LiNH$_2$ 与 LiH 的反应为异质固态反应，控制过程为 Li$^+$ 从 LiH 通过 LiH/LiNH$_2$ 界面扩散到 LiNH$_2$。在界面上，Li$_2$NH$_2^+$ 和 Li$_2$NH$_3$ 过渡态存在。

研究人员研究了高能球磨对 LiNH$_2$ 分解为 Li$_2$NH 和 NH$_3$ 的反应性能和 LiNH$_2$-LiH 体系储氢性能的影响。发现高能球磨有效增强了 LiNH$_2$-LiH 体系的吸/放氢动力学性能，球磨使 LiNH$_2$ 分解温度从 393K 降低到室温，这主要是由于球磨后会生成纳米晶、颗粒尺寸减小、比表面积增加和活化能降低。进一步研究表明室温球磨 45min 使 LiNH$_2$ 分解活化能从 243.98kJ/mol 降低到 222.20kJ/mol，再球磨 180min，活化能降低到 138.05kJ/mol。利用机械球磨和化学改性来增强 LiNH$_2$-LiH 体系的吸/放氢性能，能够显著改善 LiNH$_2$-LiH 体系放氢气体纯度，MS-DSC 分析表明：球磨 4h 的 LiNH$_2$-LiH 体系能放出 5％（质量分数）H，并且几乎没有 NH$_3$ 放出，但未球磨的样品放氢过程中有 NH$_3$ 的放出。添加 Mn、V、MnO$_2$ 和 V$_2$O$_5$ 能够促进 LiNH$_2$ 的热分解，但对 LiNH$_2$-LiH 体系的放氢性能没有明显影响。Osborn 等研究纳米化对 LiNH$_2$-LiH 体系的吸/放氢循环稳定性的影响，发现 60 个吸/放氢循环后，动力学性能的下降造成放氢容量的下降幅度为 10％。在开始的 10 个吸/放氢循环后，虽然比表面积降低 75％，但晶粒尺寸仍比较稳定，接近 20nm。

在添加剂掺杂改性研究中发现，添加 1％（摩尔分数）的 Ti 样品能加速体系的放氢反应，并且增加到球磨 16h 能进一步增强放氢反应性能。添加 Ti 体系的放氢活化能为 95kJ/mol。未添加 Ti 的 NH$_2$/LiH 体系放氢过程为单指数方式，这表明添加 Ti 改变了 LiNH$_2$-LiH 体系的放氢反应机理。添加少量 TiCl$_3$ 球磨后体系表现出最佳的放氢性能，其在 423～523K 能放出 5.5％（质量分数）的氢，并且未发现 NH$_3$ 的放出。此外，体系表现出良好的循环稳定性，在 3 个循环中仍有良好的吸/放氢速率。通过选取不同种类 Ti 添加剂作为催化剂发现，添加纳米 Ti、纳米 TiCl$_3$ 和纳米 TiO$_2$ 后的 LiNH$_2$-LiH 体系放氢性能明显改善，而添加微米 Ti 和微米 TiO$_2$ 体系的储氢性能并没有明显改善。XRD 分析发现，添加微米 Ti 和微米 TiO$_2$ 体系中仍有少量 Ti 和 TiO$_2$ 的衍射峰，而添加纳米 Ti、纳米 TiCl$_3$ 和纳米 TiO$_2$ 体系并未发现相应的衍射峰。均匀分散的纳米 Ti 颗粒对体系的吸/放氢性能起着重要的催化作用。采用 X 射线吸收光谱表征 Ti 基催化剂在 Li-N-H 储氢体系的作用机理，以及 XAS 分析 Ti 化合物掺杂 LiNH$_2$-LiH 体系中化学键的状态，发现 Ti 化合物掺杂体系中 Ti 原子具有相同的电子或化学键状态，说明 Ti 原子是增强体系放氢性能的关键。

6.3.3 Li$_2$Mg（NH）$_2$ 的结构

Li$_2$Mg（NH）$_2$ 是一种具有多种晶体结构的三元亚氨基化合物。通过 SR-XRD 和 PND 技术发现：在室温条件下，Li$_2$Mg（NH）$_2$ 具有正交结构（α 相），空间群为 $Iab2$，点阵常数 $a=9.7871$Å，$c=20.15$Å。在升温过程中，阳离子和阳离子空位会连续地发生无序化转变，从正交结构（α 相）转变为简单立方结构（β 相），进而转变为面心立方结构（γ 相）。在这 3 种不同的相结构中，N 原子均具有面心立方占位，Li/Mg 阳离子部分占据 N 原子所构成的面心立方的四面体间隙位置。室温条件下 α 相中 25％的四面体间隙位置空位，Li/Mg 原子无序地占据其余的间隙位置，因此正交相 Li$_2$Mg（NH）$_2$ 可描述为：LiMg$_{0.5}$X$_{0.5}$NH 当温度升高到 350℃以上时，正交相（α 相）转变为简单立方相（β 相）。简单立

方结构 $Li_2Mg(NH)_2$ 的空间群为 $P4_3m$，晶格常数 $a=5.027Å$，其中一些四面体间隙位置（3c）被 Li 原子和 Mg 原子无序占据，一些四面体间隙位置（3d）则被 Li 原子占据，导致阳离子和空位的无序化，另外，还有一部分四面体间隙位置被 Li 原子或空位有序占据。当温度继续升高到 500℃ 以上时，简单立方相（β相）转变成面心立方相（γ相）。面心立方结构 $Li_2Mg(NH)_2$ 的空间群为 $Fm3m$，晶格常数 $a=5Å$，Li 原子、Mg 原子与空位以 2∶1∶1 的比例随机分布于四面体间隙位置。理论计算表明，正交结构的 $Li_2Mg(NH)_2$ 为基态稳定结构，阳离子空位的区域有序排列有利于其结构的稳定。正交相 $Li_2Mg(NH)_2$ 的特征红外吸收峰约位于 $3180cm^{-1}$ 和 $3163cm^{-1}$，立方相 $Li_2Mg(NH)_2$ 的特征红外吸收峰则为一个中心位于 $3174cm^{-1}$ 的较宽吸收峰。另一种 Li-Mg 混合阳离子亚氨基化合物 $Li_2Mg_2(NH)_3$ 具有四方晶体结构，晶格常数 $a=5.15Å$、$c=9.67Å$，其特征红外吸收峰位于 $3195cm^{-1}$ 和 $3164cm^{-1}$。

6.3.4　金属-N-H 化合物的储氢机理

（1）分子协同固态反应机理

金属氢化物和金属氨基化合物在受热过程中均需要较高温度才能分解，但两者的混合物在较低温度下即可放出氢气，如 $Mg(NH_2)_2$ 的分解温度为 $200\sim500℃$，LiH 的分解温度则高于 550℃，而 $Mg(NH_2)_2$-LiH 体系的放氢温度范围为 $140\sim250℃$，这说明金属氢化物与金属氨基化合物之间存在某种直接作用，促使氢气的释放。可以认为 N-H 系储氢材料的放氢反应的驱动力来源于金属氢化物中带负电荷的（$H^{\delta-}$）与金属氨基化合物中带正电的氢（$H^{\delta+}$）之间的强作用力：

$$H^{\delta+}+H^{\delta-}\Longrightarrow H_2 \quad (\Delta H=-17.37eV) \tag{6-21}$$

动力学计算结果表明，$H^{\delta-}$ 和 $H^{\delta+}$ 结合成 H_2 不存在动力学能垒，但 $H^{\delta-}$ 与 $H^{\delta-}$、$H^{\delta+}$ 和 $H^{\delta+}$ 之间结合成 H_2 存在较高的动力学能垒。因此，从能量角度来考虑，式（6-21）所示的反应是较为有利的反应路径。LiD 分别与 $Mg(NH_2)_2$ 和 $Li_2Mg(NH)_2$ 在室温条件下球磨时，均能观测到 H-D 交换反应，这为固-固协同反应机理提供了实验依据，同时也表明金属-N-H 体系在吸/放氢过程中会存在某些固态中间相。例如，在 $Mg(NH_2)_2$-2LiH 体系的吸/放氢过程中可以观测到中间相 $Li_2Mg(NH)_3$ 和 $LiNH_2$ 的生成，因此提出其可逆吸/放氢过程如下式所示：

$$2Mg(NH_2)_2+3LiH\Longrightarrow Li_2Mg_2(NH)_3+LiNH_2+3H_2 \tag{6-22}$$

$$Li_2Mg_2(NH)_3 + LiNH_2 + LiH \Longleftrightarrow 2Li_2Mg(NH)_2 + H_2 \qquad (6-23)$$

另外，通过对表观活化能的比较发现，$Mg(NH_2)_2$ 分解放氨的表观活化能（130kJ/mol）明显大于 $Mg(NH_2)_2$-2LiH 体系放氢的表观活化能（88kJ/mol），由此可见，$Mg(NH_2)_2$ 分解放氨不应该是 $Mg(NH_2)_2$-2LiH 体系放氢反应的基元步骤，这也间接证明了金属-N-H 系储氢材料的放氢反应应该是固-固反应。

（2）氨气中间体反应机理

由于 $LiNH_2$ 在受热过程会分解产生 NH_3 和 Li_2NH，而 NH_3 与 LiH 在 25ms 的接触时间内就能完全反应生成 $LiNH_2$ 和 H_2，因此，研究人员提出了氨气中间体机理，认为 $LiNH_2$-LiH 体系的放氢过程包括如下步骤：首先，$LiNH_2$ 分解生成 Li_2NH 并放出 NH_3，放出的 NH_3 与 LiH 反应生成 $LiNH_2$ 并放出 H_2，新生成的 $LiNH_2$ 继续分解生成 Li_2NH 和 NH_3，新生成的 NH_3 再与剩余的 LiH 反应生成 $LiNH_2$ 和 H_2，如此循环往复，直至 LiH 和 $LiNH_2$ 全部消耗，具体反应过程如式（6-24）所示：

$$
\begin{aligned}
LiH + LiNH_2 &= \frac{1}{2}LiH + \frac{1}{2}LiH + \frac{1}{2}NH_3 + \frac{1}{2}Li_2NH \\
&= \frac{1}{2}LiH + \frac{1}{2}LiNH_2 + \frac{1}{2}Li_2NH + \frac{1}{2}H_2 \\
&= \frac{1}{4}LiH + \frac{1}{4}LiH + \frac{1}{4}NH_3 + \left(\frac{1}{2}+\frac{1}{4}\right)Li_2NH + \frac{1}{2}H_2 \\
&= \frac{1}{4}LiH + \frac{1}{4}LiNH_2 + \left(\frac{1}{2}+\frac{1}{4}\right)Li_2NH + \left(\frac{1}{2}+\frac{1}{4}\right)H_2 \qquad (6-24)\\
&\cdots\cdots\cdots\cdots\cdots\cdots \\
&= \frac{1}{2^n}LiH + \frac{1}{2^n}LiNH_2 + \sum_{k=1}^{n}\frac{1}{2^k}Li_2NH + \sum_{k=1}^{n}\frac{1}{2^k}H_2 \\
&= Li_2NH + H_2
\end{aligned}
$$

金属-N-H 系储氢材料在放氢过程中伴随少量 NH_3 的释放，被认为是支持氨气中间体机理的直接证据之一。第一性原理计算结果显示，$LiNH_2$ 的 $[NH_2]^-$ 基团中的 N 原子与两个 H 原子的作用并不完全相同，从而导致 $LiNH_2$ 具有两种等价的解离中间步骤，即 $Li^+ + [NH_2]^-$ 和 $[LiNH]^- + H^+$，$[NH_2]^-$ 和 H^+ 容易结合生成 NH_3。原位 ^{1}H NMR 研究发现，$LiNH_2$-LiH 混合物在室温条件下即可释放出 NH_3，NH_3 可与 LiH 在 150℃ 左右快速反应放出 H_2。这些结果也为氨气中间体机理提供了理论和实验支持。

6.3.5 金属-N-H 化合物的储氢性能调控

常用的机械球磨和减少颗粒尺寸对 $2LiNH_2 + MgH_2$ 或 $Mg(NH_2)_2 + 2LiH$

体系的吸/放氢动力学性能能够起到改善作用，但其结果并不能满足实际需要。因此研究者通过添加一定量的催化剂进一步改善体系的吸/放氢动力学性能，催化剂包括过渡金属化合物、碱金属氢化物和各类配位氢化物等，下面简要介绍催化剂添加对 Li-Mg-N-H 体系储氢性能，特别是动力学性能。

(1) 金属催化剂

通过研究 Al 添加对 $2LiNH_2 + MgH_2$ 体系吸/放氢性能和放氢反应的影响，发现 Al 添加降低了体系的放氢动力学性能，这是由于在反应过程中生成了 LiAl 相。放氢反应机理为 $LiNH_2$ 和 MgH_2 里面具有不同电荷的氢相互作用，H 通过生成的产物层扩散后结合，对于 $2LiNH_2 + MgH_2$ 体系，放氢反应的控制步骤为 Li^+ 在体系中的扩散。通过研究纳米的 Fe、Co、Ni、Cu 和 Mn 对体系放氢性能的影响发现，添加 Co 和 Ni 能明显降低体系的初始放氢温度，其他的添加剂也能有效增强体系的放氢动力学性能，复合添加 Fe+Ni 体系具有更理想的放氢动力学性能。添加 4%（摩尔分数）的 $Ti_3Cr_3V_4$ 氢化物对 Li-Mg-N-H 体系的储氢性能进行改善，结果表明，添加 $Ti_3Cr_3V_4$ 氢化物体系具有较好的可逆性，并且氢化物明增强了体系的放氢动力学性能。体系在 473K 和 60min 的放氢量为 4.1%（质量分数），但添加后放氢容量减低到 3.0%（质量分数）。SEM 表明 $Ti_3Cr_3V_4$ 氢化物均匀分散在体系中，降低 H 离子扩散的活化能，从而增强体系的动力学性能。

(2) 过渡金属化合物

通过理论和实验两个方面研究 Ti 和 TiF_3 对 Li-Mg-N-H 体系储氢性能的影响，发现 Ti 添加增强了体系的吸/放氢反应动力学性能，添加 2%（摩尔分数）TiF_3 体系的活化能降低到 81.45%（质量分数）。理论计算表明 Ti 进入 $Li_2MgN_2H_2$ 晶格，形成 $Li_7TiMg_4(N_2H_2)_4$，其中的 Li—N 键和 N—H 键明显弱化，弱化 Li—N 键有利于体系吸氢性能的增强，与实验结果一致。弱化的 N—H 键高温放氢时理论上可能生成 $Li_2MgN_2H_2$ 相。同时发现添加 TiN 和 TaN 能够明显改善 Li-Mg-N-H 的放氢性能，这是由于氮化物具有良好的催化活性，从而加速体系的放氢，但不降低体系的放氢容量，其催化机理与催化加氢机理相同，过渡金属氮化物在表面和边界有以金属原子为核心缺陷点为 N 的扩散提供通道，可以作为催化反应的活性点，而且机械球磨能进一步增强催化活性点的数量，从而改善体系的放氢性能。通过 V、V_2O_5 和 VCl_3 对 $Mg(NH_2)_2 + 2LiH$ 体系放氢性能影响的研究，发现添加 V、V_2O_5 和 VCl_3 能明显增强体系放氢性能，其中 VCl_3 的增强效果最佳，然后依次为 V 和 V_2O_5。添加 VCl_3 的动力学性能与未添加的体系相比增加了 38%，其作用机理为：添加剂与 $Mg(NH_2)_2$ 中 N 原子孤对电子相互作用，降低了 Mg—N 键的键能，从而降低了体系放氢反应的活化能，增加了体系的放氢动力学性能。

（3）碱金属化合物

研究指出：添加 KH 能明显降低 $Mg(NH_2)_2+2LiH$ 体系的放氢温度，并增加体系的放氢动力学性能。添加 KH 体系在 380K 能完全放氢，而未添加体系需要在 453K 以上才能完全放氢，EXAFS 分析表明 K 进入氨基相或亚氨基相，与 N 原子结合，弱化 N—H 键和 Li—N 键，从而增强体系的放氢性能。此外，KOH 添加对 $Mg(NH_2)_2+2LiH$ 体系初始放氢温度和循环稳定性的影响研究表明，$Mg(NH_2)_2+2LiH+0.07KOH$ 样品的可逆储氢量为 4.92%（质量分数），其初始放氢温度和峰值放氢温度分别为 378K 和 393K，明显低于其他 Li-Mg-N-H 样品。而且 KOH 的加入明显增强了体系的循环稳定性，在 30 个循环中，每个循环的平均衰减速率为 0.002%（质量分数）。在球磨过程中，KOH 与 $Mg(NH_2)_2$ 和 LiH 转化为 MgO、KH 和 $Li_2K(NH_2)_3$，该反应对增强体系吸/放氢热力学和动力学有协同作用。在 $Mg(NH_2)_2+2LiH$ 体系中添加 KF，能够使其表现出良好的储氢性能，其中添加 0.08%（摩尔分数）KF 样品的可逆储氢容量为 5.0%（质量分数）。该体系有两个反应阶段，其初始放氢温度为 353K，而添加 KCl、KBr 和 KI 体系的储氢性能与未添加体系相近。在球磨过程中，KF 与 LiH 反应生成 KH 和 LiF，KH 和 LiF 在改善体系放氢热力学和动力学方面存在协同作用，其作为催化剂，降低第一步反应的活化能；作为反应物，降低第二步反应的放氢操作温度。

添加 NaOH 同样能够明显增强体系的吸/放氢动力学性能，与未添加样品相比，$Mg(NH_2)_2+2LiH+0.5NaOH$ 样品的初始放氢温度降低至 309K。这是由于在球磨过程中，NaOH 与 $Mg(NH_2)_2$ 和 2LiH 转化为 NaH、$LiNH_2$ 和 MgO。此外，添加 RbH 对于 $Mg(NH_2)_2+2LiH$ 体系的放氢动力学性能的催化效果优于 KH。程序升温放氢测试表明，添加 3%（摩尔分数）RbH 体系的放氢温度降低至 364K，其催化效果优于 KH。添加后体系放氢焓变为 42kJ/mol，明显低于未添加体系的 65kJ/mol。添加 RbH 体系的放氢速率是添加 KH 体系的 2 倍，是未添加体系的 60 倍，两相平台区域放氢过程的控制步骤为氢的扩散。

（4）碳纳米材料

研究发现 2.15:1 的 $LiNH_2/LiH$ 体系的放氢容量为 5%（质量分数），并指出添加单壁碳纳米管、多壁碳纳米管、石墨和活性炭有利于体系的吸/放氢性能的提高。其中添加单壁碳纳米管的体系表现出最佳的放氢动力学性能，其催化机理在于，添加碳纳米管后明显增加体系中的相界面，而且碳纳米管还能为氢扩散提供通道。通过掺杂不同形貌［二维（PCNF）和螺旋形（HCNF）］的碳纳米纤维，并发现添加不同形貌的碳纳米纤维能明显增强 Mg（NH$_2$）$_2$＋2LiH 体系的吸/放氢性能。采用在 LaNi$_5$ 合金上乙炔分解制备得到的二维片状和螺旋形的碳纳米纤维，该纳米纤维中含有 Ni 纳米颗粒，其中，螺旋形碳纳米纤维的催化效果更好，添加碳纳米纤维体系的放氢温度分别为 423K 和 413K，明显低于未添加的 Mg（NH$_2$）$_2$/LiH 体系，添加 PCNF 和 HCNF 体系的放氢反应活化能分别为 67kJ/mol 和 65kJ/mol，明显低于未添加体系的 97.2kJ/mol。

（5）配位氢化物

研究人员通过添加少量的产物 Li$_2$Mg（NH）$_2$ 作为种子来改善 Mg（NH$_2$）$_2$＋2LiH 体系的吸/放氢反应性能。研究发现，添加量超过 10%（质量分数）后，能明显降低体系初始放氢温度，与未添加相比，添加后体系的初始放氢温度降至313K。体系放氢的动力学性能也明显改善，放氢活化能从 88.0kJ/mol 降低到76.2kJ/mol。TPD-MS 表明，降低体系的反应温度还能抑制降低体系中 NH$_3$ 的放出，等温放氢曲线测试表明添加体系在 493K 快速放氢，在 453K 经 2h 能够充分氢化，而未添加体系在该条件下的的吸氢量仅为 50%。此外，添加少量 LiBH$_4$ 能明显增强 2LiH＋Mg（NH$_2$）$_2$ 体系的吸/放氢性能，初始放氢温度和峰值放氢温度明显降低，添加 LiBH$_4$ 体系在 413K 能完全放氢，放氢量为 5%（质量分数），373K能完全氢化。吸/放氢速率是未添加体系的吸/放氢速率的 3 倍。热力学分析表明，添加 LiBH$_4$ 后，体系在 0.1MPa 平衡压力下的放氢温度为 343K，比未添加体系降低了 293K。吸/放氢性能的改善是由于 LiBH$_4$ 添加能弱化 N—H 键。对比 MgH$_2$＋2LiNH$_2$＋xLiBH$_4$（x＝0.3、0.5、0.67 和 1.0）体系的吸/放氢性能，发现在573K 时体系中的最大放氢量为 9.1%（质量分数）。结构研究表明：MgH$_2$ 和LiNH$_2$ 在 393K 转化为 Mg（NH$_2$）$_2$ 和 LiH，并由此发现 Mg（NH$_2$）$_2$＋2LiH＋LiBH$_4$ 和 MgH$_2$＋2LiNH$_2$＋LiBH$_4$ 体系具有相近的放氢性能、热力学性能和化学反应。

6.4 氨硼烷类化合物储氢

氨硼烷作为一种固态储氢材料，因其具有极高的理论储氢量［19.6%（质量分数）］以及相对良好的放氢动力学及热力学特性而受到广泛关注。金属氨硼烷作为氨硼烷衍生物，其储氢性能与氨硼烷相比得到显著改善。在室温水溶液中，氨硼烷及其衍生物能够稳定存在，当相溶液中加入相应催化剂时，氨硼烷开始进行水解放氢反应，其水解放氢容量与热分解放氢容量相当。这一特性使得氨硼烷作为水解制氢材料具有广泛的应用前景。本章以氨硼烷为描述对象，详细介绍其储氢机理及储氢特性。

6.4.1 $NH_3 \cdot BH_3$ 性质和分子结构

氨硼烷（$NH_3 \cdot BH_3$，简称 AB）是一种独特的分子络合物，其理论储氢容量高达 19.6%（质量分数），由 Shore 等于 20 世纪 50 年代首次合成。反应式如下：

$$LiBH_4 + NH_4Cl \Longrightarrow NH_3 \cdot BH_3 + LiCl + H_2 \tag{6-25}$$

式（6-25）是利用铵盐与金属硼氢化物进行反应生成 $NH_3 \cdot BH_3$，但该反应报道产率仅为 45%。为了提高其纯度及产率，研究人员通过改变反应物及对生成产物进行萃取提纯的方法获得纯度较高的 $NH_3 \cdot BH_3$，其中以 $NaBH_4$ 与硫酸铵反应获得的 $NH_3 \cdot BH_3$ 纯度及产率最高，反应如式（6-26）所示：

$$2NaBH_4 + (NH_4)_2SO_4 \Longrightarrow 2NH_3BH_3 + Na_2SO_4 + 2H_2 \tag{6-26}$$

图 6-7 为 $NH_3 \cdot BH_3$ 分子结构的球棍示意，图中，与 N 原子相连的 H 原子作为电子给予体显现出正电性；与 B 原子相连的 H 原子作为电子的接受体显现出负电性。富电子态的 NH_3 与缺电子态的 BH_3 结合形成了偶极子动量为 5.1D 的分子。在双氢键中，正电性氢（H）和负电性氢（H）之间存在的静电吸引作用被称作双氢键，以"N—H···H—B"表示。它在常温常压下为白色固体，熔点为 104℃，较稳定，不易燃不易爆，固体 $NH_3 \cdot BH_3$ 加热至 90℃左右开始分解放出氢气，在水中具有高的溶解度（33.6g）并且水溶液在常温常压下能够稳定存在。因此，$NH_3 \cdot BH_3$ 作为储氢材料，同时具备热解制氢和水解制氢的应用基础，使其成为最具应用潜力的制氢材料。

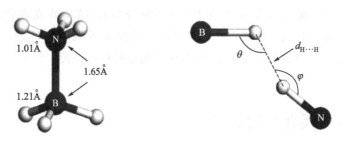

图 6-7　氨硼烷分子结构示意

6.4.2 $NH_3 \cdot BH_3$ 热解制氢

氨硼烷分子含有较强的极性，并且分子中存在着 B—H 与 N—H 之间的二氢键，这使其物理性质、能量结构和热分解过程上与一般储氢材料有着本质区别。例如，在热解制氢过程中，$NH_3 \cdot BH_3$ 脱氢生成氨基乙硼烷（$H_2N\text{-}BH_2$）的过程是一个放热反应，B—N 键由配位键转换成稳定性更高的共价键，而其他储氢材料的热分解放氢反应均为吸热反应。$NH_3 \cdot BH_3$ 的热分解过程通常按照以下三步反应进行：

$$nH_3N—BH_3 \Longrightarrow (H_2N—BH_2)_n + nH_2 \qquad (6-27)$$

$$(H_2N—BH_2)_n \Longrightarrow (HN—BH)_n + nH_2 \qquad (6-28)$$

$$(HN—BH)_n \Longrightarrow nBN + nH_2 \qquad (6-29)$$

每步反应的放氢温度分别约为 110℃、150℃和 1400℃。通常，研究人员将第一步热分解反应所残留的白色不挥发物质记作由 BHN_4 组成的 polyaminoborane（PAB），该物质包括环状和交联结构。采用 TGA 和 DSC 对 $NH_3 \cdot BH_3$ 热分解特性和产物进行研究后，Wendlandt 等认为中间产物转变为最终产物需通过三步放氢反应。将 AB 在 90℃真空环境下进行恒温分解，得到的最终产物为 PAB，对该物质进行了系统研究发现，该物质初始失重温度为 122℃，然而失重量随升温速率的增加而增加 [1℃/min，7.1%（质量分数）；10℃/min，20.3%（质量分数）]。对 $NH_3 \cdot BH_3$ 进行热重分析发现，其在 90～120℃区间失重量为 7.6%（质量分数），并且该数值不受升温速率的影响，与放出 1mol 的氢气失重量相吻合。通过固体 ^{11}B 和 [11]B（[1]H）MAS NMR 对 $NH_3 \cdot BH_3$ 在 88℃下的分解反应进行原位研究，表明 $NH_3 \cdot BH_3$ 的分解过程由诱导、成核和生长三步组成。在诱导阶段，部分 $NH_3 \cdot BH_3$ 分子间的二氢键断裂，生成新的中间相，部分分子生成双分子结构并释放出 1 分子氢气；在后续的成核阶段中，$NH_3 \cdot BH_3$ 中间相 PAB 转变成 DADB（diammoniate of diborane）；DADB 在生长阶段会与 $NH_3 \cdot BH_3$ 分子继续作用分别形成二聚物、低聚物和高聚物或者发生自反应形成环状二聚物。

然而，研究表明 $NH_3 \cdot BH_3$ 的热分解过程还有可能发生下列反应：

$$3(H_3N—BH_3) \Longrightarrow B_3N_3H_6 + 6H_2 \qquad (6-30)$$

$$3(H_2N—BH_2)_n \Longrightarrow (B_3N_3H_6)_n + 3nH_2 \qquad (6-31)$$

其中，反应产物 $B_3N_3H_6$ 为有毒气体杂质硼吖嗪。综上所述，$NH_3 \cdot BH_3$ 的热分解过程存在反应动力学差、副反应复杂、产物 BN 难以回收利用等缺陷，因而 $NH_3 \cdot BH_3$ 热分解研究重点主要集中在克服其缓慢的放氢速率、降低杂质气体的产生和氢化物高效、廉价、再生等方向。近年来，研究人员对改善 $NH_3 \cdot BH_3$ 热分解放氢性能进行了大量研究，采用多种方法对其进行了改性处理，一般可分为以下几类。

（1）金属系催化剂

金属系催化剂是指以金属单质或合金为主体，通过搭载不同载体，实现改善 $NH_3 \cdot BH_3$ 放氢环境的催化剂。其中，Rh（Ⅰ）系催化剂和 Rh（Ⅲ）系催化剂

能够使 $NH_3 \cdot BH_3$ 在室温条件下缓慢放出氢气，与有机材料形成螯合物后，Ru 系催化剂不仅能够实现 $NH_3 \cdot BH_3$ 的快速低温放氢，同时还改善了催化剂由于自身活性导致的在空气中易氧化的特性。

（2）离子液体

离子液体是指能够促进 $NH_3 \cdot BH_3$ 转变为 DADB 状态的一类有机液体，包括 bmimCl、bmimBF$_4$、bmmimCl 和 bmimOTF 等。在这些离子液体中，$NH_3 \cdot BH_3$ 的初始放氢温度降低至 85℃，并且在 95℃、3h 内能够放出 1.5mol 的氢气。这是由于 $NH_3 \cdot BH_3$ 转变为 DADB 后，其放氢热力学性能和动力学性能均得到改善。

（3）框架材料负载

通过将 AB 嵌入具有微孔或介孔结构的框架材料中后，利用 $NH_3 \cdot BH_3$ 所处环境结构的改变，能够显著改善其放氢性能。在 SBA-15/$NH_3 \cdot BH_3$ 体系中，复合体系在 50℃时的半反应时间为 85min，而纯 $NH_3 \cdot BH_3$ 在此温度下不能进行放氢反应。采用金属框架结构时，不仅能够使 $NH_3 \cdot BH_3$ 在 85℃ 下 10min 内释放出 8%（质量分数）的氢气，同时能够完全避免杂质气体的产生。

（4）金属替代

金属氨硼烷化合物因其具有无毒、在空气中稳定、易于存放并且在适当的条件下能释放大量的氢气的特性被认为是一类新的颇具发展潜力的储氢材料。这类材料的放氢反应过程一般为热中性的或者是吸热反应。当金属氢化物（MH_x）与 $NH_3 \cdot BH_3$ 形成金属氨硼烷后 [$M(NH_2BN_3)_x$]，能够在低于 95℃ 的温度下 2h 内释放出约 8%（质量分数）的氢气，使 $NH_3 \cdot BH_3$ 作为热解储氢材料的应用潜力得到显著提升。

6.4.3　$NH_3 \cdot BH_3$ 水解制氢

由于 $NH_3 \cdot BH_3$ 在水溶液中能够稳定存在，并且其溶解度能够达到 336g/L，因此 $NH_3 \cdot BH_3$ 的水解反应成为释放其存储氢的可行方式。研究人员通过大量探索发现，在加入适当的催化剂后，$NH_3 \cdot BH_3$ 能够在室温下迅速的释放 3mol 的氢气，相当于氢气的产量为起始原料 $NH_3 \cdot BH_3$ 和 H_2O 的 8.9%（质量分数），放氢反应方程式如下：

$$NH_3BH_3 + 2H_2O \xrightarrow{\text{催化剂}} NH_4BO_2 + 3H_2 \uparrow \tag{6-32}$$

除水解制氢以外，$NH_3 \cdot BH_3$ 还能在醇溶液中进行醇解放氢反应，并且在室温及 0℃ 以下均能进行反应，醇解反应方程式如下：

$$NH_3BH_3 + 4CH_3OH \xrightarrow{\text{催化剂}} NH_4B(OCH_3)_4 + 3H_2 \uparrow \tag{6-33}$$

在催化剂存在下，$NH_3 \cdot BH_3$ 的醇解反应能够实现速率可控并且副产物可回收利用，然而醇的使用增加了反应成本，限制了其实际应用范围。由于 $NH_3 \cdot BH_3$ 醇解反应与水解反应机理相似，因此研究人员将这两种反应统称为 $NH_3 \cdot BH_3$ 的水解反应。

氨硼烷水解反应是在催化剂（过渡金属或固体酸）存在的条件下，一分子 $NH_3 \cdot BH_3$ 中与 B 连接的三个 H 和两分子 H_2O 中的三个 H 结合形成三分子 H_2 并放出。当没有催化剂的条件下时，$NH_3 \cdot BH_3$ 可以在水溶液中稳定存在而不发生放氢反应，加入催化剂则会促进反应迅速进行。$NH_3 \cdot BH_3$ 水解反应本质上是一个氧化-还原反应，在催化剂的作用下，吸附在催化剂表面的氨硼烷分子发生 B—N 键断裂，生成 $M\text{-}BH_3^-$ 带负电荷的活性中间体，吸附在催化剂 M 表面的 BH_3^- 失去电子发生氧化反应生成 H_2 和副产物，而失去的电子则通过催化剂或载体供给在催化剂表面的水分子，并发生还原反应生成另一半 H_2。催化剂的作用是与 $NH_3 \cdot BH_3$ 中的 B 键合，从而使 B—H 键活化，B—H 键在 H_2O 分子上 O 的电子进攻下更容易断键。由于催化剂的这种作用，使得 H_2O 分子参与进攻变得容易，且反应条件温和，可在室温下进行。

图 6-8 是其文献中所涉及的反应机理的示意。首先，反应时氨硼烷与催化剂表面相互作用，形成类似复合物的中间体。这种由氨硼烷和催化剂共同组成的中间体在水分子中氧的进攻下释放出氢气。这表明了放氢反应的关键步骤是水分子进攻过渡态的 M—H 键，因此，要想提高氨硼烷水解放氢的反应速率就要加快过渡态 M—H 键的形成速率，而 M—H 键的形成直接受金属催化剂（M）性质的影响。由于催化剂参与水解反应，反应物在催化剂表面上的化学吸附强度影响催化剂的活性。吸附强度太弱固然不利，而吸附太强，催化活性反而降低，过渡态 M—H 键不能及时离开催化剂表面，使它进一步失去反应的能力。因此良好的催化剂应该具有适中的化学吸附能力。所以，在反应中催化剂的性质是控制反应速率的关键因素，催化剂的电子结构和表面状态很大程度上决定了催化剂与氨硼烷分子间的相互作用，不同的催化剂可以使氨硼烷水解放氢的反应速率发生很

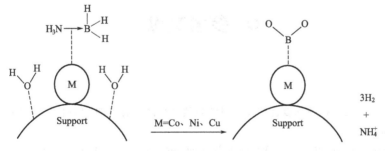

图 6-8　负载型催化剂催化 $NH_3 \cdot BH_3$ 水解反应过程示意

大变化。

由 $NH_3 \cdot BH_3$ 水解制氢的两种反应机理可以看出，$NH_3 \cdot BH_3$ 与催化剂之间恰当的相互作用是促进 $NH_3 \cdot BH_3$ 水解放氢反应进程的关键环节。$NH_3 \cdot BH_3$ 水解的可催化性能首次发现于 2003 年，Rh 化合物被发现能够催化 $NH_3 \cdot BH_3$ 脱氢，随后第四周期过渡金属 Ti 也被发现对 $NH_3 \cdot BH_3$ 水解放氢具有催化作用。在近十几年的研究中，科研人员开发出大量具有优良催化性能的 $NH_3 \cdot BH_3$ 水解制氢催化剂，极大提高了 $NH_3 \cdot BH_3$ 水解制氢的实际应用价值。此外，贵金属元素在众多催化剂材料中表现出较高的催化活性，其中 Pt 的催化效果最为明显。然而在实际应用中，Pt 等贵金属的使用极大地增加了 $NH_3 \cdot BH_3$ 水解制氢成本，因此如何使催化剂廉价化成为提高 $NH_3 \cdot BH_3$ 水解制氢应用潜力的重点。对于降低催化剂成本，研究人员首先想到的是通过元素替代来部分替代贵金属元素，发现在获得廉价催化剂的同时，其催化效率也受到一定的降低影响，因此为了提高催化剂的催化效率，人们从以下几方面对催化剂进行了进一步改进。

① 调节催化剂中金属元素种类：采用两种或两种以上金属元素制备合金催化剂，利用不同金属元素间的电负性差异形成电子施-受体系，从而加强 $NH_3 \cdot BH_3$ 与催化剂间的相互作用；

② 催化剂纳米化：通过调控催化剂颗粒尺寸，使其颗粒尺寸保持在纳米级，能够显著提高催化剂的催化效率；

③ 催化剂结晶度：通过控制催化剂合成温度和时间等参数，调控合金催化剂中金属原子晶体结构，实现一定程度的非晶化，起到增加催化剂活性位点，提高 $NH_3 \cdot BH_3$ 水解效率的作用；

④ 催化剂载体：$NH_3 \cdot BH_3$ 水解催化剂载体的研究是近年来的热点领域，这是由于多数催化剂载体能够与其负载的合金催化剂间形成电子施-受体系，进一步增强催化剂的催化效率，同时，负载型催化剂在循环使用寿命上也表现出优异的性能。

参考文献

[1] 周轶凡. 硼氢化锂基复合储氢材料的吸放氢性能及其机理 [D]. 浙江大学. 2012, 6-20.
[2] Vajo J J, Skeith S L, Mertens E. Reversible storage of hydrogen in destabilized $LiBH_4$ [J]. Journal of Physical Chemistry B, 2005, 109(9): 3719-3722.

[3] Gross A F, Vajo J J, van Atta S L, et al. Enhanced Hydrogen Storage Kinetics of LiBH$_4$ in Nanoporous Carbon Scaffolds [J]. Journal of Physical Chemistry C, 2008, 112(14): 5651-5657.

[4] Pinkenon F E, Meisner G P, Meyer M S, et al. Hydrgen desorption exceeding ten weight percent from the new quaternary hydride Li$_3$BN$_2$H$_8$ [J]. Journal of Physical Chemistry B, 2005, 109(1): 6-8.

[5] Kojima Y, Matsumoto M, Kawai Y, et al. Hydrogen Absorption and Desorption by the Li-Al-N-H System [J]. Journal of Physical Chemistry B, 2006, 110(19): 9632-9636.

[6] 范修林. NaAlH$_4$配位氢化物储氢材料的改性研究 [D]. 浙江大学. 2012, 10-30.

[7] Morioka H, Kakizaki K, Chung S C, et al. Reversible hydrogen decomposition of KAlH$_4$ [J]. Journal of Alloys and Compound, 2003, 353(1): 310-314.

[8] H. Clasen. Angew Chem, 1961, 73: 322-331.

[9] 申泮文, 车云霞. 氢化铝钠的合成方法, 中国专利: 89108190.9.

[10] Hauback B C, Brinks H W, Jensen C M, et al. Neutron diffraction structure determination of NaAlD$_4$ [J]. Journal of Alloys and Compound, 2003, 358(1): 142-145.

[11] Vajeeston P, Ravindran P, Vidya R, et al. Pressure-induced phase of NaAlH$_4$: A potential candidate for hydrogen storage? [J]. Appl. Phys. Lett. 2003, 82(14): 2257-2259.

[12] Claudy P, Bormetot B, Chahine G, et al. Etude du comportement thermique du tetrahydroaluminate de sodium NaAlH$_4$ et de l'hexahydroaluminate de sodium Na$_3$AlH$_6$DE 298 A 600 K [J]. Thermoehim Acta. 1980, 38(1): 75-88.

[13] Weng B C, Yu X B, Wu Z, et al. Improved dehydrogenation performance of LiBH$_4$/MgH$_2$ composite with Pd nanoparticles addition [J]. Journal of Alloys and Compounds, 2010, 503(2): 345-349.

[14] 刘淑生, 孙立贤, 徐芳. 金属-氮-氢体系储氢材料 [J]. 化学进展, 2008, 20(3): 280-287.

[15] Ichikawa T, Hanada N, Isobe S, et al. Mechanism of Novel Reaction from LiNH$_2$ and LiH to Li$_2$NH and H$_2$ as a Promising Hydrogen Storage System [J]. Journal of Physical Chemistry B, 2004, 108(23): 7887-7892.

[16] Song Y, Guo Z X. Electronic structure, stability and bonding of the Li-N-H hydrogen storage system [J]. Physical Reviw B, 2006, 74(19): 195120-195126.

[17] Gupta M, Gupta R P. First principles study of the destabilization of Li amide-imide reaction for hydrogen storage [J]. Journal of Alloys and Compounds, 2007, 446(5): 319-322.

[18] Chou C C, Lee D J, Chen B H. Hydrogen production from hydrolysis of ammonia borane with limited water supply [J]. International Journal of Hydrogen Energy, 2012, 37(20): 15681-15690.

[19] Dixon D A, Gutowski M S. Thermodynamic Properties of Molecular Borane Amines and the [BH_4^-] [NH_4^+] salt for Chemical Hydrogen Storage Systems from Ab Initio Electronic Structure Theory [J]. The Journal of Physical Chemistry A, 2005, 109(23): 5129-5135.

≡ 第 **7** 章 ≡
有机液体储氢材料

关于储氢材料及储氢技术的研究，除了前面所讲的高压气体储氢、液态储氢以及研究较多的金属及其化合物储氢之外，近年来，关于基于有机液体氢化物的储氢技术具有储氢容量大，应用安全、高效、环保、经济性高，可实现大规模、远距离储存和运输等优点，得到了广泛关注。而且，研究多集中在环己烷、甲基环己烷、十氢化萘、咔唑和乙基咔唑等有机液体储氢性能的改善，并且取得了一定进展。特别是集中研究开发有机液体脱氢反应的新型催化剂。本章主要从有机液体储氢的原理、特点、研究进展以及亟待解决的问题几个方面详细讲解。

7.1 有机液体储氢的原理、研究目的及尚存在的技术难题

7.1.1 原理

这些有机液体，在合适的催化剂作用下，在较低压力和相对高的温度下，可作氢载体，达到储存和输送氢的目的，储氢功能是借助储氢载体（如苯和甲苯等）与 H_2 的可逆反应来实现的，其储氢量可达 7%（质量分数）左右。

1975 年，O. Sultan 和 M. Shawl 提出了利用有机液态氢化物储氢的构想，开辟了一种新的储氢方式。有机液体储氢是指利用不饱和的烷基烃或芳香烃等作为储氢载体，通过加氢和放氢这一可逆过程来实现氢气的储放，如图 7-1 所示。

有机液体氢化物储氢系统的工作原理为：对有机液体氢载体催化加氢，储存氢能；在现有的管道及存储设备中，将加氢后的有机液体氢化物进行储存，运输到目的地；在脱氢反应装置中催化脱氢，释放储存的氢气，供给用户（或终端）使用。归结于一点就是有机液体储氢技术是通过不饱和液体有机物的可逆加氢和脱氢反应来实现储氢（图 7-2）。

另外，氢载体经过脱氢反应后在催化剂作用下可以实现重复加氢反应从而实

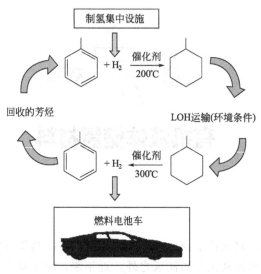

图 7-1 有机液体储放氢过程示意

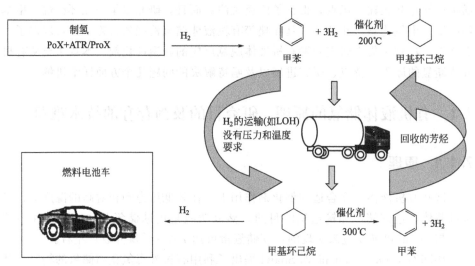

图 7-2 有机液体可逆储放氢及运输系统示意

现有机液体储氢材料的循环利用。不同有机液体储氢材料具有不同的物理参数及储氢量（具体参数见表 7-1），因此需要根据具体条件选择使用，特别是催化的选用要合适，以免失效而失去催化作用。

表 7-1 部分有机液体储氢材料的物理参数及储氢量

储氢介质	熔点/℃	沸点/℃	理论储氢量/%
环己烷	6.5	80.7	7.19
甲基环己烷	−126.6	101	6.18

储氢介质	熔点/℃	沸点/℃	理论储氢量/%
四氢化萘	−35.8	207	3.0
顺式-十氢化萘	−43	193	7.29
反式-十氢化萘	−30.4	185	7.29
环己基苯	5	237	3.8
4-氨基哌啶	160	65(18mmHg)	5.9
咔唑	244.8	355	6.7
乙基咔唑	68	190(1.33kPa)	5.8

　　图 7-3 及表 7-2 是不同不饱和芳烃的吸/放氢反应方程式及储氢性能比较。可以看出，作为有机液体储氢材料的代表不饱和芳烃与对应氢化物（环烷烃），如苯、环己烷、甲苯、甲基环己烷等可以在不破坏碳环的主体结构下加氢和脱氢，这是结构非敏感的反应，在 C—H 键断裂的同时不影响 C—C 骨架的结构，而且反应是可逆的。通过进一步提高脱氢转化率和选择性以达到循环利用储氢介质的目的，实现可逆储氢。这里，通过化学键的加氢反应实现氢的储存，通过C—H 键断裂的脱氢反应实现氢的释放。

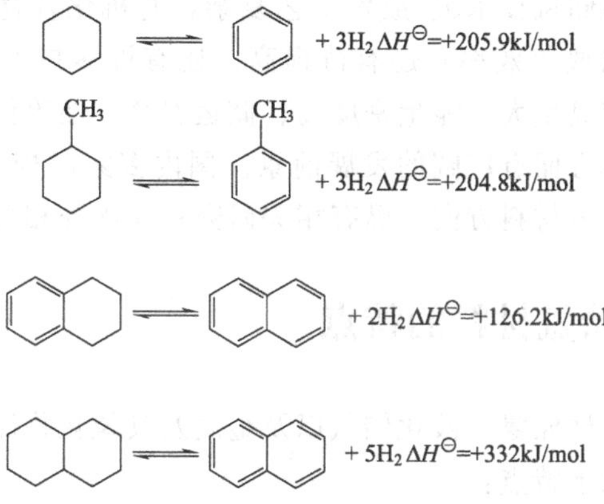

图 7-3　不饱和芳烃的吸/放氢反应方程式

表 7-2　几种有机液体储氢性能比较

有机物	反应式	储氢密度/(g/L)	理论储氢量（质量分数）/%	储存 1kg H_2 的有机液体量/kg
苯	$C_6H_6 + 3H_2 \rightleftharpoons C_6H_{12}$	56.0	7.19	12.9
甲苯	$C_7H_8 + 3H_2 \rightleftharpoons C_7H_{14}$	47.4	6.18	15.2
甲基环己烷	$C_8H_{16} + H_2 \rightleftharpoons C_8H_{18}$	12.4	1.76	55.7
萘	$C_{10}H_8 + 5H_2 \rightleftharpoons C_{10}H_{18}$	65.3	7.29	12.7

7.1.2 该技术的技术难题

目前有机液体储氢技术亟待解决如下技术难题。

① 如何开发高转化率、高选择性和稳定性的脱氢催化剂。

② 脱氢反应是强吸热的非均相反应，需要在低压高温非均相条件下反应，脱氢催化剂在高温条件下容易发生孔结构破坏、结焦失活等现象，不仅其活性随着反应的进行而降低，而且有可能因为结焦而造成反应器堵塞。

③ 脱氢过程也可能发生副反应如氢解反应，使环状结构的氢化物转化为 $C_1 \sim C_5$ 的低分子有机物。

7.1.3 目前研究的目标

以环己烷、甲基环己烷、苯、甲苯等作为液体有机储氢材料，开发性能优良、经济适用的脱氢催化剂，达到高效、低温、长寿命的效果；液体有机储氢材料的储氢量高于 6%（质量分数），储氢密度高于 $50kg/m^3$。

目前有机氢化物储氢技术吸/放氢工艺复杂，有机化合物循环利用率低，放氢效率（特别是低温放氢效率）还有待提高，还有许多技术问题尚未解决，但是，此类材料具有储氢量大、能量密度高、储运安全方便等优点，因此被认为在未来规模化储运氢能方面有广阔的发展前景。国内多家高校，如中国石油大学、浙江大学等，在该储氢材料方向上已有相关研究；在国外相关文献中也有报道。

7.2 有机液体储氢材料的特点

与传统的高压气体储氢、液化储氢以及金属及其氢化物储氢相比，有机液体储氢材料储氢具有以下特点：

① 储氢量大，储氢密度高。如：苯和甲苯的理论储氢量分别为 7.19%（质量分数）和 6.16%（质量分数），高于现有的金属氢化物储氢和高压压缩的储氢量，其储氢密度也分别高达 56.0g/L 和 47.49g/L，有机液体氢化物的储氢量都接近美国能源部（DOE）对可能的车载储氢系统提出的技术指标［储氢的质量密度约为 6%（质量分数），体积密度约为 $60kg/m^3$］。

② 储氢效率高。以环己烷循环储氢体系为代表，假设反应时释放的热量能够全部回收，那么苯催化加氢反应的循环过程效率可达 98%。

③ 氢载体储存、运输和维护安全方便，储氢设施简便，尤其适合于长距离氢能输送。氢载体在室温下呈液态，与汽油类似，可以方便地利用现有的储存和运输设备对其进行长距离的运输和长时间保存。

④ 高度可逆的加/脱氢反应，成本较低且储氢剂可重复循环使用。

7.3 有机液体储氢材料的种类

7.3.1 苯及环己烷

如图 7-4 所示，环己烷脱氢后产物为苯，脱氢过程需要消耗一定的热量；相反，苯环经过加氢反应生成环己烷。苯和环己烷可以通过苯-氢-环己烷的可逆化学反应实现氢化和脱氢过程。而且，这一过程需要的生成热绝对值较大，说明氢化或脱氢反应需要的条件较苛刻。

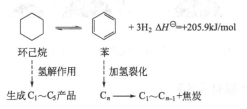

图 7-4　以环己烷为代表的液体有机氢化物储氢反应框架

科研工作者在这方面做了许多研究并取得了一系列有意义的结论。李兰清研究了在 $Pt\text{-}Sn/Al_2O_3$ 催化剂作用下环己烷的高效脱氢过程。在"湿-干"多相态条件下环己烷在 $Pt\text{-}Sn/Al_2O_3$ 催化作用下脱氢反应的研究发现，当加热温度 382℃、进料速率 1.067mL/min、催化剂用量 14g 时，系统 2h 反应的产氢量可达 32.4L，平均产氢速率 12.092mmol/min；当加热温度 382℃、进料速率 0.283mL/min、催化剂用量 10g 时，环己烷脱氢转化率可达 69.62%。所有实验反应的选择性均达到 100%，生成氢气的纯度几乎为 100%。胡云霞在气体辅助吹扫的条件下研究催化剂对环己烷脱氢过程的影响，结果表明该方法使得环己烷的脱氢反应在多相态反应模式下连续进行，在 553K 温度下每次进料 0.6mL 反应物中加入 7g 催化剂显示出的连续脱氢转化率为 55.0%。Nobuko Kariya 等研究了向 Pt 催化剂中添加另一金属组分 M（M＝Mo、W、Re、Rh、Pd、Ir、Sn）形成的 Pt-M/PCC 双金属催化剂，研究其对环己烷脱氢反应的影响。相比于单金属催化剂双金属催化剂催化活性的改善可能与电子效应有关，电子效应提高了 C—H 键的断裂能力，增加了中间产物的稳定性，增强了芳香族产物的脱附能力，使氢气快速离开反应体系，推动化学平衡向脱氢方向移动。作者研究发现环己烷放氢速率受氢气溢出速率和促进氢气结合的能力大小的影响，抽象出环己烷在催化剂表面的放氢过程示意如图 7-5 所示。Pd 和 Pt 都具有很强的使氢气溢出的能力，但 Ru 和 Rh 没有。另外，Pt 使氢气结合的能力比 Ru、Rh 及 Pd 强，因此，Pt 单金属催化剂对环己烷脱氢反应具有较高的催化活性。而且，由于 Pd 使氢气溢出的能力比 Pt 强，共混后催化活性更好。Xia 研究了 Ni-Cu/SBA-15 对环己烷脱氢性能的影响，结果表明 Cu 的加入改变了金属 Ni 的晶体结构，形成 Ni-Cu 合金并被分散在 SBA-15 表面，从而增强了其在环己烷脱氢过程中的选择性和转化率，抑制了催化剂在高温下的结焦失效，其在 350℃下的脱氢转化率达 99.4％。

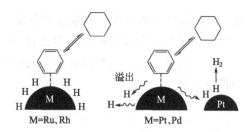

图 7-5　环己烷在催化剂表面脱氢过程示意

7.3.2　甲苯与甲基环己烷

甲基环己烷（MCH）的氢含量为 6.2％（质量分数），脱氢可产生氢气和甲苯（TOL）。甲基环己烷和甲苯在常温下均呈现液态，可以有效地利用现有的管道使设备存储和输运氢能。如图 7-6 所示，两者通过加氢和脱氢反应可以实现相互转化。

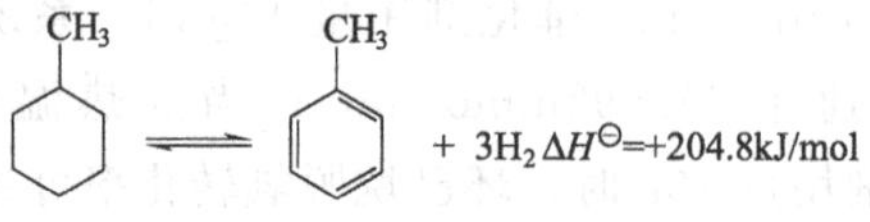

$$+ 3H_2 \quad \Delta H^{\ominus} = +204.8kJ/mol$$

图 7-6　甲基环己烷与甲苯氢化与脱氢反应相互转化示意

许多科研工作者在改善甲基环己烷的脱氢性能方面做了大量研究。ETSUTA 与 PHAM 等研究了 Pd-活性纤维（ACF）与 Pt-活性纤维对甲基环己烷脱氢性能的影响后发现：在 Pd/ACF 催化作用下甲基环己烷的脱氢转化率为 20％，平均析氢速率仅为 7.4mL/min；在 Pt/ACF 催化作用下甲基环己烷的脱氢性能得到显著改善，其转化率和析氢速率被提高为 76％ 和 29mL/min。SAMIMI 等研究发现：甲基环己烷在 Pt/Al$_2$O$_3$ 催化作用下的脱氢性能得到显著改善，其转化率达到 90％以上。BOUFADEN 等研究发现：当 Mo-SiO$_2$ 催化剂中 Mo 的摩尔分数为 10％时对甲基环己烷的脱氢性能影响最为明显，脱氢后甲苯的产率高达 90％。

E. I. Nabarawy 发现：在 300℃时，自制的纳米脱氢催化剂对甲基环己烷的脱氢转化率比 Pt-Sn-K/Al$_2$O$_3$ 提高了近 30％。开发纳米级脱氢催化剂，提高活性组分的分散度，有望获得低温下脱氢性能优异的催化剂。

7.3.3　十氢化萘

作为传统有机液体储氢材料的十氢化萘也具有较强的储氢能力，理论含氢量达 7.3%（质量分数），体积储氢密度达 62.93kg/m³，常温下呈现液态。另外，研究发现 1mol 反式-十氢化萘可携带 5mol 的氢，反应所消耗的热量约占氢气燃烧释放热量的 27%，可以提供丰富的氢能。

LAZARO 首先用离子交换法制备了 Pt/CNF 催化剂，接着研究了其对十氢化萘脱氢性能的影响，结果发现：在 513K 温度下，当 Pt/CNF 催化剂添加量达 1.5% 时，十氢化萘的脱氢转化率最高。WANG 研究了十氢化萘在固定床管式反应器中的催化脱氢，发现十氢化萘在 Pt-Sn/γ-Al₂O₃ 催化剂作用下，在 275～335℃温度和 1 个标准大气压下的脱氢转化率为 98%。作者同时研究了十氢化萘在 Pt-Sn/γ-Al₂O₃ 催化剂作用下，在 340℃持续反应较长时间下脱氢转化率的变化，发现脱氢转化率没有出现明显下降，说明催化剂在脱氢反应过程中能够保持较高的稳定性。

从反应的可逆性和储氢量等角度来看，苯和甲苯是比较理想的有机液体储氢剂，环己烷（CY）、甲基环己烷（MCH）、十氢化萘以及四氢化萘是较理想的有机液体氢载体。作为传统有机液体储氢材料，其氢化或脱氢时需要的条件较苛刻，通常需要在较高的温度下，需要的脱氢温度达 600～700K。然而，要在较高的温度下才能得以实现，并多以贵金属 Pt 作为脱氢催化剂，这在很大程度上限制了它的实际应用。在高温下脱氢反应会使得催化剂结焦而失去活性，从而影响有机液体的循环吸/放氢过程。近期的研究发现，在传统有机液体氢化或脱氢过程中加入氧原子和氮原子可以有效降低氢化和脱氢温度。因此，PET 等提出用不饱和芳香杂环有机物作为储氢介质，而且其中也掺杂氧原子和氮原子，其吸/放氢性能得到显著改善。咔唑与乙基咔唑作为新型有机液体储氢材料都含有含氮杂环，表现出优异的吸/放氢性能。全加氢后的质量储氢密度分别可达 6.7%（质量分数）和 5.8%（质量分数），较好地满足了 DOE 对车载储氢系统的标准，成为新型的有机液体储氢材料，受到储氢领域的广泛关注。

7.3.4　咔唑

图 7-7 为咔唑分子结构，从图中可以看出其是一种杂环含氮化合物，是煤焦油馏分的重要组成部分。由于咔唑分子结构中存在着较大的共轭体系，同时伴随着较强的电子转移现象，因此咔唑类化合物拥有独特的生物活性和光物理性能（表 7-3），使其重要的精细化学品中间体受到人们的广泛关注。另外，通过结构

式可以看出含有较多碳碳双键，因此其具有较大的储氢量。

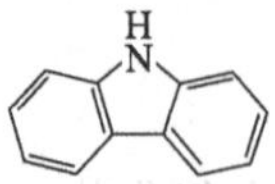

图 7-7 咔唑的结构式

表 7-3 咔唑的理化性质

分子式	$C_{12}H_9N$	蒸汽压(323.0℃)	54184Pa
分子量	167.20	蒸发热	64.567kJ/kg
沸点	352～354℃	熔化热	176.3kJ/kg
熔点	244～246℃	偶极距	1.70D
三相点	(245.337±0.011)℃	燃烧热(25℃)	37190kJ/kg
相对密度	$d_4^{18}=1.10$	生成热	744.8kJ/kg(恒容)
			672.2kJ/kg(恒压)

工业上咔唑的主要制备方法包括以下几种。

① 合成法　以邻氨基二苯胺为原料，经亚硝酸处理，制得 1-苯基-1,2,3-苯并三唑，加热后，失去氮而生成咔唑。

② 硫酸法　将粗蒽用氯苯或其他溶剂溶解，粗蒽中的菲、芴等物质因不溶解而和蒽、咔唑分开，将蒽和咔唑加入硫酸中进行反应，咔唑则与硫酸形成硫酸咔唑而和蒽分开，将硫酸咔唑水解后，经过滤、烘干即得成品。

③ 溶剂-精馏法　将粗蒽用炼焦副产物重苯（160～200℃）馏分溶解，粗蒽中的菲、芴等物质和蒽、咔唑分开，将蒽和咔唑在精馏塔中进行高温精馏，经一次精馏，可得含咔唑 85%～90%的产品，收率 65%。

科研工作者对该系列有机液体储氢材料做了大量研究。孙文静研究了 Raney-Ni 对咔唑吸/脱氢反应的催化作用，在 250℃温度、5MPa 氢压下咔唑的加氢转化率达 90%；在 220℃下脱氢反应的转化率为 60.5%，产物主要为咔唑和四氢咔唑。BOWKER 等研究了 Ni_2P 及双金属催化剂对咔唑加氢及脱氢反应的影响，认为它们都使得咔唑表现出良好的活性和选择性。TOMINAGA 等对咔唑的加氢/脱氢反应机理进行了研究，通过理论计算提出了稳定的反应模型。Zhang 等研究了在甲基环己烷脱氢反应过程中 Raney-Ni 催化剂的影响，结果表明：在甲基环己烷脱氢反应过程中存在一个动力学能量平衡点，这保证了反应物与催化剂充分接触的同时显著增强了甲基环己烷的脱氢转化率，在 523K 温度下、0.5mL 甲基环己烷中加入 8g 催化剂后的脱氢转化率达 65%。

7.3.5 乙基咔唑

乙基咔唑，结构式如图 7-8 所示，分子式为 $C_{14}H_{13}N$，分子量 195.26，熔点 67℃，沸点 190℃（1.33kPa），密度 1.059g/m³，白色叶状结晶，溶于热乙醇和乙醚，不溶于水。乙基咔唑的制备可以用咔唑和氯乙烷作原料，使咔唑与氢氧化钾反应生成钾盐，再与氯乙烷进行反应，精制获得；也可通过咔唑与乙炔、咔唑钾盐与环氧乙烷作原料，分别反应制备。乙基咔唑对皮肤有刺激性，容易引发皮炎的症状，在生产车间内设备应密闭，并具有良好的通风条件，操作人员也需佩戴防护面罩，做好保护工作。

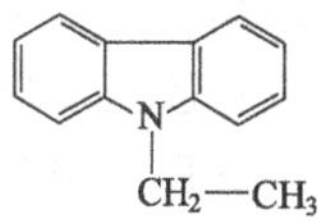

图 7-8　乙基咔唑的结构式

　　乙基咔唑作为一种新型有机液体储氢材料，其理论质量储氢密度为 5.8%（质量分数）。研究表明，乙基咔唑的脱氢反应焓约为 50kJ/mol，在 200℃下发生脱氢反应后的氢气纯度高达 99.9%，是较为理想的有机液体储氢介质。Sotoodeh 等对乙基咔唑的加氢与脱氢性能进行研究，在 7MPa 氢压、150℃下乙基咔唑与氢反应 1h 的转化率达到 98%，而且作者对其加氢和脱氢的过程进行了详细研究，提出了具体的反应历程。图 7-9 为乙基咔唑的加氢反应具体过程示意，由图可知，乙基咔唑加氢反应为双键的分步加氢过程，生成的初始平行产物为四氢乙基咔唑和八氢乙基咔唑。四氢乙基咔唑的快速消耗以及六氢乙基咔唑的生成表明，六氢乙基咔唑是由四氢乙基咔唑加氢生成的。作为主要中间产物的八氢乙基咔唑能通过两种双键加氢路径生成十二氢乙基咔唑和十氢乙基咔唑。反应产物中含有大于 95% 的十二氢乙基咔唑及少于 5% 的副产物八氢乙基咔唑，此时乙基咔唑的累积吸氢量约为 5.3%（质量分数）。

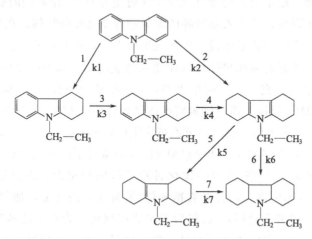

图 7-9　乙基咔唑加氢反应过程

　　如图 7-10 所示为乙基咔唑在经过加氢反应后的十二氢乙基咔唑的脱氢反应历程。十二氢乙基咔唑由于吡啶环所在的平面与两侧的六元环不在同一个平面上，呈现中间高两边低的扭曲结构，同时乙基基团的空间位阻效应抑制了 N 原子在催化剂表面的吸附，因此推测十二氢乙基咔唑在催化剂表面存在两种可能的吸附结构：一种借助吡咯环面上的四个碳原子上吸附在催化剂表面，在催化剂作用下进行脱氢反应，导致产物八氢乙基咔唑的产生；另一种方式可能是六元环上的六个碳原子吸附在催化剂表面，催化脱氢生成六氢乙基咔唑，但六氢乙基咔唑由于两个六元环中一个环的共轭体系被破坏，导致该结构不稳定，迅速进一步脱氢生成四氢乙基咔唑。由此可以推测，十二氢乙基咔唑脱氢反应首先经过一个平行反应分别生成四氢乙基咔唑和八氢乙基咔唑，接着八氢乙基咔唑又进一步脱氢生成四氢乙基咔唑，然后四氢乙基咔唑再脱氢生成乙基咔唑。

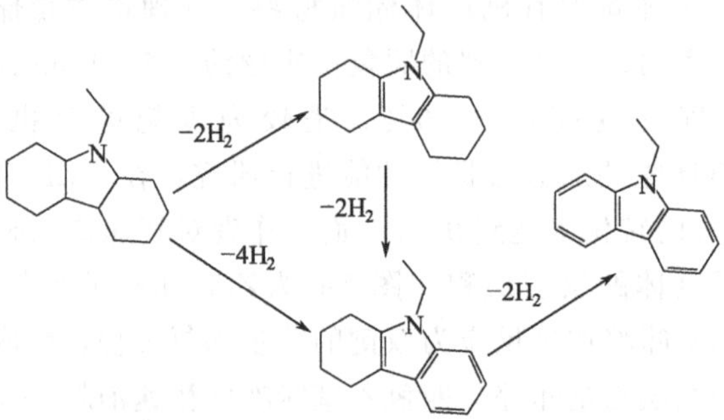

图 7-10　十二氢乙基咔唑脱氢反应过程

　　Eblagon 等在乙基咔唑加氢过程中使用了 Ru、Rh、Pd 不同负载型催化剂，研究催化剂对加氢性能的影响，结果认为在 5％Ru/Al$_2$O$_3$ 催化作用下提高了乙基咔唑加氢性能，质量储氢密度达 5.7％（质量分数）。作者同时也对乙基咔唑加氢过程进行了研究，认为乙基咔唑的加氢过程是逐步进行的，在加氢过程中形成了中间产物，中间产物很难进一步加氢生成十二氢乙基咔唑。在 Ru/Al$_2$O$_3$ 催化作用下，万超等对乙基咔唑的加氢性能和加氢动力学以及乙基咔唑的可逆储/放氢进行了探索性研究。研究结果表明：10g 乙基咔唑在 1.0g 催化剂作用下，在 160℃、6.0MPa 氢压下质量储氢密度达到较佳值 5.6％（质量分数），加氢转化率可达 100％，加氢后所得十二氢乙基咔唑产物的转化率达到 97.34％。另外，作者对乙基咔唑在 Ru/Al$_2$O$_3$ 和 Pd/Al$_2$O$_3$ 共同催化下的脱氢过程进行了详细研究，发现乙基咔唑液相吸/放氢一体化过程可以顺利实现，脱氢量达到 5.43％（质量分数）的质量密度，而且随着循环储/放氢次数的增加，加/脱氢量逐渐降低。乙基咔唑液相多次循环储/放氢后的主要产物仍然为四氢乙基咔唑、乙基咔唑及八氢乙基咔唑，说明乙基咔唑具有较好的可逆性。万超等还在 Pd/γ-Al$_2$O$_3$ 为催化剂条件下对十二氢乙基咔唑的催化脱氢性能进行了研究，结果表明：十二氢乙基咔唑的放氢温度低于传统有机氢化物，在 493K 时，释放出 89.43％储存的氢气，脱氢产物主要为乙基咔唑；脱氢表观活化能为 61.14kJ/mol，远远低于传统有机液体储氢材料。

7.4 吸/脱氢催化剂

有机液体储氢材料在氢化和脱氢过程中除了满足温度条件之外,在其中加入催化剂是必不可少的,这可以很有效地降低有机液体吸/脱氢反应的温度,而且可以在很大程度上改善吸/脱氢反应的速率。不同种类的催化剂对不同的氢化和脱氢反应的效果是有很大差别的。

7.4.1 吸氢催化剂

常规的加氢催化剂是以铝为载体的镍金属催化剂,其中镍钼或镍钨/氧化铝催化剂对中等程度的氢化效果不错,然而对于深度的芳烃氢化,首选贵金属催化剂。常见的加氢催化剂有镍系催化剂、钯及铂系催化剂、钌系催化剂及铑系催化剂等。

（1）镍系催化剂

金属镍是不饱和碳碳键氢化饱和常用的催化剂,其主要以雷尼镍或负载镍的形式存在。雷尼镍主要是利用铝和镍熔融首先形成合金,待合金冷却后用碱去除铝形成多孔骨架结构,由于其比表面积较大,在镍系催化剂中表现出较强的活性。Chettibi M 在研究苯的催化加氢性能时运用 Ni/SiO_2 作为催化剂有效地改善了材料表面活性,促进了苯加氢反应的进行。Cheney 采用逐步浸湿的方法在 Al_2O_3 上负载了 Pt 和 Ni,形成双金属键,这样的催化剂在有机液体加氢反应中起到非常显著的作用。Liu 将镍负载在碳纳米纤维上制备了高活性催化剂,并将其运用在苯加氢反应过程中,使得苯在液相下加氢反应所得环己烷的产率达到 99.5%。浙江大学的叶旭峰等研究了 Raney-Ni 催化剂对乙基咔唑加氢性能的影响,发现:乙基咔唑在 120~240℃、2.0~6.0MPa 氢压下发生加氢反应,这一加氢反应受发生在催化剂颗粒上的化学反应所控制,加氢密度达到 5.61%（质量分数）。

（2）钯及铂系催化剂

钯、铂催化剂凭借其高效的催化特性,在石油化工领域和有机合成工艺中占据了重要地位。它们优异的催化活性和较好的反应选择性,都是其他催化剂无法比拟的,所以被大量应用于石油催化重整、芳烃异构化和烯烃选择性加氢等重要化工步骤。但由于它们在自然界中的储量较少,价格偏高,所以很少单独用作催化剂,一般都负载在三氧化二铝、活性炭、分子筛等惰性载体上面使用。钯、铂催化剂在实际应用的时候对硫元素比较敏感,因此在使用之前需要进行脱硫处理以增强其催化活性。Yoon B 首先将 Pt 纳米颗粒均匀负载在碳纳米管外表面,随后将负载催化剂运用到苯的加氢反应过程中，结果表明，经过负载的 Pt/碳纳米管催化剂具有较高的催化加氢活性。Pawelec B 等在 Pt-Pd/SiO₂-Al₂O₃ 催化剂中加入 Au 使得催化剂活性显著增强的同时也提高了催化剂抗硫中毒的能力。

（3）钌系催化剂

近年来，随着研究者认识到钌金属的良好加氢活性，其作为加氢催化剂引起了广泛的关注。Sharma S K 等在 120℃、60atm 下对苯进行加氢反应过程中以负载钌为催化剂，生成环己烷的选择率为 100％，苯的转化率随反应物中硫浓度的提高而降低，这说明该催化剂的催化作用也受到反应过程中硫元素毒化作用的影响。Bennett 等运用钌氢化物作为催化剂，发现在 50℃、50atm 氢气压力的条件下反应 36h，苯乙烯加氢生成乙基环己烷的转化率为 100％。Zhou X L 以钌为主催化剂，通过添加其他组分来对苯加氢反应过程控制，随着添加组分的比例变化能很好地控制反应进程。Eblagon 利用不同负载的 Ru 催化剂对乙基咔唑进行加氢催化研究，结果表明：乙基咔唑在催化剂作用下发生逐步加氢反应，同时有中间产物生成，最终加氢为十二氢乙基咔唑。

（4）铑系催化剂

铑具有非常高的活性，可作为深度加氢的催化剂。美国专利指出：将萘与雷尼镍的反应产物过滤于高压反应釜中，则在 C 的作用下催化加氢，十化氢萘的收率达到 97％（其中顺式-十氢化萘的选择率达 95％）。另外将四氢化萘进行加氢，铑负载在 SiO₂-Al₂O₃ 作催化剂时，可生成 80％的顺式-十氢化萘。铑虽然具有好的催化活性和产物选择性，但由于其昂贵的价格，在工业中的应用并不多，一般只用于实验室小范围的科研研究。

7.4.2 脱氢催化剂

有机液体储氢材料脱氢过程中催化剂的选择和使用，对其脱氢反应速率及转化率有着重要的影响。一类是贵金属脱氢催化剂，如含有 Pt、Pd、Rh 等金属的催化剂；一类是非贵金属催化剂，如含有 Ni、Fe、Cu 等金属的催化剂；一类是同时含有贵金属与非贵金属的催化剂。

国内外科研工作者在脱氢催化剂的研究方面做了大量研究。贵金属的催化活性较高，其可以提高有机液体储氢材料的脱氢效率。Kariya 对环己烷和十氢化萘进行脱氢性能研究，发现环己烷在 Pt/防蚀钝化铝催化剂作用下脱氢率达 3800mmol/g·min；另外，作者还提出了"湿-干"多相态反应模式，并研究了反应物与催化剂比率、温度以及催化剂载体对脱氢反应的影响，同时作者还给出了脱氢反应的多相态反应装置（图 7-11）并结合示意图（图 7-12）给出了脱氢反应的具体过程，即：通过反应体系对动态能量平衡的干预与控制，使得冷凝回流的反应液有恰当的时间与热量在催化剂表面瞬间形成液膜，发生"液-固"脱氢反应，未反应的反应物与生成的产物利用催化剂表面多余的热量迅速蒸发，气体产物通过冷凝管被收集到集气瓶中，这样既可有效抑制逆反应的进行，提高反应转化率，也可以避免催化剂表面结焦影响催化剂寿命与活性。Yamamoto 将钯膜催化剂应用于环己烷脱氢反应，发现微孔道大大增加了单位体积的钯膜表面积，使反应取得了较好的脱氢效果。

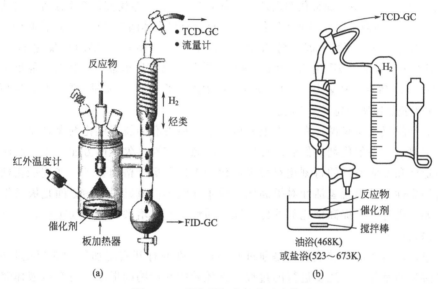

图 7-11 "湿-干"多相态反应装置

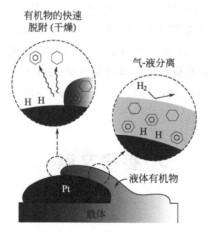

图 7-12 "湿-干"多相态条件反应示意

贵金属在有机液体储氢材料吸/脱氢过程中虽然具有较好的催化活性，但是由于其价格昂贵的原因，科研工作者考虑开发非贵金属或者混合型金属催化剂，并且做了大量的工作。Onda 等研究了以二氧化硅为载体的 Ni、Ni_3Sn、Ni_3Sn_2 和 Ni_3Sn_4 催化剂的脱氢性能，发现镍金属的脱氢转化率最好，2h 后环己烷的脱氢转化率近乎 100%。研究表明，非贵金属催化剂的活性可以通过改进载体或金属改性等方法加以改进，以使非贵金属催化剂具有较优的脱氢性能。Zhu 等研究了以 Al_2O_3 为载体和以 Al_2O_3-TiO_2 为载体的 Ni 催化剂对环己烷脱氢性能的影响后发现，以 Al_2O_3-TiO_2 为载体的催化剂表现出良好的催化活性，在 400℃温度下，环己烷的脱氢转化率可达 99.9%。除了开发单金属催化剂之外，科研工作者还在单金属催化剂中添加一种或多种金属组分制备双金属或多金属催化剂，在催化有机液体储氢材料脱氢过程起到非常显著的作用。Qi 等探究了催化剂 Pt/Al_2O_3、Ni/Al_2O_3 和 Pt-Ni/Al_2O_3 催化 1，3-环己二烯脱氢的性能，实验结果表明，双金属催化剂具有比单金属更高的脱氢催化活性。Biniwale 等在负载量为 20% 的 Ni/IACC 中添加了 0.5%（质量分数）Pt，使环己烷的最大脱氢速率提高了 1.5 倍。

对于脱氢反应来说，在技术上是可行的，但现有的脱氢催化剂尚难以满足需要，主要表现在催化剂的低温活性较差、高温稳定性又欠佳两方面。脱氢反应的不稳定性和反应条件的苛刻化对脱氢催化剂提出了更严格的要求。强调催化剂的高温稳定性和低温脱氢活性对提高储氢技术在随车供氢燃料应用方面是极其重要的，如何更进一步提高催化剂的低温脱氢活性，同时增加其高温稳定性，仍有待继续深入研究。

总之，有机液体储氢材料是通过 C=C 双键的打开实现加氢和储氢的目的，加氢过程通常是一个逐步进行的过程，伴随着中间产物的形成。对有机液体储氢材料脱氢过程及机理的研究是科研工作者关注的另一个极其重要的方面。有机液体不论是加氢还是脱氢过程都需要苛刻的条件，在其吸/脱氢过程添加催化剂是非常重要的，因此研究人员除了探究开发不同类型、能满足实际需要的有机液体储氢材料及其吸/脱氢机理之外，还在积极合成高效、廉价的催化剂。到目前为止，虽然在探索低温高效有机液体储氢材料方面取得了一些进展，但是，降低吸/脱氢温度以及开发高效催化剂仍然是今后继续解决的问题。

● 参考文献

[1] Alhumaidan Faisal, Tsakiris Dimos, Cresswell David, et al. Hydrogen storage in liquid organic hydride: selectivity of MCH dehydrogenation over monometallic and bimetallic Pt catalysts [J]. International Journal of Hydrogen Energy, 2013, 38

（32）：14010-14026.

[2] Suitao Q I, Jiaqi Y U E, Yingying L I, et al. Replacing platinum with tungsten car-
bide for decalin dehydrogenation [J] . Catalysis Letters, 2014, 144 (8)：
1443-1449.

[3] Taube M. A prototype truck powered by hydrogen from organic liquid hydrides
[J] . International Journal of Hydrogen Energy, 1985, 10(9)：595-599.

[4] Torresi R M, De pauli C P. Influence of the hydrogen evolution reaction on the anod-
ic titanium oxide film properties [J] . Electro chimmica Acta, 1987, 32 (9)：
1357-1363.

[5] Shukla A, Karmakar S, Biniwale R B. Hydrogen delivery through liquid organic
hydrides: Considerations for a potential technology [J] . International Journal of
Hydrogen Energy, 2012, 37(4)：3719-3726.

[6] Qiu S J, Chu H L, Zhang Y et al. The electrochemical performances of Ti-V-based hy-
drogen storage composite electrodes prepared by ban milling method [J] . Intern-
ational Journal of Hydrogen Energy, 2008, 33(24)：7471-7478.

[7] Nobuko Kariya, Atsushi Fukuok, Masaru Ichikawa. Efficient evolution of hydrogen
from liquid cycloalkanes over Pt-containing catalysts supported on active carbons
under. Applied Catalysis A: General, 2002, 233: 91-102.

[8] 李兰清. 多相态条件下环乙烷在 Pt-Sn/Al$_2$O$_3$ 催化环作用下的高效脱氢反应研究及液体
有机氢化物车载储氢系统概念设计 [D] . 杭州：浙江大学 . 2017.

[9] 胡云霞. 环乙烷催化多相态连续脱氢过程研究 [D] . 杭州：浙江大学 . 2010.

[10] Nobuko Kariya, Atsushi Fukuoka, Masaru Ichikawa. Efficient evolution of hydrogen from
liquid cycloalkanes over Pt-containing catalysts supported on active carbons under " wet-
dry mutiphase conditons" [J] . Applied Catalysis A: General, 2002, 233: 91-102.

[11] Zhijun Xia, Huayan Liu, Hanfeng Lu, Zekai Zhang, Yinfei Chen. Study on catalytic
properties and carbon deposition of Ni-Cu/SBA-15 for cyclohexane dehydrogena-
tion. Applied Surface Science, 2017, 422: 905-912.

[12] Pham Dung Tien, Tetsuya Satoh, Masahiro Miura. Contimuous hydrogen evolution
from cyclohexanes over platinum catalysts supported on activated carbon finers
[J] . Fuel Processing Technology, 2008, 89(4)：415-418.

[13] Samimi Fereshteh, Kabiri Sedighe, Rahimpour Mohammad Reza. The optimal
opreating conditions of a thermally double coupled, dual membrane reactor for sim-
ultaneous methanol synthesis, methanol dehydration and methyl cyclohexane dehy-
drogenation [J] . Journal of Natural Das Science and Engineering, 2014, 19:
175-189.

[14] Doufaden N, Akkari R, Pawelec B, et al. Dehydrogenation of methylcyclohexane to
toluene over partially deduced Mo-SiO$_2$ catalysts [J] . Applied Catalysis A: Gen-
eral, 2015, 502: 329-339.

[15] Nabarawy E I. The dehydrogenation of cyclohexane in relation to some textural and

catalytic properties of Ni/Al$_2$O$_3$ and Co/Al$_2$O$_3$ catalysts [J]. Adsorption Science and Technology, 1997, 15(1): 25-37.

[16] Lazaro M P, Garrcia-Bordejee, Sebastiand, et al. In situ hydrogen generation from cycloalkanes using a Pt/CNF catalyst [J]. Catalysis Today, 2008, 138(3/4): 203-209.

[17] Wang Bo, Goodman Wayne D, Froment Gilbert F. Kinetic modeling of pure hydrogen production from decalin [J]. Journal of Catalysis, 2008, 253(2): 229-238.

[18] PEZ Guido Peter, SCOOT Aaron Raymond, COOPER Alan Charles, et al. Hydrogen storage by reversible hydrogenation of pi-conjugated substrates: US7351395 [P]. 2008-04-01.

[19] 孙文静. 咔唑加脱氢性能研究 [D]. 杭州: 浙江大学, 2012.

[20] Bowker Richard H, Llic Boris, Carrillo Bo A, et al. Carbazole hydrodenitrogenation over nickel phosphide and Ni-rich bimetallic phosphide catalysts [J]. Applied Catalysis A: General, 2014, 482: 221-230.

[21] Tominaga Hiroyuki, Nagal Masatoshi. Reaction mechanism for hydrodenitrogenation of carbazole on molybdenum nitride based on DFT study [J]. Applied Catalysis A: General, 2010, 389(1/2): 195-204.

[22] Zhang L Y, Xu G H, Chen C P, et al. Dehydrogenation of merhyl cyclohexane under multiphase reaction conditions [J]. International Journal of Hydrogen Storage, 2006, 31: 2250-2255.

[23] Sotoodeh F, Smith Kevin J. Kinetics of Hydrogen Uptake and Release from Heteroaromatic Compounds for Hydrogen Storage [J]. Industrial & Engineering Chemistry Research, 2010, 49(3): 1018-1026.

[24] Eblagon K M, Tam K, Tsang S C E. Comparison of catalytic performance of supported ruthenium and rhodium for hydrogenation of 9-ethylcarbazole for hydrogen storage application [J]. Energy & Environmental Science, 2012, 5: 8621-8630.

[25] Wan Chao, An Yue, Chen Fengqiu, et al. Kinetics of N-ethylcarbazole hydrogenation over a supposed Ru catalyst for hydrogen storage [J]. International Journal of Hydrogen Energy, 2013, 38: 7065-7069.

[26] Wan Chao, An Yue, Kong Wenjing, Xu Guohua. A STUDY OF CATALYTIC DEHYDROGENATION FROM DODECAHYDRO-N-ETHYLCARBAZOLE OVER A CATALYST [J]. ACTA ENERGIAE SOLARIS SINICA, 2014, 35(3): 339-442.

[27] Chettibi M, Boudjahem AG, Bettahar M. Synthesis of Ni/SiO$_2$ nanoparticle for catalytic benzene hydrogenation [J]. Transition Metal Chemistry, 2011, 36: 163-169.

[28] Cheney B A, Lauterbach J A, Chen J G. Reverse micelle synthesis and characterization of supported Pt/Ni bimetallic catalysts on γ-Al$_2$O$_3$ [J]. Applied Catalysis A: General, 2011, 349: 41-47.

[29] Liu P L, Xie H, Tan S R et al. Carbon nanofibers supported nickel catalyst for liquid

phase hydrogenation of benzene with high activity and selectivity ［J］. Reaction Kinetics and Catalysis Letters, 2009, 97: 101-108.

［30］ Ye X F, An Y, Xu G H. Kinetics of 9-ethylcarbazole hydrogenation over Raney-Ni catalyst for hydrogen storage ［J］. Journal of Alloys and Compounds, 2011, 509: 152-156.

［31］ Yoon B, Sheaff C N, Eastwood D, et al. Fluorescence measurement of benzene to cyclohexane conversion catalyzed by carbon nanotube-supported platinum nanoparticles ［J］. Journal of Nanophotonics, 2007, 1(1): 1-7.

［32］ Pawelec B, Parola V L, Thomas S, et al. Enhancement of naphthalene hydrogenation over Pt-Pd/SiO$_2$-Al$_2$O$_3$ catalyst modified by gold ［J］. Journal of Molecular Catalysis A: Chemical, 2006, 253(1/2): 30-43.

［33］ Sharma S K, Sidhpuria K B, Jasra R V. Ruthenium containing hydrotalcite as a heterogeneous catalyst for hydrogenation of benzene to cyclohexalle ［J］. Journal of Molecular Catalysis A: Chemical, 2011, 335(1/2): 65-70.

［34］ Bennett M A, Huang T W, Tumey T W. Dinuclear arene hydrido-complexes of ruthenium(Ⅱ): reaction wim olefins and catalysis of homogeneous hydrogenation ofarenas ［J］. J. C. S. Chem. Comm, 1979: 312-314.

［35］ Zhou X L, Sun H J, Guo W, et al. Selective hydrogenation of benzene to cyclohexene on Ru-based catalysts promoted with Mn and Zn ［J］. Journal of Natural Gas Chemistry, 2011, 20: 53-59.

［36］ Eblagon K M, Tam K, Yu K M K, et al. Comparative study of catalytic hydrogenation of 9-ethylcarbazole for hydrogen storage over noble metal surface ［J］. J. Phys. Chem. C, 2012, 10: 1021-1029.

［37］ Jaffe F, Decalin C. US Patent, 3349139, 24, 1967.

［38］ Kariya N, Fukuoka A, Ichikawa M. Efficient hydrogen production using cyclohexane and decalin by pulse-spray mode reactor with Pt catalysts ［J］. Applied Catalyst A: General, 2003, 247(2): 247-259.

［39］ Yamamoto S, Hallaoka T, Hamaawa H, et al. Application of microchannel to catalytic dehydmgenation of cyclohexane on Pd membrane ［J］. Catalysis Today, 2006, 118(1/2): 2-6.

［40］ Onda A, Komatsu T, Yashima T. Preparation and catalytic properties of single-phase Ni-Sn intermetallic compound panicles by CVD of Sn(CH$_3$)$_4$ onto Ni/Silica ［J］. Journal of Catalysis, 2001, 2011(1): 13-21.

［41］ Zhu G L, Yang B L, Wang S Y. Nanocrystallites-foming hierarchical porous Ni/Al$_2$O$_3$-TiO$_2$ catalyst for dehydrogenation of organic chemical hydrides ［J］. International Journal of Hydrogen Energy, 2011, 36(21): 13603-13613.

［42］ Qi S T, Yu W T, et al. Low-temperature hydrogenation and dehydrogenation of 1, 3-cyClohexadiene on P/Ni bimetallic catalysts ［J］. Chinese Journal of Catalysis, 2010, 31(8): 955-960.

[43] Biniwale R B, Kariya N, Ichikawa M. Dehydrogenation of cyclohexalle over Ni based catalysts supported on activated carbon using spray-pulsed reactor and enhancement in activity by addition of a small amount of Pt [J]. Catalysis Letters, 2005, 105(1/2): 83-87.